Design

职业设计师岗位技能培训系列教程

从设计到印刷

1DVD
影音视频
教学光盘

Illustrator CS6

平面设计师必读

文秀　李少勇　编著

Print

北京希望电子出版社

Beijing Hope Electronic Press

www.bhp.com.cn

内 容 简 介

　　本书全面、详细地讲解了 Illustrator CS6 的基础知识和各项功能，是介绍 Illustrator CS6 软件应用和印刷知识的平面设计专业教材。

　　本书由 11 章组成，包括 Illustrator 的基础知识、Illustrator 的基本操作、基本绘图和变形工具、图形的混合与变形、符号工具与图表工具、文本处理、外观、图形样式和图层、应用效果和滤镜、Web 图形设计与打印输出、逃出陷阱和提高工作效率等。

　　本书由业内资深人士和一线设计工作人员编写，讲解明确、清晰，语言生动详实，内容丰富，并且配有大量的图片，方便读者更有效率地掌握 Illustrator CS6 的重点和难点。本书打破一贯的叙述方式，采用"理论知识+实战案例"的结构，使读者通过理论联系实际，能够更好、更快、更牢固地掌握 Illustrator CS6 的软件知识。本书配套光盘内容为书中部分案例视频教学，同时还配有部分图片素材、场景和效果文件。

　　本书可以作为全国高等院校艺术专业类计算机图形软件的课程教材，也适合各类职业培训班和自学人员使用。

图书在版编目（CIP）数据

从设计到印刷 Illustrator CS6 平面设计师必读 / 刘进，徐文秀，李少勇编著. —北京：北京希望电子出版社，2013.6

职业设计师岗位技能培训系列教程

ISBN 978-7-83002-103-0

Ⅰ. ①从… Ⅱ. ①刘… ②徐… ③李… Ⅲ. ①图形软件－技术培训－教材 Ⅳ. ①TP391.41

中国版本图书馆 CIP 数据核字（2013）第 095530 号

出版：北京希望电子出版社	封面：韦 纲
地址：北京市海淀区上地 3 街 9 号	编辑：武天宇 刘志燕
金隅嘉华大厦 C 座 610	校对：刘 伟
邮编：100085	开本：787mm×1092mm　1/16
网址：www.bhp.com.cn	印张：25
电话：010-62978181（总机）转发行部	印数：1-3500
010-82702675（邮购）	字数：592 千字
传真：010-82702698	印刷：北京市密东印刷有限公司
经销：各地新华书店	版次：2013 年 6 月 1 版 1 次印刷

定价：49.80 元（配 1 张 DVD 光盘）

丛书序

职业教育是我国教育事业的重要组成部分，是衡量一个国家现代化水平的重要标志，我国一直非常重视职业教育的发展。《国务院关于大力发展职业教育的决定》中明确提出，要"推进职业教育办学思想的转变。坚持'以服务为宗旨、以就业为导向'的职业教育办学方针，积极推动职业教育从计划培养向市场驱动转变，从政府直接管理向宏观引导转变，从传统的升学导向向就业导向转变。促进职业教育教学与生产实践、技术推广、社会服务紧密结合，推动职业院校更好地面向社会、面向市场办学"。各级政府和社会各界对这种职业教育的办学思路已逐步形成共识，并引导着我国职业教育不断深化改革。

在新闻出版领域中，随着计算机技术的发展，装帧设计、排版输出的软硬件技术也得到了迅速发展。由于缺少专门的培训机构，在岗人员多采取自学的方式来掌握新技术，因此存在技术掌握不系统、不全面的问题，甚至因为错误理解、应用导致印刷错误而造成经济损失。

鉴于以上原因，新闻出版总署教育培训中心开展了"职业数码出版设计师"高级技能人才培训项目。该培训聘请资深软件技术工程师、北京印刷学院等院校的专业讲师以及来自生产一线的实战技能专家共同参与开发教育方案，参照"理论+实践"培训模式，力求切实提高学员的实际工作能力，培养掌握最新技术并具备实际工作水平的专业人才。

关于"职业数码出版设计师"培训

"职业数码出版设计师"是同时掌握设计专业知识、相关计算机软件技术以及印刷常识，能够独立完成出版社、杂志社、报社、广告公司、印刷制版中心设计工作的专业设计师。培训包括以下模块。

- Photoshop色彩管理与专业校色模块：系统介绍色彩管理的知识，包括原稿分析、图像阶调的调整、图像色彩的调整、图像清晰度的调整、重要类型图像的校正方法。
- InDesign排版技术应用模块：传授InDesign最新的排版技术，令学员能完成符合印刷要求的排版，掌握使用InDesign的各种技巧，规避排版中的各种错误。
- 印刷基础模块：主要讲解印刷基础知识，如基本概念、印刷分类、印刷品的成色原理与影响色彩还原的因素；典型工艺流程，即"设计—制作—排版—输出—印刷—印后工艺—装订与成型"。
- 印刷品质量评价与事故鉴别方法：讲解各种特殊印刷品表面装饰工艺，如覆膜、局部上光工艺、烫印、模切与凸凹等，以及印刷成本核算与报价方法。

关于"从设计到印刷"丛书

本丛书是配合新闻出版总署教育培训中心的"职业数码出版设计师"项目开发的教材，包括如下4本。

- 《从设计到印刷Photoshop CS6平面设计师必读》
- 《从设计到印刷InDesign CS6平面设计师必读》
- 《从设计到印刷IIlustrator CS6平面设计师必读》
- 《从设计到印刷CorelDRAW X6平面设计师必读》

本丛书通过大量实际案例，结合培训中4个模块的专业知识，将软件的功能与设计、印刷专业知识精心结合并进行综合分析与介绍，贯彻"从设计到印刷"的理念，培养和提高职业数码设计师、平面设计师等相关从业人员的实际工作技能。

编著者

设计是有目的的策划，平面设计是这些策划将要采取的形式之一。在平面设计中，设计师需要用视觉元素来传播设想和计划，用文字和图形把信息传达给受众，让人们通过这些视觉元素了解设计师的设想和计划。

设计软件是设计师完成视觉传达的得力助手。在平面类设计软件中，最深入人心的当数Photoshop、Illustrator、InDesign和CorelDRAW软件，它们分工协作，相辅相成。

以商业印刷为目的的商业设计，需要设计师对印刷知识有一定的了解，商业设计印刷流程可以理解为一个"分分合合"的过程：收集客户提供的各种图文素材是"分"；在计算机中完成各种素材的设计组合为"合"；对设计好的文件进行分色输出是"分"；给分色输出的媒介（菲林片、PS版）配上不同的油墨重新组合印刷为"合"。深刻理解这个过程有助于设计师对商业印刷设计的精确把握。

平面设计软件大致可以分为图像软件（如Photoshop）、图形软件（如Illustrator、CorelDRAW）、排版软件（如InDesign、CorelDRAW）三类。图像和图形软件的区别就如同给设计师一个照相机和一支画笔，设计师可以选择将物品拍下来，也可以选择将物体画出来；排版软件区别于其他两类软件的地方是能对文字进行更加高效精确的编辑，对版面的控制也更方便。

本书介绍的Illustrator软件是一款优秀的矢量绘图软件，在实际的商业设计中运用广泛，同时本书给出大量的提示和技巧，让读者在使用Illustrator的过程中效率更高。本书语言通俗易懂并配以大量的图示，既可作为图文制作设计师的职业技能培训教材，也可作为职业学校和计算机学校相关专业教学用教材，同时也可以作为有志于从事设计工作的自学人员的学习用书。

本书主要有以下几大优点。

- 内容全面。几乎覆盖了Illustrator CS6中文版所有选项和命令。
- 语言通俗易懂，讲解清晰，前后呼应。以最小的篇幅、最易读懂的语言来讲述每一项功能和每一个实例。
- 实例丰富，技术含量高，与实践紧密结合。每一个实例都倾注了作者多年的实践经验，每一个功能都经过技术认证。
- 版面美观，图例清晰，并具有针对性。每一个图例都经过作者精心策划和编辑，只要仔细阅读本书，就会发现从中能够学到很多知识和技巧。

本书主要由刘进、徐文秀、李少勇编写，同时参与编写的还有张恺、荣立峰、胡恒、王玉、刘峥、张云、贾玉印、张春燕、刘杰、罗冰、陈月娟、陈月霞、刘希林、黄健、黄永生、田冰、徐昊，北方电脑学校的温振宁、黄荣芹、刘德生、宋明、刘景君、张锋、相世强、徐伟伟、王海峰等老师，在此一并表示感谢。

在创作的过程中，错误在所难免，希望广大读者批评指正。

编著者

CONTENTS 目 录

第5章 符号工具与图表工具

第6章 文本处理

第9章 Web图形设计与打印输出

第11章 综合案例

第10章 逃出陷阱和提高工作 效率

第 **1** 章 Chapter

认识Illustrator
CS6

01

本章要点:

　　Illustrator 是由 Adobe 公司开发的著名的矢量图处理软件,可以用于绘制插图、印刷排版以及多媒体和 Web 图像的制作和处理。本章将对最新版本 Illustrator CS6 进行简单的介绍,包括 Illustrator 在设计流程和印刷设计中的作用,Illustrator CS6 的新增功能、安装、启动、保存、导出以及图像的基础知识等,使读者对 Illustrator CS6 有一个初步的了解。

主要内容:

- Illustrator 在设计流程中的重要作用
- Illustrator 在印刷设计中的运用
- 软件安装
- Illustrator 的基础知识
- 图形编辑的基本概念
- Illustrator CS6 的新增功能

1.1 Illustrator在设计流程中的重要作用

　　Illustrator 没有 Photoshop 强大的图片处理功能，也不能像 InDesign 那样快速无误地排版多页面出版物，它主要用于制作标志、包装设计和插画等，是一个矢量绘图软件，了解 Photoshop、Illustrator 和 InDesign 三个软件的不同功能有助于设计师合理运用软件，完成印刷品的制作。

　　通过图 1-1 所示的流程图，设计师能直观地看到三个软件的不同作用，以及它们共同协作完成商品的制作流程。

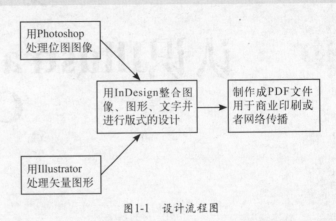

图1-1　设计流程图

1.2 Illustrator在印刷设计中的运用

　　使用 Illustrator 为企业绘制标志、为排版提供矢量图形是设计师必备的技能之一。Illustrator 常用来处理以下工作。

1. 绘制街道图

　　Illustrator 的钢笔工具和【描边】面板能让设计师轻松地完成路径绘制以及地图中各路线的描边效果。使用自定义符号可节省时间并显著减小文件大小，如图 1-2 所示。

2. 海报

　　利用画笔、文字变形和图案能制作出漂亮的海报，如图 1-3 所示。

图1-2　街道图

图1-3　海报

3. 名片

通过 Illustrator 的绘图功能、文字变形和图案编辑制作名片，如图 1-4 所示。

4. 网站

用 Illustrator 的绘图功能绘制网站需要的各个元素，然后存储为 Web 所用格式，如图 1-5 所示。

图1-4　名片　　　　　　　　　　　　　　　图1-5　网站

1.3　软件安装

在安装与使用 Illustrator CS6 之前，首先要了解一下 Illustrator CS6 对系统的基本要求。Illustrator CS6 简体中文版对系统的最低要求如表 1-1 所示。

表1-1　Illustrator CS6的最低系统要求

Windows	Macintosh
Intel Pentium 4、Intel Centrino、Intel Xeon或 Intel Core Duo（或兼容的）处理	PowerPC G4或G5或多核Intel处理器
Windows XP Service Pack 2或Windows Vista Home Premium/Business/Ultimat/Enterprise（已经过认证，支持32位版本）	Mac OSX 10.4.8
512MB内存（建议使用1GB）	512MB内存（建议使用1GB）
2GB可用硬盘空间（在安装过程中需要更多可用空间）	2.5GB可用硬盘空间（在安装过程中需要更多可用空间）
1024×768显示器分辨率	1024×768显示器分辨率，16位显卡
DVD-ROM驱动器	DVD-ROM驱动器
多媒体功能需要QuickTime 7软件	多媒体功能需要QuickTime 7软件
需要Internet或电话连接进行产品激活	需要Internet或电话连接进行产品激活
需要宽带Internet连接才能使用Adobe Stock Photos和其他服务	需要宽带Internet连接才能使用Adobe Stock Photos和其他服务

1.3.1　Illustrator CS6的运行环境

　　Illustrator CS6 除了可以在 Windows Vista 下稳定运行之外，更添加了对于 Intel 架构 Mac 计算机的支持，涉及印刷出版、网页设计、交互、手机、视频及影像多个方面。

1.3.2　Illustrator CS6 的安装

01 将 Illustrator CS6 的安装光盘放入光盘驱动器，系统会自动运行 Illustrator CS6 的安装程序。首先屏幕中会弹出一个初始化安装程序对话框，如图 1-6 所示，这个过程大约需要几分钟的时间。

02 随后 Illustrator CS6 的安装程序会自动弹出一个【欢迎】界面，单击【安装】按钮，如图 1-7 所示。

图1-6　初始化安装程序　　　　　　　　图1-7　【欢迎】界面

03 随后弹出【Adobe 软件许可协议】界面，单击右下角的【接受】按钮，如图 1-8 所示。

04 随后弹出【序列号】界面，在空格中填入序列号，然后单击【下一步】按钮，如图 1-9 所示。如果用户没有序列号，可以单击【上一步】按钮，返回【欢迎】界面，单击【试用】按钮进行安装。

图1-8　接受协议　　　　　　　　　　图1-9　填写序列号

05 此时会弹出【选项】界面，在该界面中指定安装的路径，如图 1-10 所示。如果用户希望将 Illustrator CS6 安装到默认的文件夹中，则直接单击【安装】按钮即可；如果想要更改安装路径，则可以单击【位置】文本框右侧的【浏览】按钮，在磁盘列表中选择需要安装的目标文件夹，然后单击【确定】按钮。

06 用户选择好安装路径之后，单击【安装】按钮，开始安装 Illustrator CS6 软件，如图 1-11 所示。

图1-10　设置安装路径　　　　　　　　　图1-11　安装进程

07 Illustrator CS6 安装完成后，会显示一个【安装完成】界面，如图 1-12 所示。

08 单击【关闭】按钮，完成 Illustrator CS6 的安装。软件安装结束后，会自动在 Windows 程序组中添加一个 Illustrator CS6 的快捷方式，如图 1-13 所示。

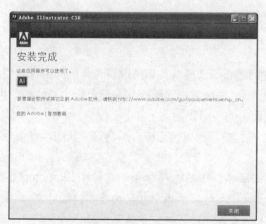

图1-12　【安装完成】界面　　　　　　　图1-13　Illustrator CS6的快捷方式

1.3.3　Illustrator CS6 的启动和退出

双击桌面上的 Illustrator CS6 快捷方式，就可以进入 Illustrator CS6 的工作界面，如图 1-14 所示，这样程序就完成启动了。

退出程序可以单击 Illustrator CS6 工作界面右上角的 × 按钮，也可以选择菜单栏中的【文件】|【退出】命令，如图 1-15 所示。

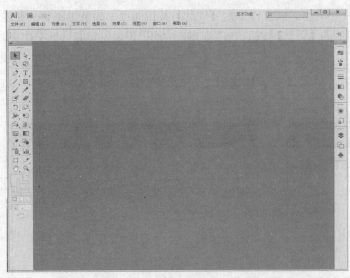

图1-14　Illustrator CS6的工作界面

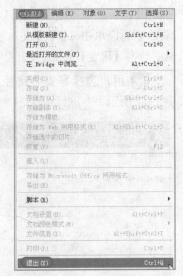

图1-15　选择【退出】命令

1.4　Illustrator的基础知识

　　熟悉 Illustrator 的操作界面、工具箱、面板与基本操作是深入学习后面知识的重要基础。本节主要讲解的内容包括工作区概览和文件的基本操作，以让设计师快速掌握 Illustrator 的工作环境。

1.4.1　工作区概览

　　Illustrator CS6 的自定义工作区，可以使设计师随心所欲地对其调整以符合自己的工作习惯。它与 Photoshop CS6 有着相似的界面，可以让设计师更快地掌握界面操作，避免产生对软件的生疏感。本小节将简单介绍操作界面、工具箱以及面板的不同作用。

　　默认情况下，Illustrator 的工作区域包含菜单栏、控制面板、画板、工具箱、状态栏和面板，如图 1-16 所示。

- 菜单栏：包含用于执行任务的命令。单击菜单栏中的各种命令，是实现 Illustrator 主要功能的最基本的操作方式。中文版 Illustrator CS6 的菜单栏中包括文件、编辑、对象、文字、选择、效果、视图、窗口和帮助等几大类功能各异的菜单。单击菜单栏中的各个命令会弹出相应的下拉菜单。
- 画板：可以绘制和设计图稿。
- 工具箱：用于绘制和编辑图稿的工具。
- 面板：可帮助监控和修改图稿。
- 状态栏：显示当前缩放级别和关于下列主题之一的信息，包括当前使用的工具、日期和时间、可用的还原和重做次数、文档颜色配置文件或被管理文件的状态。
- 控制面板：可以快捷访问与选择对象相关的选项。默认情况下，控制面板停放在工作区域顶部。

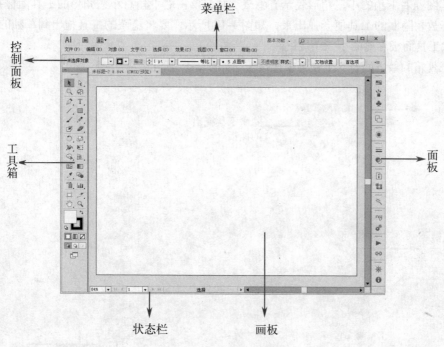

图1-16　Illustrator CS6的工作区

　　Illustrator CS6 把最常用的工具都放置在工具箱中，将功能近似的工具以展开的方式归类组合在一起，如图1-17所示，使操作更加灵活方便。把鼠标指针放在工具箱内的工具上停留几秒会显示工具的快捷键，熟记这些快捷键会减少鼠标指针在工具箱和文档窗口间来回移动的次数，帮助设计师提高工作效率。

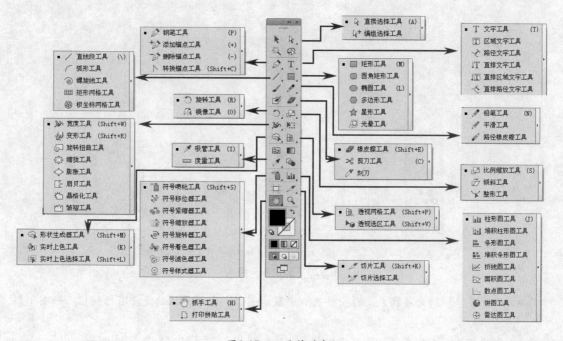

图1-17　工具箱的介绍

工具图标右下角的小三角形表示有隐藏工具。单击右下角有小三角形的工具图标并按住鼠标左键不放，隐藏的工具便会弹出来，如图 1-18 所示。要将隐藏的工具拖出到单独的面板中，单击隐藏工具面板右侧的小三角按钮。

在工具箱的最下面有 3 个视图模式按钮，如图 1-19 所示。

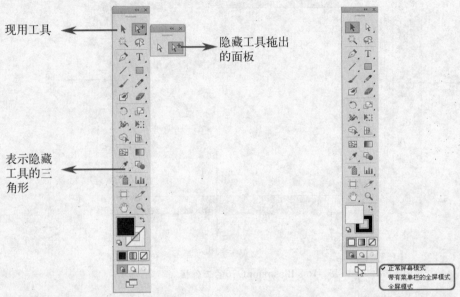

现用工具

隐藏工具拖出的面板

表示隐藏工具的三角形

图1-18　隐藏工具　　　　　　　　　　　图1-19　视图模式按钮

- 正常屏幕模式：在正常窗口中显示图稿，菜单栏位于窗口顶部，滚动条位于侧面，如图 1-20 所示。

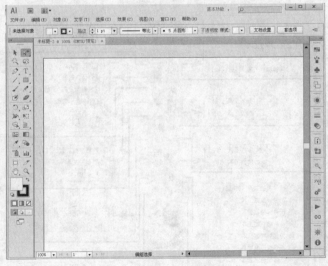

图1-20　正常屏幕模式

- 带有菜单栏的全屏模式：在全屏窗口中显示图稿，有菜单栏但是没有标题栏，如图 1-21 所示。
- 全屏模式：在全屏窗口中显示图稿，不带标题栏、菜单栏，如图 1-22 所示。

图1-21　带有菜单栏的全屏模式　　　　　　图1-22　全屏模式

面板可显示为 3 种视图模式，可以形象地称之为折叠视图、简化视图和普通视图，反复双击选项卡可完成 3 种视图的切换操作，如图 1-23 所示。

用鼠标向外拖曳选项卡可以将多个组合的面板分为单独的面板，如图 1-24 所示。

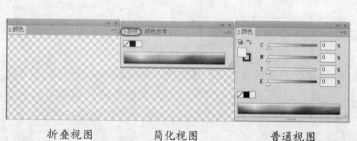

折叠视图　　　　　简化视图　　　　　普通视图

图1-23　视图模式　　　　　　　　图1-24　单独面板

将一个面板拖到另一个面板底部，当出现黑色粗线框时松开鼠标，可以将两个或多个面板首尾相连，如图 1-25 所示。

用鼠标单击面板右侧的黑色三角按钮，可以打开隐藏菜单，如图 1-26 所示。

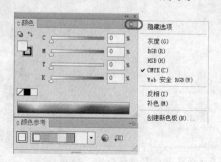

图1-25　首尾相连面板　　　　　图1-26　打开的隐藏菜单

1.4.2 文件的基本操作

文档是指可以创建图稿的空间。用户可以从头创建或者基于模板创建新的 Illustrator 文档。从头创建文档可以提供空白的文档，它具备默认的填色和描边颜色、图形样式、画笔、符号、动作、视图首选项和其他设置。另外，还可以使用启动文件自定义文档默认设置。从模板创建文档可以提供具备预设设计元素和设置的文档。

在绘制图形之前，首先要创建或打开一个新的文件。下面介绍新建或打开文件的几种方法。

方法一：从头创建文档。在菜单栏中选择【文件】|【新建】命令，弹出【新建文档】对话框，如图 1-27 所示，设置画板的大小、宽度、高度、单位和颜色模式选项，单击【确定】按钮，即可完成新建文档的操作，如图 1-28 所示。

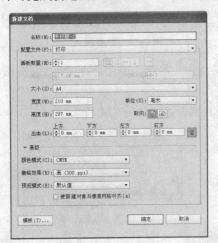

图1-27 【新建文档】对话框　　　　　　　　　图1-28 新建的文档

方法二：从模板中创建新文档。在菜单栏中选择【文件】|【从模板新建】命令，在弹出的【从模板新建】对话框中选择一个模板，如图 1-29 所示，单击【新建】按钮则完成从模板中创建新文档的操作，如图 1-30 所示。通过【从模板新建】命令选择模板时，Illustrator 会创建一个新文档，其内容与模板相同，且丝毫不改变原始的模板文件。

图1-29 在【从模板新建】对话框中选择模板　　　图1-30 新建的模板文档

在菜单栏中选择【文件】|【最近打开的文件】命令，可以方便地打开最近编辑的文件，如图 1-31 所示。同样，在菜单栏中选择【文件】|【打开】命令，在弹出的【打开】对话框中选择需要打开的文件，如图 1-32 所示，单击【打开】按钮，可以打开保存好的文件。另外，在菜单栏中选择【文件】|【在 Bridge 中浏览】命令，软件会自动运行 Adobe Bridge，如图 1-33 所示，通过 Adobe Bridge 来浏览、查找和打开文件。

图1-31　选择【最近打开的文件】命令

图1-32　【打开】对话框

当设计师在设计一部作品时，要记住随时对自己的作品进行保存，以免发生意外将作品丢失，下面讲解保存文件的方法。

在菜单栏中选择【文件】|【存储】命令，如果文件是第一次保存，会弹出【存储为】对话框，如图 1-34 所示，设置文件名和保存类型等，最后单击【保存】按钮。

图1-33　Adobe Bridge

图1-34　【存储为】对话框

为了更好地保存文件，可以将图形另外存一个副本，在菜单栏中选择【文件】|【存储为】或者【存储副本】命令，通过【存储为】对话框来保存文件。

在【存储为】对话框的【保存类型】下拉列表框中有 4 种基本文件格式：AI、PDF、EPS和 SVG，如图 1-35 所示。这些格式称为本机格式，因为它们可保留所有 Illustrator 数据（PDF

和 SVG 格式，必须选择"保留 Illustrator 编辑功能"选项才可以保留所有 Illustrator 数据）。

如果将图稿存储为 *.ai 格式，单击【保存】按钮后，弹出【Illustrator 选项】对话框，如图 1-36 所示，单击【确定】按钮，完成存储的操作。

图1-35　4种基本格式

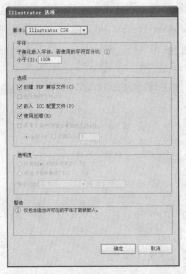

图1-36　【Illustrator选项】对话框

由于 Illustrator 所能打开的是 *.ai 格式的文件，所以在需要使用其他格式的素材文件时，就要通过【置入】命令来完成。【置入】命令是主要的导入方法，因为它对文件格式、置入选项和颜色提供最高级别的支持。置入文件后，可使用【链接】面板来识别、选择、监控和更新文件。

置入文件的操作步骤如下。

STEP 01 在菜单栏中选择【文件】|【置入】命令，在弹出的【置入】对话框中选择随书附带光盘中的【素材】\【第1章】\【004.jpg】文件，如图 1-37 所示。

STEP 02 选择需要置入图形的文件名、文件类型等，选中【链接】复选框可创建文件的链接，取消选中【链接】复选框可将图稿嵌入 Illustrator 文档。最后单击【置入】按钮，就可将其他格式的图形文件导入至绘图页面中，如图 1-38 所示。

图1-37　【置入】对话框

图1-38　置入后的效果

Illustrator 的文件也可以通过【导出】命令，使文件输出为其他软件可以读取的格式，以供
Illustrator 以外的软件使用。这些格式称为非本机格式。导出文件的操作步骤如下。

01 在菜单栏中选择【文件】|【导出】命令，弹出【导出】对话框，如图 1-39 所示。

02 设置需要导出的图形的文件名、保存类型等，最后单击【保存】按钮，即可在指定的
文件夹内生成导出文件，如图 1-40 所示。

图1-39 【导出】对话框

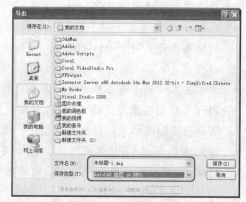

图1-40 设置文件名及保存类型

在【导出】对话框中可以选择的导出文件格式如下所述。

- AutoCAD 绘图和 AutoCAD 交换文件：AutoCAD 绘图是用于存储 AutoCAD 中创建的矢
  量图形的标准文件格式；AutoCAD 交换文件是用于导出 AutoCAD 绘图或从其他应用程
  序导入绘图的绘图交换格式。

- BMP（Windows 标准位图）：是最普遍的点阵图格式之一，也是 Windows 系统下的标准
  格式，是将 Windows 下显示的点阵图以无损形式保存的文件，其优点是不会降低图片
  的质量，但文件比较大。

- 增强型图元文件：Windows 应用程序广泛用作导出矢量图形数据的交换格式。Illustrator
  将图稿导出为 EMF 格式时可栅格化一些矢量数据。

- GIF（图形交换格式）：常用于显示网页中的图形和小动画。GIF 是一种压缩格式，目的
  在于将文件大小控制到最小，传输时间控制到最短。另外，也可以使用【存储为 Web
  所用格式】命令将图像存储为 GIF 文件。

- JPEG（联合图像专家组）：常用于存储照片。JPEG 格式保留图像中的所有颜色信息，
  但通过有选择地扔掉数据来压缩文件大小。JPEG 是在 Web 上显示图像的标准格式。另
  外，也可以使用【存储为 Web 所用格式】命令将图像存储为 JPEG 文件。

- Macintosh PICT：使用 Mac OS 图形和页面排版应用程序在应用程序间传输图像。PICT
  在压缩包含大面积纯色区域的图像时特别有效。

- Macromedia Flash：基于矢量的图形格式，用于交互动画 Web 图形。可以将图稿导出
  为 Macromedia Flash（SWF）格式在 Web 设计中使用，并在任何配置 Macromedia Flash
  Player 增效工具的浏览器中查看图稿，还可以使用【存储为 Web 所用格式】命令将图
  像存储为 SWF 文件。

- Photoshop：标准 Photoshop 格式。如果图稿包含不能导出到 Photoshop 格式的数据，Illustrator 可通过合并文档中的图层或栅格化图稿，保留图稿的外观。 因此，图层、子图层、复合形状和可编辑文本可能无法在 Photoshop 文件中存储，即使选择了相应的导出选项。

- PNG（便携网络图形）：用于无损压缩和 Web 上的图像显示。与 GIF 不同，PNG 支持 24 位图像并产生无锯齿状边缘的背景透明度，但是某些 Web 浏览器不支持 PNG 图像。PNG 保留灰度和 RGB 图像中的透明度。另外，也可以使用【存储为 Web 所用格式】命令将图像存储为 PNG 文件。

- Targa：设计师在使用 Trueversion 视频卡的系统上使用。可以指定颜色模型、分辨率和消除锯齿设置用于栅格化图稿，以及位深度用于确定图像可包含的颜色总数（或灰色阴影数）。

- 文本格式：用于将插图中的文本导出到文本文件。

- TIFF（标记图像文件格式）：用于在应用程序和计算机平台间交换文件。TIFF 是一种灵活的位图图像格式，绝大多数绘图、图像编辑和页面排版应用程序都支持这种格式。在印刷方面多以 TIFF 格式为主。TIFF 是 Tagged Image File Fotmat（标记图像文件格式）的缩写，几乎所有工作中涉及位图的应用程序（包括置入、打印、修整以及编辑位图等），都能处理 TIFF 文件格式。

提示　TIFF格式有压缩和非压缩像素数据。如果压缩方法是非损失性的，图片的数据没有减少，即信息在处理过程中不会损失；如果压缩方法是损失性的，能够产生大约2：1的压缩比，可将原稿文件消减到一半左右。TIFF格式能够处理剪辑路径，许多排版软件都能读取剪辑路径，并能正确地减掉背景。但如果图片尺寸过大，存储为TIFF会使得在输出时图片出现错误的尺寸，这时可将图片存储为EPS格式。

- Windows 图元文件：Windows 应用程序的中间交换格式。几乎所有 Windows 绘图和排版程序都支持 WMF 格式。但是它支持有限的矢量图形，在可行的情况下应以 EMF 代替 WMF 格式。

在绘制过程中，最好以 AI 格式存储图稿，直到创建完，然后将图稿导出为所需格式。

1.5　图形编辑的基本概念

计算机中的图形和图像是以数字的方式记录、处理和存储的。按照用途可以将它们分为两大类：一类是位图图像，另外一类是矢量图像。Illustrator 是典型的矢量图形软件，但它也可以处理位图。下面就向大家介绍一下位图与矢量图的特点和区别。

1.5.1　位图与矢量图

位图在技术上被称为栅格图像，它最基本的单位是像素。像素呈方块状，因此，位图是由许许多多的小方块组成的。如果想要观察像素，可以使用【缩放工具】🔍在位图上连续单击，将位图放大至最大的缩放级别。位图图像的特点是可以表现色彩的变化和颜色的细微过渡，从而产生逼真的效果,并且可以很容易地在不同的软件之间交换使用。使用数码相机拍摄的照片、通过扫描仪扫描的图片等都属于位图,如图 1-41 所示,最典型的位图处理软件就是 Photoshop。

在保存位图图像时,系统需要记录每一个像素的位置和颜色值,因此,位图所占用的存储空间比较大。另外,由于受到分辨率的制约,位图图像包含固定的像素数量,在对其进行旋转或者缩放时,很容易产生锯齿,如图 1-42 所示为位图与局部放大后所看到图像边缘的锯齿变化。

图1-41　位图

图1-42　位图与局部放大后的位图

 提示　分辨率指每单位长度内所包含的像素数量,一般以【像素/英寸】为单位。单位长度内像素数量越大,分辨率越高,图像的输出品质也就越好。

矢量图是由被称为矢量的数学对象定义的直线和曲线构成的,它最基本的单位是锚点和路径。我们平常所见到和使用的矢量图像作品是由矢量软件创建的,如图 1-43 所示。典型的矢量软件除了 Illustrator 之外,还有 CorelDRAW、AutoCAD 等。

矢量图像与分辨率无关,它最大的优点是占用的存储空间较小,并且可以任意旋转和缩放,却不会影响图像的清晰度。对于将在各种输出媒体中所使用的不同大小的图稿,例如 Logo、图标等,矢量图形是最佳选择。矢量图形的缺点是无法表示如照片等位图图像所能够呈现的丰富的颜色变化,以及细腻的色调过渡效果。如图 1-44 所示为矢量图局部放大后所显示出的清晰线条效果。

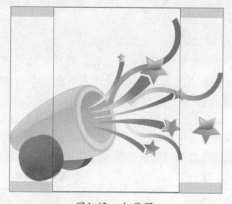

图1-43　矢量图

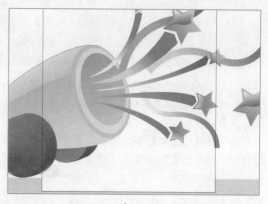

图1-44　局部放大后的矢量图

Illustrator CS6 的主要功能就是对矢量图形进行制作和编辑，而且能够对位图进行处理，也支持矢量图与位图之间的相互转换。

提示 由于计算机的显示器只能在网格中显示图像，因此，我们在屏幕上看到的矢量图形和位图图像均显示为像素。

1.5.2 像素与分辨率

分辨率是度量位图图像内数据量多少的一个参数，如每英寸像素数（ppi）或每英寸点数（dpi），也可以表示图形的长度和宽度，如 1024×768 等。分辨率越高，图像越清晰，表现细节越丰富，但包含的数据越多，文件也就越大。分辨率的种类很多，其含义也各不相同，其中有一类就是设备分辨率。在比图像本身的分辨率低的输出设备上显示或打印位图图像时也会降低其外观品质。因为位图有分辨率的问题，所以放大时就不可避免地会出现边缘锯齿和图像马赛克的问题。

矢量图形是与分辨率无关的，这意味着它们可以显示在各种分辨率的输出设备上，而丝毫不影响品质。但实际操作中，为显示或打印矢量图形，往往要将矢量图形转换为位图，这时分辨率将影响显示或打印矢量图形的清晰度。低分辨率图像通常采用 72 dpi，也就是意味着最终用途为显示器显示或低标准印刷。高分辨率图像的最终用途为彩色印刷，所以其分辨率至少应达到 250 dpi，若是高质量印刷应该考虑达到 300 dpi 以上。

1.5.3 图形的文件格式

在 Illustrator CS6 中可以将设计的图稿存储为 4 种基本文件格式：AI、PDF、EPS 和 SVG。因为这些格式都可以保留所有 Illustrator 数据。

提示 如果将在Illustrator中设计的图稿保存为PDF和SVG格式，必须选择【保留Illustrator 编辑功能】选项，才能保留所有Illustrator数据。

1. AI 格式

在菜单栏中选择【文件】|【存储为】命令，弹出【存储为】对话框，如图 1-45 所示。选择存储文件的位置并输入文件名，在【保存类型】下拉列表中选择【Adobe Illustrator (*.AI)】选项，单击【保存】按钮，弹出【Illustrator 选项】对话框，如图 1-46 所示。

将图稿保存为 AI 格式时，可以在【Illustrator 选项】对话框中设置如下选项。

* 版本：在【版本】下拉列表中可以选择希望文件兼容的 Illustrator 版本。旧版格式不支持当前版本 Illustrator 中的所有功能。所以，如果在【版本】下拉列表中选择了当前版本以外的版本，某些存储选项将不可用，并且可能会更改部分数据。

提示 当在【版本】下拉列表中选择比当前Illustrator版本更低的版本时，在【版本】下拉列表右侧会出现警告标志，在【Illustrator选项】对话框底部的【警告】文本框中会显示相应的警告信息。

* 子集化嵌入字体，若使用的字符百分比小于：指定何时根据文档中使用字体的字符数量

嵌入完整字体。

- 创建 PDF 兼容文件：选中此复选框，可以在 Illustrator 文件中存储文档的 PDF 演示，并可以使保存的 Illustrator 文件与其他 Adobe 软件兼容。
- 包含链接文件：如果在 Illustrator 文档中有链接的外部文件，该选项可用。选中此复选框，则嵌入与图稿链接的文件。
- 嵌入 ICC 配置文件：选中此复选框，保存的文件中色彩受文档的管理。
- 使用压缩：选中此复选框，在 Illustrator 文件中压缩 PDF 数据，但是将会增加存储文档的时间。
- 透明度：选择【保留路径】选项，将放弃透明度效果并将透明图稿重置为 100% 不透明度模式；选择【保留外观和叠印】选项，将保留与透明对象不相互影响的叠印，与透明对象相互影响的叠印将被拼合。

图1-45 【存储为】对话框

图1-46 【Illustrator选项】对话框

2. PDF 格式

在菜单栏中选择【文件】|【存储为】命令，弹出【存储为】对话框。选择存储文件的位置并输入文件名，在【保存类型】下拉列表中选择【Adobe PDF（*.PDF）】选项，单击【保存】按钮，弹出【存储 Adobe PDF】对话框，如图 1-47 所示。

在【存储 Adobe PDF】对话框左侧的列表中，列出了存储为 Adobe PDF 的各个选项，下面简单介绍【存储 Adobe PDF】对话框中 Adobe PDF 选项的类别，各类别中的详细设置介绍，读者可以参考 Illustrator CS6 联机帮助。

- 常规：在该选项中，用户可以指定文件的 PDF 版本，以及文件的基本选项。
- 压缩：在该选项中，用户可以指定图稿是否需要进行压缩和缩减像素取样，

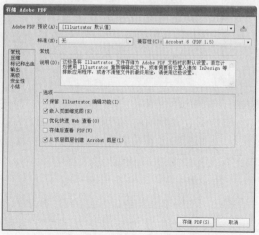

图1-47 【存储Adobe PDF】对话框

可以使用哪些方法以及相关的设置。

- 标记和出血：在该选项中，用户可以指定印刷标记、出血及辅助信息。
- 输出：在该选项中，用户可以控制颜色和 PDF/X 输出目的配置文件存储在 PDF 文件中的方式。
- 高级：在该选项中，用户可以控制字体、压印和透明度存储在 PDF 文件中的方式。
- 安全性：在该选项中，用户可以向 PDF 文件添加安全性设置。
- 小结：在该选项中，提示当前 PDF 设置的小结。

3. EPS 格式

在菜单栏中选择【文件】|【存储为】命令，弹出【存储为】对话框。选择存储文件的位置并输入文件名，在【保存类型】下拉列表中选择【Illustrator EPS（*.EPS）】选项，单击【保存】按钮，弹出【EPS 选项】对话框，如图 1-48 所示。

将图稿保存为 EPS 格式时，可以在【EPS 选项】对话框中设置如下选项。

- 版本：与保存为 AI 格式的【Illustrator 选项】对话框中的【版本】选项功能相同。

提示　几乎所有页面版式、文字处理和图形应用程序都直接导入或置入的封装 PostScript（EPS）文件。EPS 格式保留了许多使用 Illustrator 创建的图像元素，这意味着可以重新打开 EPS 文件并作为 Illustrator 文件编辑。因为 EPS 文件基于 PostScript 语言，所以它们可以包含矢量和位图图像。

图 1-48　【EPS 选项】对话框

- 格式：设置存储在文件中的预览图像的格式。预览图像的作用是在不能直接显示 EPS 图稿的应用程序中显示预览图像。如果不希望创建预览图像，可以在【格式】下拉列表中选择【无】选项。默认情况下为【TIFF（8 位颜色）】格式。
- 透明度：设置文档中如何处理透明对象和叠印。
- 为其他应用程序嵌入字体：选中该复选框，如果文件置入到另一个应用程序（例如 Adobe InDesign），将显示和打印原始字体。但是，如果文件在没有安装该字体的计算机上的 Illustrator 中打开，字体将被替换。
- 包含链接文件：与保存为 AI 格式的【Illustrator 选项】对话框中的【包含链接文件】选项作用相同。
- 包含文档缩略图：选中此复选框，可以创建图稿的缩略图。创建的图稿缩略图显示在【打开】和【置入】对话框中。
- 兼容渐变和渐变网格打印：旧的打印机和 PostScript 设备可以通过将渐变对象转换为 JPEG 格式来打印渐变和渐变网格。
- Adobe PostScript：在【Adobe PostScript】下拉列表中选择用于存储图稿的 PostScript 级别。【语言级 2】表示彩色以及黑白矢量和位图图像，并为矢量和位图图形支持基于 RGB、CMYK 和 CIE 的颜色模型。

4. SVG 格式

在菜单栏中选择【文件】|【存储为】命令，弹出【存储为】对话框。选择存储文件的位置并输入文件名，在【保存类型】下拉列表中选择【SVG (*.SVG)】选项或【SVG 压缩 (*.SVGZ)】选项，单击【保存】按钮，弹出【SVG 选项】对话框，如图 1-49 所示。

将图稿保存为 SVG 格式时，可以在【SVG 选项】对话框中设置如下选项。

- SVG 配置文件：在该下拉列表中可以选择相应的 SVG 配置文件，默认选项是 SVG 1.1。

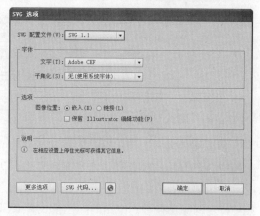

图1-49　【SVG选项】对话框

提示

SVG格式是一种可生成高质量交互式Web图形的矢量格式。SVG格式有两种版本：SVG和SVG压缩（SVGZ）。SVGZ可以将文件减小50%～80%，但是不能使用文本编辑器编辑SVGZ文件。

如果将图稿保存为SVG格式，网格对象将被栅格化。此外，没有Alpha通道的图像将转换为JPEG格式，具有Alpha通道的图像将转换为PNG格式。

在【SVG 配置文件】下拉列表中还有其他一些选项，简单介绍如下。

（1）SVG 1.0 和 SVG 1.1 适合在台式计算机上查看的 SVG 文件。

（2）SVG 1.1 是 SVG 规格的完整版本，SVG 1.1 包含 SVG Tiny 1.1、SVG Tiny 1.1+ 和 SVG Basic 1.1。

（3）SVG Tiny 1.1 和 SVG Tiny 1.1 + 适合在小型设备 (例如手机) 上查看的 SVG 文件。但是，并不是所有手机都支持 SVG Tiny 和 SVG。

（4）SVG Tiny 1.1 不支持渐变、透明度、剪切、蒙版、符号或 SVG 滤镜效果。SVG Tiny1.1+ 包括显示渐变和透明度的功能，但不支持剪切、蒙版、符号或 SVG 滤镜效果。

（5）SVG Basic 1.1 适合在中型设备（如手提设备）上查看的 SVG 文件。但是，并不是所有手提设备都支持 SVG Basic 配置文件。SVG Basic 不支持非矩形剪切和一些 SVG 滤镜效果。

- 文字：在该下拉列表中可以选择相应的文字类型，默认选项是 Adobe CEF。

在【文字】下拉列表中还有其他一些选项，简单介绍如下。

（1）Adobe CEF：使用字体提示以更好渲染小字体。Adobe SVG 查看器支持此字体类型，但其他 SVG 查看器不支持。

（2）SVG：不使用字体提示。所有 SVG 查看器均支持此字体类型。

（3）转换为轮廓：将文字转换为矢量路径。使用此选项，保留文字在所有 SVG 查看器中的视觉外观。

- 子集化：控制在导出的 SVG 文件中嵌入哪些特定字体的字符。如果可以依赖安装在最终用户系统上的必需字体，可以在【子集化】下拉列表中选择【无】选项；选择【仅使用的字形】选项，仅包括当前图稿中文本的字形；其他值（通用英文、通用英文和使用的字形、通用罗马字、通用罗马字和使用的字形、所有字形）在 SVG 文件的文本内容为动态时将发挥作用。

- 图像位置：确定栅格图像直接嵌入到文件或链接到从原始 Illustrator 文件导出的 JPEG 或 PNG 图像。嵌入图像将增加文件大小，但可以确保栅格化图像始终可用。

- 保留 Illustrator 编辑功能：通过在 SVG 文件中嵌入 AI 文件，保留特定于 Illustrator 的数据。如果需要在 Illustrator 中重新打开和编辑 SVG 文件，可以选中此复选框。

1.5.4　颜色模式

颜色模式决定了用于显示和打印所处理的图稿的颜色方法。颜色模式基于颜色模型，因此，选择某种特定的颜色模式，就等于选用了某种特定的颜色模型。常用的颜色模式有 RGB 模式、CMYK 模式和灰度模式等。

颜色模型用数值描述了在数字图像中看到和用到的各种颜色。因此，在处理图像的颜色时，实际上是在调整文件中的数值。在【拾色器】对话框中包含 RGB、CMYK 和 HSB 三种颜色模型，如图 1-50 所示。

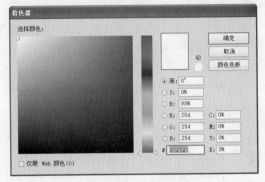

图1-50　三种颜色模型

在 RGB 模式下，每种 RGB 成分都可以使用从 0（黑色）到 255（白色）的值。当 3 种成分值相等时，可以产生灰色，如图 1-51 所示；当所有成分值均为 255 时，可以得到纯白色，如图 1-52 所示；当所有成分值均为 0 时，可以得到纯黑色，如图 1-53 所示。

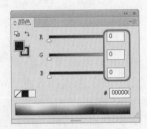

图1-51　灰色　　　　　　　　　图1-52　纯白色　　　　　　　　图1-53　纯黑色

在 CMYK 模式下，每种油墨可使用从 0% 至 100% 的值。低油墨百分比更接近白色，如图 1-54 所示；高油墨百分比更接近黑色，如图 1-55 所示。CMYK 模式是一种印刷模式，如果文件要用于印刷，应使用此模式。

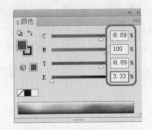

图1-54　低油墨百分比　　　　　　　　　　图1-55　高油墨百分比

在 HSB 模式中，S 和 B 的取值都是百分比，唯有 H 的取值单位是度，这个度是什么意思呢？角度，表示色相位于色相环上的位置。

1.6　Illustrator CS6的新增功能

　　每个软件被升级时，都会在原来的功能上增加一些新的功能，从而提高软件的工作效率和作品的质量，接下来看看 Illustrator CS6 增加了哪些新的功能，以及它们在此软件中的作用。

1.6.1　Adobe Mercury Performance System

　　Adobe Mercury Performance System 由各种解决方案组成，可使 Illustrator 速度更快、响应更迅速，并且能够处理更大的文件。

1. 64 位本机支持

　　在 64 位 Macintosh 和 Windows 操作系统上常规处理速度更快。Illustrator 现在可以充分利用 3 GB 以上的 RAM。

2. 处理更大的文件

　　对大型文件的并发处理几乎不会出现像内存不足、异常之类的错误，能够更好地处理制作包装设计、大格式图形或制图等复杂任务。

3. 改进的内存处理

　　减少栅格化、导出以及同时处理多个大型文件等操作时内存不足的错误。

1.6.2　新的或经过改进的配置文件和组件

　　使用改进的配置文件和其他组件库可以快速启动图稿项目。

- 在菜单栏中选择【文件】|【新建】命令，在弹出的【新建文档】对话框中引入了名为【设备】的新配置文件。新的配置文件包含用于 iPad、iPhone、Xoom、Fire/Nook 和 Galaxy S 设备的预设，如图 1-56 所示。
- 为 Web 配置文件提供了新的默认大小（960px×560px），如图 1-57 所示。
- 添加了新图案和新的 Pantone Plus ™颜色库。

图1-56　新的配置文件

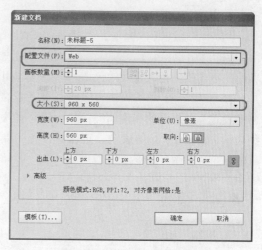

图1-57　Web配置文件的默认值

1.6.3 改进的用户界面

新的用户界面框架利用性能增强以及各种优势（例如原生 64 位支持）来呈现更整洁的界面，从而提供更好的用户体验。此外，用户界面和工作流程中新增了一些重要内容并对某些部分进行了修改，从而提高用户在使用 Illustrator 时的效率。

1. 高效、灵活的界面

最新的可用性增强让用户可以通过较少的单击操作和步骤，即可实现例行或经常使用的动作。例如，在【字符】面板（Ctrl+T）中，字体列表以其自身的字体样式显示名称，用户可以从列表中快速挑选喜爱的字体，如图 1-58 所示。

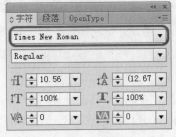

图1-58 字体样式

2. 内联编辑

用户可以直接在面板中编辑对象名称，从而轻松地使用【图层】、【动作】、【色板】、【符号】以及其他面板。用户不再需要通过其他模式对话框来完成此类例行动作。例如，双击【图层】面板中的图层名称可切换到内联编辑模式，输入新名称并按 Enter 键即可。

3. 快速编辑对象属性

在用户界面中，可通过下拉列表或文本字段设置对象属性的值。但现在用户可以通过将鼠标指针悬停在控件上并滚动鼠标滚轮来快速编辑这些字段。例如，要增加或减小描边的粗细，应将鼠标指针悬停在描边粗细控件上，并滚动鼠标滚轮，如图 1-59 所示。

图1-59 调整描边粗细控件

4. 用户界面颜色和亮度

默认情况下，Illustrator 现在提供深色主题，这点与 Adobe Photoshop 等其他产品近期的更改保持一致。这种主题使得视觉体验更舒适，尤其是在处理丰富的色彩和设计作品时。

用户可通过【首选项】对话框（Ctrl + K）中的【用户界面】选项卡，轻松地将用户界面的亮度改为自己喜欢的色调。选中【与用户界面亮度匹配】单选按钮可以将画布区域的色调设置为与界面的亮度匹配；如果用户喜欢经典的 Illustrator 画布颜色，可将其设置为默认的白色，如图1-60所示。

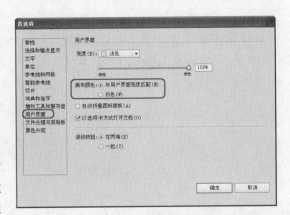

图1-60 【用户界面】选项卡

1.6.4 面板

1. 控制面板

系统对使用频繁的对象控件进行了分组，并一起显示在控制面板中。以这种方式对控件进行编组可帮助用户更快速和更系统地处理对象。

2.【变换】面板

【缩放描边和效果】选项已包含在【变换】面板和【变换效果】对话框中，如图 1-61 所示。

3.【透明度】面板

【透明度】面板中现在提供了蒙版功能。使用【制作蒙版／释放】开关可创建不透明度蒙版，并且可以更轻松地对其进行处理，如图 1-62 所示。

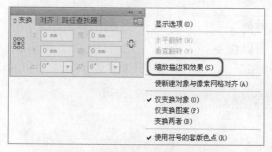

图1-61 【缩放描边和效果】选项

图1-62 制作蒙版/释放

1.6.5 图案功能强化

图案创建和编辑任务经过了简化，这样便可免除数小时重复而烦琐的工作。

若要使用现有图稿创建图案或从头开始创建图案，在菜单栏中选择【对象】|【图案】|【建立】命令，如图 1-63 所示，新图案会添加到【色板】面板中。若要编辑图案，在【色板】面板中双击一个图案就可以打开【图案选项】面板，通过它可以快速创建出无缝拼贴的效果，还有充足的参数可以调整，如图 1-64 所示。

图1-63 选择【建立】命令

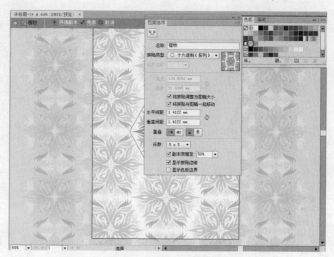

图1-64 【图案选项】面板

1.6.6 描边渐变

将渐变应用于描边功能提供了 3 种可应用于描边的渐变，如图 1-65 所示。

将参考线渐变描边的操作方法如下。

01 在菜单栏中选择【文件】|【打开】命令，在弹出的【打开】对话框中打开随书附带光盘中的【素材】\【第1章】\【007.jpg】文件，如图1-66所示。

02 在菜单栏中选择【视图】|【标尺】|【显示标尺】命令（或按Ctrl+R组合键），标尺会显示在画板的顶部和左侧，如图1-67所示。

03 在工具箱中单击 按钮，将光标移至顶部的水平标尺上单击，按住鼠标左键不放并向下拖动，可以拖出水平参考线，拖至合适的位置释放鼠标，如图1-68所示。

04 用相同的方法，在左侧的垂直标尺上拖出垂直参考线，如图1-69所示。

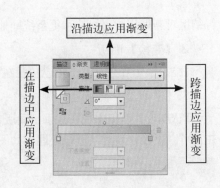

图1-65　渐变描边的三种类型

图1-66　打开素材文件

图1-67　显示标尺

图1-68　拖出水平参考线

图1-69　拖出垂直参考线

05 在工具箱中单击 按钮，随后会弹出【渐变】面板，如图1-70所示。

06 在【渐变】面板中单击渐变条，随后出现两个色标，单击【描边】按钮，设置【类型】为【线性】，如图1-71所示。

07 双击渐变条左侧的色标，在弹出的【颜色】面板中单击 按钮，并在随后弹出的下拉菜单中选择【CMYK】命令，将CMYK值分别设为0%、98%、100%、0%；双击渐变条右侧的色标，在弹出的【颜色】面板中单击 按钮，并在随后弹出的下拉菜单中选择【CMYK】命令，将CMYK值分别设为4%、0%、86%、0%，效果如图1-72所示。

 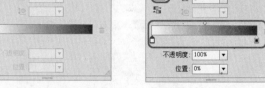 

图1-70 【渐变】面板　　　图1-71 设置渐变类型　　　图1-72 设置渐变颜色

08 双击水平参考线，在弹出的下拉列表中选择【释放参考线】选项，然后在控制面板中将描边粗细设置为3pt，如图 1-73 所示。

09 使用同样的方法为垂直参考线添加渐变描边，如图 1-74 所示。

图1-73 添加水平参考线的渐变描边　　　　　图1-74 添加垂直参考线的渐变描边

1.6.7 图像描摹增强

对栅格图像进行矢量化的工作流程现在可以生成更清晰的描摹。与早期版本中的【实时描摹】功能相比，输出的路径和锚点更少，颜色识别效果更好。

图像描摹的操作方法如下。

01 在菜单栏中选择【文件】|【打开】命令，在弹出的【打开】对话框中打开随书附带光盘中的【素材】\【第 1 章】\【008.jpg】文件，如图 1-75 所示。

02 在工具箱中单击 按钮，选中整个位图图形，如图 1-76 所示。

图1-75 打开素材文件　　　　　图1-76 选中图形

STEP 03 在菜单栏中选择【窗口】|【图像描摹】命令，如图 1-77 所示。

STEP 04 在弹出的【图像描摹】面板中单击【低色】图标，然后按 Enter 键确认，如图 1-78 所示。

图1-77 选择【图像描摹】命令

图1-78 设置图像描摹

STEP 05 设置【图像描摹】选项后的效果，如图 1-79 所示。

STEP 06 单击控制面板上的【扩展】按钮，可以查看描摹后的大体轮廓图，如图 1-80 所示。

图1-79 描摹后的效果

图1-80 扩展后的效果

提示

在控制面板上有一个【图像描摹】选项，通过其中的相关命令可以转换成矢量图，不过要转换高清、高精密的矢量图是不行的，因为矢量图的色彩有限不能像位图那么丰富。

1.6.8 高斯模糊

新的【高斯模糊】效果快捷而高效。选中【预览】复选框即可实时查看应用于图稿的高斯模糊。高斯模糊的操作方法如下。

STEP 01 在菜单栏中选择【文件】|【打开】命令，在弹出的【打开】对话框中打开随书附带光盘中的【素材】\【第 1 章】\【009.jpg】文件，如图 1-81 所示。

02 选中整个图像，在菜单栏中选择【效果】|【模糊】|【高斯模糊】命令，如图 1-82 所示。

图1-81　打开素材文件

图1-82　选择【高斯模糊】命令

03 在弹出的【高斯模糊】对话框中将【半径】设置为 5，然后选中【预览】复选框，如图 1-83 所示。

04 设置完参数后，单击【确定】按钮，高斯模糊后的效果如图 1-84 所示。

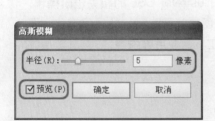

图1-83　设置高斯模糊参数

图1-84　高斯模糊后的效果

1.7　习题

一、填空题

（1）位图在技术上被称为（　　　　），它最基本的单位是（　　　　）。

（2）计算机中的图形和图像是以数字的方式（　　　　）、（　　　　）和（　　　　）的。按照用途可将它们分为两大类：一类是（　　　　）图像，另一类是（　　　　）图像。

二、简答题

（1）分辨率的定义和特点。

（2）在 Illustrator CS6 中可以将设计的图稿存储为几种基本格式，分别是什么？

Chapter 02

第 2 章

Illustrator的
基本操作

本章要点：

  用 Illustrator 编辑图稿的过程中，经常需要对窗口、图形的显示模式以及常规选项等进行设置。本章重点介绍 Illustrator CS6 的相关进阶操作，主要包括缩放图稿、切换屏幕模式和查看图稿等图形窗口的显示操作，图形的显示模式，图形的清除和恢复，辅助工具的使用等内容。

主要内容：

- 原稿的获取与筛选
- 原稿与制作文件的管理
- 创建合格的文件
- 文档的基本操作
- 图形窗口的显示操作
- 图形的显示模式
- 图形的清除和恢复
- 辅助工具的使用
- 选择对象
- 变换对象
- 对象编组
- 对象对齐和分布

2.1 原稿的获取与筛选

好的开始是成功的一半,在用 Illustrator 进行平面设计之前首先要准备好文字和图片素材。通过不同方式获得的原稿品质各有不同,它会在很大程度上影响后面的设计制作环节,本节主要介绍目前平面设计工作中常见的原稿来源。

2.1.1 文字的获取与筛选

文字是排版中最重要的环节之一,所以对文字的前期处理要规范,随便排入文字会出现各种各样令人烦恼的问题。因此,设计师在开始设计制作之前,应把获取的文字进行筛选。文字来源如图 2-1 所示。

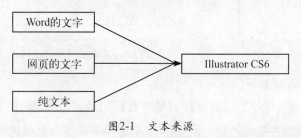

图2-1　文本来源

1. Word 的文字

Word 文字素材可通过置入、复制粘贴和拖曳 3 种方法应用到 Illustrator CS6 中。

置入的操作步骤如下。

STEP 01 选择菜单栏中的【文件】|【置入】命令,弹出【置入】对话框,在【查找范围】下拉列表中选择随书附带光盘中的【素材】\【第 2 章】\【荷花传说 .doc】文件,如图 2-2 所示。

STEP 02 单击【置入】按钮,弹出【Microsoft Word 选项】对话框,选中【移去文本格式】复选框,如图 2-3 所示。

图2-2　置入文件

图2-3　去除格式

STEP 03 单击【确定】按钮,则完成 Word 文字的置入操作,如图 2-4 所示。

提示

在【Microsoft Word选项】对话框中，若取消选中【移去文本格式】复选框，单击【确定】按钮，则会弹出【字体问题】对话框，如图2-5(a)所示。单击【确定】按钮，则完成置入文档的操作，如图2-5(b)所示。

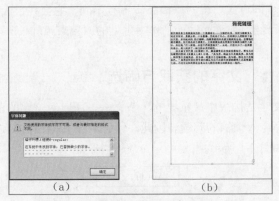

图2-4 置入文字完成后的效果   图2-5 未勾选【移去文本格式】复选框

复制粘贴的操作步骤如下。

STEP 01 打开随书附带光盘中的【素材】\【第 2 章】\【荷花传说 .doc】文件，如图 2-6 所示。

STEP 02 按住鼠标左键并拖曳选择一段文字，再按 Ctrl+C 组合键将选中的文字进行复制，如图 2-7 所示。

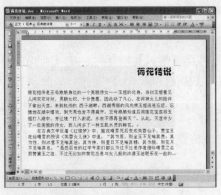

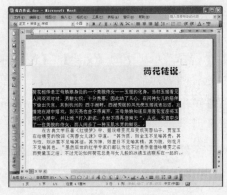

图2-6 打开素材文件   图2-7 复制文本

STEP 03 回到 Illustrator 软件中，在空白页面处按 Ctrl+V 组合键，则完成粘贴 Word 文档的操作，如图 2-8 所示。

提示

复制粘贴Word文档可将图像嵌入到Illustrator中，而置入Word文档时，则无法在置入的过程中同时将图像嵌入到Illustrator中。

拖曳的操作步骤如下。

STEP 01 打开随书附带光盘中的【素材】\【第 2 章】\【荷花传说 .doc】文件，按住鼠标左键不放，将文档拖曳到任务栏

图2-8 粘贴已复制的文本

中的 Illustrator 按钮,直到弹出 Illustrator 窗口,再将拖曳着的文档放到空白页面中,然后释放鼠标,弹出【Microsoft Word 选项】对话框,如图 2-9 所示。

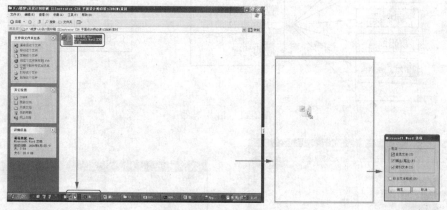

图2-9　将文档拖曳至空白页面

STEP 02 单击【确定】按钮,弹出【字体问题】对话框,再单击【确定】按钮,则完成拖曳文档的操作,如图 2-10 所示。

 提示 拖曳至Illustrator中,Illustrator会自动生成一个新文档。

2. 网页的文字

设计师经常会在网站上搜索设计需要的资料,然后把搜集到的资料直接复制到 Word 中,这时会发现 Word 在复制的过程中

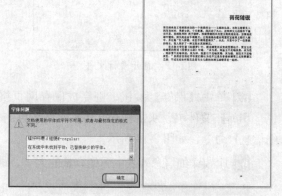

图2-10　完成拖曳的新文档

速度非常慢,出现这种情况是因为从网页复制到 Word 的过程中会带有超链接、图片和文字样式。建议设计师把复制的网页文字粘贴到纯文本中,纯文本可以将超链接、图片和文字样式过滤掉。

3. 纯文本

纯文本相当于文字的过滤器,可以清除带有样式的文字,避免了文字丢失、带警告字体的情况。建议设计师在置入文字时使用纯文本文字。

2.1.2　图片的获取与筛选

图片的来源如图 2-11 所示。

Word 通常会对放入的图片进行压缩,以减小文件量,因此,设计师可以把 Word 文件另存为 Web 网页格式,然后从保存的文件夹中挑选清晰的图片。

STEP 01 打开随书附带光盘中的【素材】\【第 2 章】\【荷花传说 2.doc】文件,如图 2-12 所示。

STEP 02 选择菜单栏中的【文件】|【另存为】命令,弹出【另存为】对话框,在【保存类型】下拉列表中选择【网页（*.htm；*.html）】选项,如图 2-13 所示。

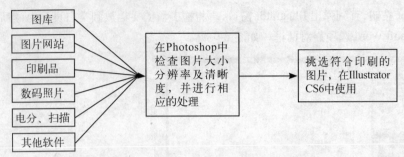

图2-11　图片来源

图2-12　打开素材文件

图2-13　【另存为】对话框

STEP 03 单击【保存】按钮，则完成保存网页格式的操作。打开保存路径，可看到【荷花传说 2.files】文件夹，双击打开文件夹，然后单击【查看】按钮，在弹出的下拉菜单中选择【详细信息】命令，如图 2-14 所示。

STEP 04 比较详细信息列表中图像容量的大小，最大的则为较清晰的图片，如图 2-15 所示。

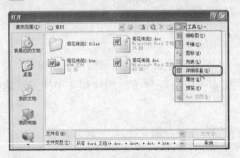

图2-14　选择查看方式

图2-15　选择查看方式后的效果

2.2　原稿与制作文件的管理

　　在进行一项设计工作前对搜集的素材分类管理，会让设计师在工作中快速找到需要的素材，提高工作效率。Illustrator 对图像可采取链接和嵌入两种形式。链接图像，可防止文件过大，但修改图像时需要回到图像处理软件中修改，链接的图像不可进行滤镜和效果的操作；嵌入图像，文件较大，修改完图像后还需重新嵌入图像，可进行滤镜和效果的操作。

一个多页出版物需要几个设计师进行分工协作时，对于图像的命名很重要。当多个文档合并为一个文档，在整理链接图像时重命名的图像很容易被覆盖，因此在为图像命名时应该按页码及用图顺序，如第一页的第一张图像命名为1-1，如图2-16所示。

Illustrator 文件的分类管理如图 2-17 所示。

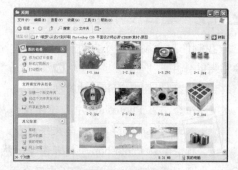

图2-16　图像的命名

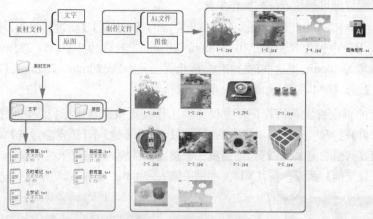

图2-17　文件分类管理

2.3　创建合格的文件

创建一个符合印刷要求的 Illustrator 文件，需要设计师注意成品尺寸、出血和裁切线的设置。本节以实例操作为设计师讲解在实际运用中如何对书刊封面文档进行正确创建。 在创建书刊封面的文档时，设计师应注意以下两个问题。

2.3.1　书脊的尺寸要计算准确

设计师在做书刊封面时，一定要对书的厚度计算准确，这关系到书脊的正确尺寸。如果书脊尺寸计算不准确，则在设计当中书脊与书封颜色不同时，容易造成书封上出现多余的书脊颜色，或者书脊上出现多余的书封颜色，如图 2-18 所示。为避免此情况出现，建议设计师在设计书封和书脊时尽量使用相同的颜色。

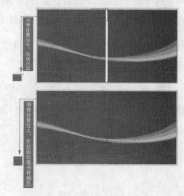

图2-18　计算书脊情况

2.3.2 勒口尺寸设计要合理

在制作封面勒口时不宜过大也不宜过小，过大会造成印刷成本提高，过小会使勒口失去保护书籍的作用。

制作书刊封面有以下两种方法。

- 组合：在 Photoshop 中处理图像，然后将书封、书脊和勒口组合成为一张图，再将其置入到 Illustrator CS6 中与文字组合。

- 拆分：在 Photoshop 中处理图像，然后将书封、书脊和勒口分别拆成独立的部分，再将其分别置入到 Illustrator CS6 中拼合成一张图，然后再与文字组合。该方法的好处是便于修改。

下面为设计师详细讲解该方法的操作步骤。

STEP 01 在 Illustrator CS6 中新建文档。选择菜单栏中的【文件】|【新建】命令，打开【新建文档】对话框。在本例中设置封面大小为 210mm×285mm、封底为 210mm×285mm、书脊厚度为 10mm、勒口宽度为 70mm，把这些部分相加，因此页面大小为 570mm×285mm，【取向】为【横向】，【颜色模式】为【CMYK】，如图 2-19 所示。

STEP 02 为新建的页面打上裁切标记，方便印后工作人员根据裁切标记裁切和折叠封面。按 Ctrl+R 组合键，打开标尺。选择菜单栏中的【视图】|【参考线】|【锁定参考线】命令，将参考线解锁。首先设置封面的出血，在标尺中拖曳一条垂直参考线，并在菜单栏中选择【窗口】|【变换】命令，打开【变换】面板，在【X】文本框中输入 -3mm，如图 2-20 所示。

图2-19　新建文档

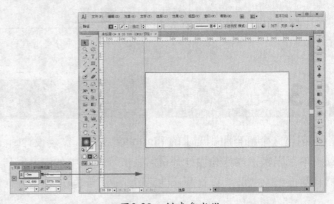

图2-20　创建参考线

STEP 03 按照步骤 2 的方法，分别拖曳两条垂直参考线、两条水平参考线，如图 2-21 所示。

STEP 04 打开【色板】面板，为 4 条参考线填充黑色描边色，如图 2-22 所示。

STEP 05 按照步骤 2 的方法，分别拖曳 4 条参考线，将整张页面分为 5 部分：与封底相邻的勒口、封底、书脊、封面和与封面相邻的勒口，参数如图 2-23 所示。

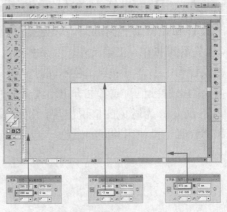

图2-21　创建其他参考线

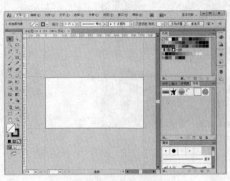

图2-22　为参考线描边

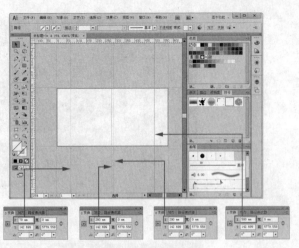

图2-23　创建其他参考线

STEP 06　打开【色板】面板，为4条参考线填充黑色描边色，再打开【描边】面板，选中【虚线】
复选框，则黑色实线变为虚线，表示折叠位置，如图2-24所示。

STEP 07　在Photoshop中制作封底、封面和书脊时应该注意出血的计算，将封面与其相邻的勒口
一起制作，在Illustrator CS6中要与书脊拼合，因此只需在右边加出血而左边不需要，上下都要
加出血，尺寸为283mm×291mm。封底与封面相同，只需在左边加出血。书脊拼合在中间，因
此左右两边不需要出血。放入图像之前，将裁切标记所在的图层命名为【裁切标记】。双击图层，
弹出【图层选项】对话框，在【名称】文本框中输入【裁切标记】，如图2-25所示。

图2-24　为参考线描边并转变为虚线

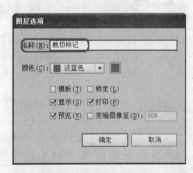

图2-25　图层命名

提示　出血是指为了印刷品最后的切割而在设计时预留的尺寸，通常在印刷品的每边都多留3mm，
也就是设计作品要在实际尺寸基础上长宽各加6mm。

STEP 08　单击【确定】按钮，则完成修改图层名称的操作。在【图层】面板中新建一个图
层，并按照步骤7的方法，将图层2命名为【图像】，然后将制作好的封底、勒口和封面放在
Illustrator CS6中相应的位置上，如图2-26所示。

STEP 09　再新建一个图层用于放置文字，图层命名为"文字"，如图2-27所示。这样创建书刊封
面的操作就完成了。

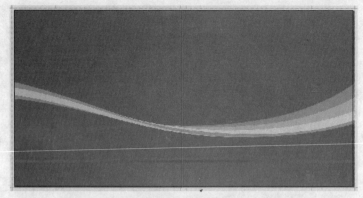

图2-26　置入图像

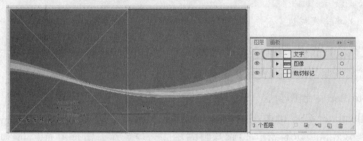

图2-27　输入文本

2.4 文档的基本操作

在 Illustrator CS6 的【文件】菜单中包含【新建】、【从模板新建】等用于创建文档的各种命令，下面就向大家介绍如何使用这些命令来创建新文档。

2.4.1 新建Illustrator文档

在菜单栏中选择【文件】|【新建】命令（或按 Ctrl+N 组合键），弹出【新建文档】对话框，如图 2-28 所示。在该对话框中可以设置文件的名称、大小和颜色模式等选项，设置完成后单击【确定】按钮，即可新建一个空白文档。

- 名称：在【名称】文本框中可以输入文件的名称，也可以使用默认的文件名称。创建文件后，文件名称会显示在文档窗口的标题栏中。在保存文件时，文档的名称也会自动显示在存储文件的对话框中。

- 配置文件/大小：在【配置文件】下拉列表中

图2-28　【新建文档】对话框

可以选择创建不同输出类型的配置文件，每一个配置文件都预先设置了大小、颜色模式、单位、方向、透明度以及分辨率等参数。选择【Web】选项，可以创建 Web 优化文件，如图 2-29 所示；选择【移动设备】选项，可以为特定移动设备创建预设的文件；选择【视频和胶片】选项，可以创建特定于视频和特定于胶片的预设的裁剪区域大小文件；选择【基本 RGB】选项，可以使用默认的文档大小画板，并提供各种其他大小以便于择优选择，如图 2-30 所示。如果准备将文档发送给多种类型的媒体，应该选择该选项。在【配置文件】下拉列表中选择一个配置文件后，可以在【大小】下拉列表中选择各种预设的打印大小。

图2-29　选择【Web】选项　　　　　图2-30　选择【基本RGB】选项

- 宽度 / 高度 / 单位 / 取向：可以输入文档的宽度、高度和单位，以创建自定义大小的文档；单击【取向】选项中的按钮，可以切换文档的方向。
- 高级：单击【高级】选项前面的按钮图标可以显示扩展的选项，包括【颜色模式】、【栅格效果】和【预览模式】。在【颜色模式】选项中可以为文档指定颜色模式，在【栅格效果】选项中可以为文档的栅格效果指定分辨率，在【预览模式】选项中可以为文档设置默认的预览模式。
- 模板：单击该按钮，弹出【从模板新建】对话框，在该对话框中选择一个模板，从该模板创建文档。

提示　默认情况下，运行Illustrator CS6时，会弹出【欢迎屏幕】窗口。在【欢迎屏幕】窗口的【新建】列表中可以选择文档的创建类型，包括【打印文档】、【网站文档】、【移动设备】、【基于CMYK】和【基于RGB】，也可以选择从模板创建文档。

2.4.2　保存Illustrator文档

新建文件或者对文件进行了处理后，需要及时将文件保存，以免因断电或者死机等造成所制作的文件丢失。在 Illustrator CS6 中可以使用不同的命令保存文件，包括【存储】、【存储为】、【签入】和【存储为模板】等，下面就向大家介绍 Illustrator CS6 中保存文件的命令。

1.【存储】命令

在菜单栏中选择【文件】|【存储】命令（或按 Ctrl+S 组合键），即可将文件以原有格式进行存储。如果当前保存的文件是新建的文档，则在菜单栏中选择【文件】|【存储】命令时，会弹出【存储为】对话框。

2.【存储为】命令

在菜单栏中选择【文件】|【存储为】命令,弹出【存储为】对话框,如图 2-31 所示。在该对话框中可以将当前文件保存为其他的名称和格式,或者将其存储到其他的位置,设置好选项后,单击【保存】按钮,即可存储文件。

- 保存在:在该下拉列表中可以选择文件的存储位置。
- 文件名:在该文本框中输入保存文件的名称,默认情况下显示为当前文件的名称,在此处可以修改文件的名称。
- 保存类型:在该下拉列表中可以选择文件保存的格式,包括 AI、PDF、EPS、AIT、SVG 和 SVGZ 等。

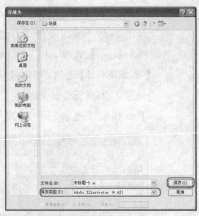

图2-31 【存储为】对话框

3.【签入】命令

在菜单栏中选择【文件】|【签入】命令,同样可以保存文件。在保存文件时,可以存储文件的不同版本以及各版本的注释。该命令用于 Version Cue 工作区管理的图像。如果使用的是来自 Adobe Version Cue 项目的文件,则文档标题栏会提供有关文件状态的其他信息。

Adobe Version Cue 是 Adobe Creative Suite 3 Design、Web 以及 Master Collection 版本中包含的文件版本管理器。

4.【存储副本】命令

在菜单栏中选择【文件】|【存储副本】命令,可以基于当前文件保存一个同样的副本,副本文件名称的后面会添加【复制】两个字。例如,当你不想保存对当前文件所做的修改时,则可以通过该命令创建文件的副本,再将当前文件关闭即可。

5.【存储为模板…】命令

在菜单栏中选择【文件】|【存储为模板…】命令,可以将当前文件保存为一个模板文件。在菜单栏中选择该命令时将弹出【存储为】对话框,在该对话框中选择文件的保存位置,输入文件名,然后单击【保存】按钮,即可保存文件。Illustrator 会将文件存储为 AIT 格式。

6.【存储为 Microsoft Office 所用格式…】命令

在菜单栏中选择【文件】|【存储为 Microsoft Office 所用格式…】命令,弹出【存储为 Microsoft Office 所用格式】对话框,如图 2-32 所示,可以创建一个能在 Microsoft Office 应用程序中使用的 PNG 文件。在该对话框中选择文件的保存位置,输入文件名,然后单击【保存】按钮,即

图2-32 【存储为Microsoft Office所用格式】对话框

可保存文件。如果要自定义 PNG 设置,例如分辨率、透明度和背景颜色等,则需要使用【导出】命令来操作。

2.4.3 打开Illustrator文档

在菜单栏中选择【文件】|【打开】命令(或按 Ctrl+O 组合键),在弹出的【打开】对话框

中选中一个文件后，可以在【文件类型】下拉列表中选择一种特定的文件格式，默认状态下为【所有格式】，选中文件类型后，单击【打开】按钮，即可将该文件打开，如图 2-33 所示。

图2-33 【打开】对话框

提示 在【文档】|【打开最近的文件】子菜单中包含用户最近在Illustrator CS6中打开的10个文件，单击一个文件的名称，即可快速打开该文件。

2.4.4 置入和导出文档

【置入】命令是导入文件的主要方式，该命令提供了有关文件的格式、置入选项和颜色的最高级别的支持。在置入文件后，可以使用【链接】面板来识别、选择、监控和更新文件。

在菜单栏中选择【文件】|【置入】命令，弹出【置入】对话框，如图 2-34 所示。在该对话框中选择所需要置入的文件或图像，单击【置入】按钮，可将其置入到 Illustrator 中。

- 文件名：选择置入的文件后，可以在该文本框中显示文件的名称。
- 文件类型：在该下拉列表中可以选择需要置入的文件的类型，默认为【所有格式】。
- 链接：选择该选项后，置入的图稿同源文件保持链接关系。此时，如果源文件的存储位置发生了变化或者被删除了，则置入的图稿也会从 Illustrator 文件中消失。取消选择时，可以将图稿嵌入到文档中。
- 模板：选择该选项后，置入的文件将成为模板文件。
- 替换：如果当前文档中已经包含了一个置入的对象，并且处于选中状态，选择【替换】选项，新置入的对象会替换掉当前文档中被选中的对象。

在 Illustrator 中创建的文件可以使用【导出】命令导出为其他软件的文件格式，以便被其他软件使用。在菜单栏中选择【文件】|【导出】命令，弹出【导出】对话框，选择文件的保存位置并输入文件名称，在【保存类型】下拉列表中选择导出文件的格式，如图 2-35 所示，然后单击【保存】按钮，即可导出文件。

图2-34 【置入】对话框

图2-35 【导出】对话框

2.4.5 关闭Illustrator文档

在菜单栏中选择【文件】|【关闭】命令（或按 Ctrl+W 组合键），或者单击文档窗口右上角的【关闭】按钮 ✕ ，即可关闭当前文件。如果需要退出 Illustrator CS6 程序，则可以在菜单栏中选择【文件】|【退出】命令，或者单击程序窗口右上角的【关闭】按钮 ✕ 。如果有文件没有保存，将会弹出提示对话框，提示用户是否保存文件。

2.5 图形窗口的显示操作

在 Illustrator 中编辑图稿时，经常需要放大或缩小窗口的显示比例，以便更好地观察和处理对象。Illustrator 提供了缩放工具图标、【导航器】面板和各种缩放命令，用户可以根据需要选择其中的一种查看图稿。

2.5.1 图稿的缩放

在 Illustrator 的【视图】菜单中提供了多个用于调整视图显示比例的命令，包括【放大】、【缩小】、【适合窗口大小】和【实际大小】等。

- 放大 / 缩小：【放大】命令和【缩小】命令与缩放工具的作用相同。在菜单栏中选择【视图】|【放大】命令（或按 Ctrl++ 组合键），可以放大窗口的显示比例；在菜单栏中选择【视图】|【缩小】命令（或按 Ctrl+- 组合键），则缩小窗口的显示比例。当窗口达到最大或最小放大率时，这两个命令将显示为灰色。
- 适合窗口大小：在菜单栏中选择【视图】|【适合窗口大小】命令（或按 Ctrl+0 组合键），可以自动调整视图，以适合文档窗口的大小。
- 实际大小：在菜单栏中选择【视图】|【实际大小】命令（或按 Ctrl+1 组合键），将以100%的比例显示文件，也可以双击工具箱中的【缩放工具】图标来进行此操作。

STEP 01 在操作界面中打开一个 001.ai 素材文件，如图 2-36 所示。选择工具箱中的【缩放工具】🔍，将光标移至视图上，当光标显示为 🔍 形状时，单击即可整体放大对象的显示比例，如图 2-37 所示。

图2-36 打开素材文件

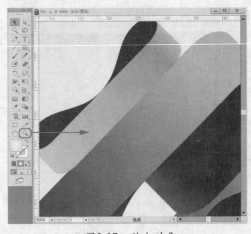

图2-37 放大对象

02 使用【缩放工具】 🔍 还可以查看某一范围内的对象，在图像上按住鼠标左键不放并拖动鼠标，拖出一个矩形框，如图 2-38 所示。释放鼠标，即可将矩形框中的对象放大至整个窗口，如图 2-39 所示。

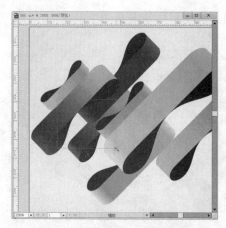

图2-38　选择放大的矩形范围

图2-39　放大矩形范围中的对象

03 在编辑图稿的过程中，如果图像较大，或者因窗口的显示比例被放大而不能在画面中完整显示图稿，则可以使用【抓手工具】 ✋ 移动画面，以便查看对象的不同区域。选择【抓手工具】 ✋ 后，在画面中单击并移动鼠标即可移动画面，如图 2-40 所示。

04 如果需要缩小窗口的显示比例，可以选择工具箱中的【缩放工具】 🔍 ，并按住键盘上的 Alt 键单击，如图 2-41 所示。

图2-40　使用移动工具移动画面

图2-41　缩小显示的窗口

提示 在Illustrator 中放大窗口的显示比例后，按住键盘上的空格键，即可快速切换到【抓手工具】 ✋ ，按住键盘上的空格键不放并拖动鼠标即可移动画面。

2.5.2　切换屏幕模式

Illustrator CS6 允许切换不同的屏幕模式，从而改变工作区域中工具箱和面板的显示状态。单击工具箱底部的【更改屏幕模式】按钮 ⬜ ，在弹出的下拉菜单中选择合适的屏幕模式，如

图 2-42 所示。

- 正常屏幕模式：默认的屏幕模式。在这种模式下，窗口中会显示菜单栏、标题栏、滚动条和其他屏幕元素，如图 2-43 所示。

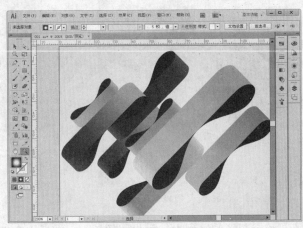

图2-42 【更改屏幕模式】下拉菜单　　　　图2-43　正常屏幕模式

- 带有菜单栏的全屏模式：显示带有菜单栏，但没有标题栏或滚动条的全屏窗口，如图 2-44 所示。
- 全屏模式：显示没有标题栏、菜单栏和滚动条的全屏窗口，如图 2-45 所示。

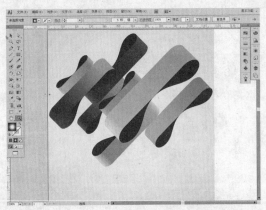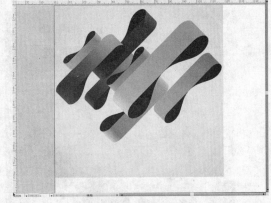

图2-44　带有菜单栏的全屏模式　　　　　　图2-45　全屏模式

 提示　按F键可以在各个屏幕模式之间进行切换。另外，不论在哪一种模式下，按下键盘上的Tab键都可以将Illustrator中的工具箱、面板和控制面板隐藏，再次按下Tab键可以将其显示出来。

2.5.3　新建与编辑视图

在绘制与编辑图形的过程中，有时会经常缩放对象的某一部分内容，如果使用【缩放工具】来操作，就会造成许多重复性的工作。Illustrator CS6 允许将当前文档的视图状态存储，在需要使用这一视图时，便可以将它调出，这样可以有效地避免频繁使用【缩放工具】缩放窗口而带来的麻烦。

在菜单栏中选择【视图】|【新建视图】命令，弹出【新建视图】对话框，在【名称】文本框中可以输入视图的名称，如图2-46所示。单击【确定】按钮，便可以存储当前的视图状态。新建的视图会随文件一同保存。当需要调用存储的视图状态时，只需要在【视图】菜单底部单击该视图的名称即可，如图2-47所示。

提示 在Illustrator CS6中每个文档最多可以新建和存储25个视图。

如果需要重命名或删除已经保存的视图，可以在菜单栏中选择【视图】|【编辑视图】命令，弹出【编辑视图】对话框，如图2-48所示。在【编辑视图】对话框中选中需要修改或删除的视图，在【名称】文本框中可以对该视图的名称进行重命名，单击【删除】按钮，即可删除该视图。

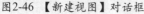

图2-46 【新建视图】对话框　　图2-47 视图名称　　图2-48 【编辑视图】对话框

2.5.4 查看图稿

使用【导航器】面板可以快速缩放窗口的显示比例，也可以移动画面。在菜单栏中选择【窗口】|【导航器】命令，打开【导航器】面板，如图2-49所示。面板中的红色框为预览区域，红色框内的区域代表了文档窗口中正在查看的区域。

在【导航器】面板中，可以通过以下方法查看对象。

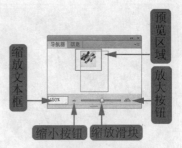
图2-49 【导航器】面板

- 通过滑块缩放：拖动缩放滑块可放大或缩小窗口的显示比例。
- 通过按钮缩放：单击【放大按钮】，可以放大窗口的显示比例；单击【缩小按钮】，可以缩小窗口的显示比例。
- 通过数值缩放：在【导航器】面板的【缩放文本框】中显示了文档窗口的显示比例，在文本框中输入数值可以改变窗口的显示比例，如图2-50所示。

- 移动画面：放大窗口的显示比例后，将光标移至预览区域，当光标显示为 🖑 形状时，单击并拖动鼠标可以移动预览区域，预览区域中的对象将位于文档的中心，移动后的效果如图 2-51 所示。

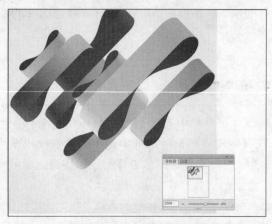 

图2-50　改变窗口显示比例　　　　　　　　　图2-51　移动画面

2.6　图形的显示模式

图形的显示模式主要包括以下几种。

2.6.1　轮廓模式与预览模式

在 Illustrator CS6 中，对象有两种显示模式，即轮廓模式和预览模式。在默认情况下，对象显示为彩色的预览模式，此时可以查看对象的实际效果，包括颜色、渐变、图案和样式等，如图 2-52 所示。

处理复杂的图像时，在预览模式下操作会使屏幕的刷新速度变得非常慢。此时可以在菜单栏中选择【视图】|【轮廓】命令（或按 Ctrl+Y 组合键），以轮廓模式查看设计图稿。在轮廓模式下，只显示对象的轮廓框，效果如图 2-53 所示。

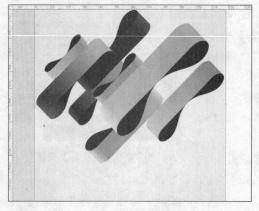 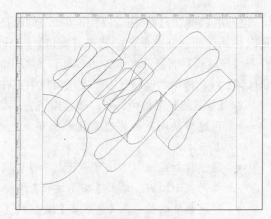

图2-52　预览模式　　　　　　　　　　　　图2-53　轮廓模式

提示 在这样的状态下查看图稿会减少屏幕的刷新时间。如果要切换为预览模式，可以在菜单栏中选择【视图】|【预览】命令（或按Ctrl+Y组合键）。

提示 在菜单栏中选择【视图】|【轮廓】命令时，文档中所用的对象都显示为轮廓模式，而实际操作中往往只需要切换某对象的显示模式，在这种情况下，可以通过【图层】面板来进行切换。

2.6.2 像素预览模式

大多数 Adobe Illustrator 的作品都是矢量格式。为了用位图格式，如 GIF、JPEG 或 PNG 格式保存矢量图像，必须先将它栅格化。也就是说，把矢量图形转换为像素，还有自动应用消除锯齿。在矢量图形被栅格化时，边缘会产生锯齿，消除锯齿功能可以平滑那些锯齿边缘，但这可能会产生纤细的线条和模糊的文字。为了控制消除锯齿的程度和范围，在将作品保存为适合网络传输的格式之前，先栅格化图像，像素预览模式能够让用户看到 Illustrator 是如何将矢量图像转换为像素的。

STEP 01 在菜单栏中选择【文件】|【打开】命令，在弹出的【打开】对话框中，打开一个 002.ai 矢量图素材，如图 2-54 所示。

STEP 02 选择工具箱中的【选择工具】![箭头]，选中矢量图图形后，在菜单栏中选择【视图】|【像素预览】命令，Illustrator 将以像素显示矢量图像。放大图像的某些部分，直到能够清晰地看到线条、文字和被栅格化的其他图形，如图 2-55 所示。

图2-54　打开素材

图2-55　像素预览模式下的图形

像素预览模式显示了图形被栅格化以后的样子，如果需要将矢量作品保存为位图格式，如 GIF、JPEG 或 PNG，可以在像素预览模式，而实际情况是矢量的情况下修改作品。

2.7 图形的清除和恢复

　　本节主要学习图形的处理，处理方法有图像的复制、粘贴、清除以及文件的还原与恢复，学会这些方法就可以在以后的作图中随意删除以及恢复一个图形。

2.7.1 图像的复制、粘贴与清除

　　STEP 01 选择对象后，在菜单栏中选择【编辑】|【复制】命令，可以将对象复制到剪贴板中，画板中的对象保持不变。

　　STEP 02 在菜单栏中选择【编辑】|【剪切】命令，则可以将对象从画面中剪切到剪贴板中。

　　STEP 03 复制或剪切对象后，在菜单栏中选择【编辑】|【粘贴】命令，可以将对象粘贴到文档窗口中，对象会自动位于文档窗口的中央。

提示　　在菜单栏中选择【剪切】或【复制】命令后，在Photoshop中选择【编辑】|【粘贴】命令，可以将剪贴板中的图稿粘贴到Photoshop文件中。

　　STEP 04 复制对象后，可以在菜单栏中选择【编辑】|【贴在前面】或【编辑】|【贴在后面】命令将对象粘贴到指定的位置。

　　STEP 05 如果当前没有选择任何对象，则执行【贴在前面】命令时，粘贴的对象将位于被复制对象的上面，并且与该对象重合；如果在执行【贴在前面】命令前选择了一个对象，则执行该命令时，粘贴的对象与被复制的对象仍处于相同的位置，但它位于被选择对象的上面。

　　STEP 06 【贴在后面】命令与【贴在前面】命令的效果相反。执行【贴在后面】命令时，如果没有选择任何对象，粘贴的对象将位于被复制对象的下面；如果在执行该命令前选择了对象，则粘贴的对象位于被选择对象的下面。

　　STEP 07 如果需要删除对象，可以选中需要删除的对象，在菜单栏中选择【编辑】|【清除】命令，或者按 Delete 键，即可将选中的对象删除。

2.7.2 文件的还原与恢复

　　在使用 Illustrator CS6 绘制图稿的过程中，难免会出现错误，这时可以在菜单栏中选择【编辑】|【还原】命令（或按 Ctrl+Z 组合键），来更正错误。即使执行了【文件】|【存储】命令，也可以进行还原操作，但是如果关闭了文件又重新打开，则无法再还原。当【还原】命令显示为灰色时，表示【还原】命令不可用，也就是操作无法还原。

提示　　在Illustrator CS6中的还原操作是不限次数的，只受内存大小的限制。

　　还原之后，还可以在菜单栏中选择【编辑】|【重做】命令（或按 Shift+Ctrl+Z 组合键），撤销还原，恢复到还原操作之前的状态。而如果在菜单栏中选择【文件】|【恢复】命令（或按 F12 键），则可以将文件恢复到上一次存储的版本。需要注意的是，这时再在菜单栏中选择【文件】|【恢复】命令，将无法还原。

2.8 辅助工具的使用

在 Illustrator CS6 中，标尺、参考线和网格等都属于辅助工具，它们不能编辑对象，但却可以帮助用户更好地完成编辑任务。下面将向读者详细介绍 Illustrator CS6 中各种辅助工具的使用方法和技巧。

2.8.1 标尺与零点

标尺可以帮助设计者在画板中精确地放置和度量对象。启用标尺后，当移动光标时，会显示光标的精确位置。

STEP 01 在操作界面中打开 003.ai 素材文件，如图 2-56 所示。默认情况下，标尺是隐藏的，在菜单栏中选择【视图】|【显示标尺】命令（或按 Ctrl+R 组合键），标尺会显示在画板的顶部和左侧，如图 2-57 所示。

图2-56 打开素材文件

图2-57 显示标尺

STEP 02 在标尺上显示 0 的位置为标尺原点（即零点），默认标尺原点位于画板的左下角。如果要更改标尺原点，请将光标移到左上角（标尺在此处相交），然后将光标拖到所需的新标尺原点处。如果要指定新的原点位置，可以将光标放在窗口的左上角，然后按住鼠标左键不放并拖动鼠标，画面中会显示出一个十字线，如图 2-58 所示。释放鼠标左键，该处便成为原点的新位置，如图 2-59 所示。

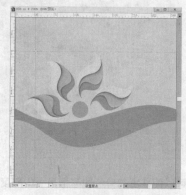
图2-58 拖动鼠标改变原点

图2-59 新原点的位置

从设计到印刷 **Illustrator CS6**
平面设计师必读

STEP 03 如果需要将原点恢复为默认的位置，可以在标尺左上角位置处双击鼠标左键。

STEP 04 如果需要隐藏标尺，可以在菜单栏中选择【视图】|【隐藏标尺】命令（或按Ctrl+R组合键）。

提示 在标尺上单击鼠标右键，在弹出的快捷菜单中可以选择不同的度量单位。

2.8.2 参考线

在绘制图形或制作卡片时，拖出的参考线可以辅助设计师完成精确的绘制。

STEP 01 在操作界面中打开003.ai素材文件，如图2-60所示。在菜单栏中选择【视图】|【显示标尺】命令，显示出标尺，如图2-61所示。

图2-60　打开素材文件

图2-61　显示标尺

STEP 02 将光标移至顶部的水平标尺上，按住鼠标左键不放并向下拖动鼠标，可以拖出水平参考线，拖至合适的位置释放鼠标左键，如图2-62所示。使用同样的方法，在左边的垂直标尺上拖出垂直参考线，如图2-63所示。

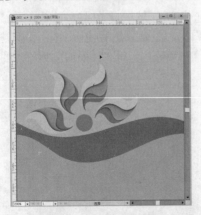
图2-62　拖出水平参考线

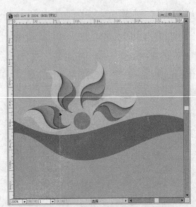
图2-63　拖出垂直参考线

提示 如果在拖动参考线时按住键盘上的Shift键，则可以使拖出的参考线与标尺上的刻度对齐。

03 创建参考线后，在菜单栏中选择【视图】|【参考线】|【锁定参考线】命令，可以锁定参考线。锁定参考线是为了防止参考线被意外的移动。如果要取消锁定，则可以再次执行该命令。

04 如果需要移动参考线，可以先取消参考线的锁定，然后将光标移至需要移动的参考线上，光标会显示为图标形状，单击鼠标左键并拖动即可移动参考线。

05 如果需要删除参考线，可以单击选中需要删除的参考线，按 Delete 键，即可将选中的参考线删除。如果需要删除所有参考线，可以在菜单栏中选择【视图】|【参考线】|【清除参考线】命令。

2.8.3　网格

网格显示在画板的后面，不会被打印出来，但可以帮助对象对齐。

01 在操作界面中打开 004.ai 素材文件，如图 2-64 所示。在菜单栏中选择【视图】|【显示网格】命令，可以在图稿的后面显示出网格，如图 2-65 所示。

图2-64　打开素材文件　　　　图2-65　显示网格

 提示　在使用【度量工具】测量任意两点之间的距离时，如果按住键盘上的Shift键，可以将工具限制为水平或垂直或45°的倍数。

02 如果需要隐藏网格，可以在菜单栏中选择【视图】|【隐藏网格】命令。显示和隐藏网格的快捷键为 Ctrl+“。

03 在菜单栏中选择【视图】|【显示透明度网格】命令，可以显示透明度网格，如图 2-66 所示。

 提示　透明度网格可以帮助设计者查看图稿中包含的透明区域。了解是否存在透明区域以及透明区域的透明程度是非常重要的，因为在打印和存储透明图稿时，必须另外设置一些选项才能保留透明区域，例如，将对象的【不透明度】设置为60%时，在透明网格上显示的效果如图2-67所示。

04 如果需要隐藏透明度网格，可以在菜单栏中选择【视图】|【隐藏透明度网格】命令，将透明度网格隐藏。

提示 在显示网格后，如果在菜单栏中选择【视图】|【对齐网格】命令，则移动对象时，对象就会自动对齐网格。

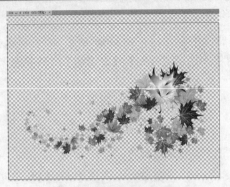

图2-66　显示透明度网格

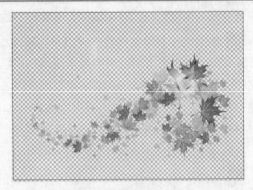

图2-67　设置透明度

2.9 选择对象

　　在 Illustrator CS6 中可以选择对象框架或框架中的内容，如图形与文本。下面将详细介绍选择工具、直接选择工具、编组选择工具、套索工具与魔棒工具的使用方法与技巧。

2.9.1 选择工具

　　【选择工具】 是最常用的工具，可以选择、移动或调整整个对象。在默认状态下，该工具处于激活状态，按下 V 键选取该工具，可以执行下列操作之一。

- 单击对象可以选取单个对象并激活其定界框，选中对象后，对象处于选中状态，出现 8 个白色控制手柄，可以对其作整体变形，如缩放等，如图 2-68 所示。
- 按下 Shift 键，单击对象可选取多个对象并激活其定界框。在屏幕上单击拖出矩形框可以圈选多个对象并激活其定界框。
- 按下 Ctrl 键，依次单击将选取不同前后次序的对象。
- 按下 Alt 健的同时，单击并拖动对象可复制对象，如图 2-69 所示。
- 若多个对象重叠在一起，按下 Shift+Ctrl+Alt+】组合键可以选择最上面的对象；按下 Ctrl+Alt+】组合键，可以选择当前对象的下一对象；按下 Ctrl+Alt+【组合键，可以选择当前对象的上一对象；按下 Shift+Ctrl+Alt+【组合键，可以选择最下面的对象。

图2-68　缩放对象

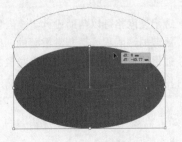

图2-69　复制对象

2.9.2 直接选择工具

使用【直接选择工具】可以选择对象上的锚点，按下 A 键，选取【直接选择工具】，
可以执行下列操作之一。

- 单击对象可以选择锚点或群组中的对象，如图
  2-70 所示。
- 选中对象时，将激活该对象中的描点，按下 Shift
  键，可以选中多个锚点或对象。选中锚点后，该
  锚点将显示为黑色，可以改变锚点的位置或类型。
- 选取锚点后，按下 Del 键，可以删除锚点。
- 选取锚点后，拖曳鼠标或按下方向键，可以移动
  单个、多个锚点。

图2-70　选择编组中的对象

2.9.3 编组选择工具

【编组选择工具】可用来选择组内的对象或组对象，包括选取混和对象、图表对象等。
要使用【编组选择工具】选取对象，可以执行下列操
作之一。

- 在群组中的某个对象或组对象上单击可以选择该
  对象或该组对象。
- 按下 Shift 键，可以选中群组中的多个对象，如
  图 2-71 所示。
- 在选中组对象时，在某个对象或组对象上单击可
  以选择下一层中的对象或组对象。

图2-71　选择编组中的多个对象

2.9.4 套索工具

【套索工具】可以圈选不规则范围内的多个对象，也可以同时选择多个锚点或路径。选
取【套索工具】，可以执行下列操作之一。

- 拖动绘制出不规则形状，将圈选不规则范围内的多个对象，如图 2-72 所示。
- 在群组中的某个对象或组对象上单击可以选择该对象或组对象。
- 在选取对象上圈选，可圈选对象中的锚点或路径，如图 2-73 所示。

图2-72　圈选对象

图2-73　圈选效果

2.9.5 魔棒工具

　　【魔棒工具】可用来选择具有相似属性的对象，相似属性如填充、轮廓、不透明度等。双击【魔棒工具】，打开【魔棒】面板，设置好容差值，若选中【填充颜色】复选框，则相似属性将包含填充属性。按下Y键，选择【魔棒工具】，在要选择的对象上单击将选取图稿中具有相似属性的对象，如图2-74所示。

图2-74　选择对象效果

2.9.6 使用命令选择对象

　　除了使用选择工具选取对象外，还可以使用菜单命令选择对象。要使用菜单命令选取对象，可以执行下列操作之一。

- 若选取重叠的某一对象，在菜单栏中选择【选择】|【下方的下一个对象】命令或按下Alt+Ctrl+[组合键，将选择下一个对象。
- 若选取重叠的某一对象，在菜单栏中选择【选择】|【上方的下一个对象】命令或按下AIt+Ctrl+] 组合键，将选择上一个对象。
- 若在菜单栏中选择【选择】|【全部】命令或按下 Ctrl+A 组合键，将选择所有的对象。
- 若在菜单栏中选择【选择】|【相同】命令，则在打开的子菜单中可以选择【混合模式】、【填充和描边】、【填充颜色】、【描边颜色】等命令，该命令可选取具有相同属性的对象。

2.10　变换对象

　　在 Illustrator CS6 中，对象变换包括对象移动、缩放、旋转、镜像、倾斜、变形等。用户可以使用变换工具、变换面板、变换命令等来完成对象的多种变换操作，在本节只介绍【倾斜工具】和【整形工具】，其他工具将在后面的章节中一一介绍。

2.10.1 倾斜对象

　　在 Illustrator CS6 中，可以方便地倾斜对象，该功能特别适用于投影的制作。按下 R 键，选取【倾斜工具】，可以执行下列操作之一。

- 若要相对于选取对象中心倾斜，在文档窗口中的任意位置拖动鼠标即可，如图 2-75 所示。
- 若要相对于不同参考点倾斜，先在所需参考点位置单击鼠标，确定倾斜参考点，再拖动鼠标即可倾斜对象，如图 2-76 所示。
- 若要垂直或水平倾斜对象，可在按下 Shift 键的同时，在垂直或水平方向拖动来倾斜对象。

图2-75 中心倾斜效果

图2-76 参考点倾斜效果

另外，也可以在菜单栏中选择【对象】|【变换】|【倾斜】命令，如图 2-77 所示，打开【倾斜】对话框，如图 2-78 所示。

图2-77 选择【倾斜】命令

图2-78 【倾斜】对话框

- 在【倾斜角度】文本框中输入要倾斜的角度。
- 若选中【预览】复选框，可以预览到设置选项后的效果。
- 在【角度】文本框中输入要倾斜的角度。
- 在【选项】选项组中，若选中【变换对象】复选框，倾斜将包含选区中的对象；若选中【变换图案】复选框，倾斜将包含选区中的图案。
- 若单击【复制】按钮，将按照设置产生倾斜对象的副本；若单击【确定】按钮，将按照设置倾斜对象。

2.10.2 改变形状工具

在 Illustrator CS6 中，【整形工具】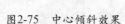可以在保持路径整体细节完整无缺的同时，调整所选择的锚点。

2.11 对象编组

在 Illustrator 中可以将多个对象编组，编组对象可以作为一个单元被处理。可以对其移动或变换，这些将影响对象各自的位置或属性。例如，可以将图稿中的某些对象编成一组，以便将其作为一个单元进行移动和缩放。

编组对象被连续地堆叠在图稿的同一图层上，因此，编组可能会改变对象的图层分布及其在图层中的堆叠顺序。若选择位于不同图层中的对象编组，则其所在图层中的最靠前图层，即是这些对象将被编入的图层。编组对象可以嵌套，也就是说，编组对象中可以包含组对象。使用【选择工具】、【直接选择工具】可以选择嵌套编组层次结构中的不同级别的对象。编组在【图层】面板中显示为【编组】项目，可以使用【图层】面板在编组中移入或移出项目，如图 2-79 所示。

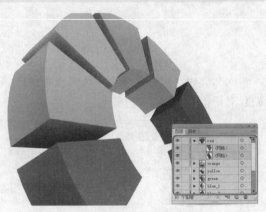

图2-79 打开的编组对象

2.11.1 对象编组

若要对多个对象编组，可以在菜单栏中选择【对象】|【编组】命令，或按下 Ctrl+G 组合键，将选取的对象进行编组。

提示 若编组时选择的是对象的一部分，如一个锚点，将选取编组的整个对象。

2.11.2 取消对象编组

若要取消对象编组，可以在菜单栏中选择【对象】|【取消编组】命令，或按下 Shift+Ctrl+G 组合键。

注意 若不能确定某个对象是否属于编组，可以先选择该对象，查看【对象】|【取消编组】命令是否可用，如可用表示该对象已被编组。

2.12 对象对齐和分布

在 Illustrator CS6 中，增强了对象分布与对齐功能，新增了分布间距功能，可以使用【对齐】面板，对选择的多个对象进行对齐或分布，如图 2-80 所示。

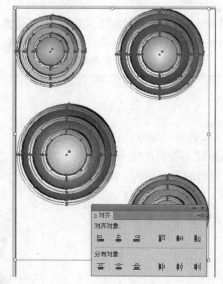

图2-80　对象分布与对齐

2.12.1　对象对齐

要对选取的对象进行对齐操作，可以在【对齐】面板中，执行下列操作之一。

- 要将选取的多个对象右对齐，可以单击▣按钮。
- 要将选取的多个对象左对齐，可以单击▣按钮。
- 要将选取的多个对象水平居中对齐，可以单击▣按钮。
- 要将选取的多个对象顶对齐，可以单击▣按钮。
- 要将选取的多个对象底对齐，可以单击▣按钮。
- 要将选取的多个对象垂直居中对齐，可以单击▣按钮。

提示　要对齐对象上的锚点，可使用【直接选择工具】▷选择相应的锚点；要相对于所选对象之一对齐或分布，请再次单击该对象，此次单击时无须按住Shift键，然后单击所需类型的对齐按钮或分布按钮。在【画板】面板中，若选择【对齐到画板】选项，将以画板作为对齐参考点，否则将以剪裁区域作为参考点。

2.12.2　分布对齐

要对选取的对象进行分布操作，可以执行下列操作之一。

- 要将选取的多个对象按左分布，可以单击▣按钮。
- 要将选取的多个对象按右分布，可以单击▣按钮。
- 要将选取的多个对象垂直居中分布，可以单击▣按钮。
- 要将选取的多个对象按顶分布，可以单击▣按钮。
- 要将选取的多个对象按底分布，可以单击▣按钮。
- 要将选取的多个对象水平居中分布，可以单击▣按钮。

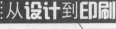
提示 使用分布选项时，若指定了一个负值的间距，则表示对象沿着水平轴向左移动，或者沿着垂直轴向上移动。正值表示对象沿着水平轴向右移动，或者沿着垂直轴向下移动。指定正值表示增加对象间的间距，指定负值表示减少对象间的间距。

2.12.3　分布间距

在 Illustrator CS6 中，进行对象分布与对齐时，可以设置分布间距，若单击钮，将垂直分布间距；若单击按钮，将水平分布间距。另外，可在对象间创建指定的间距值，若选中【自动】复选框，将自动分布间距值，否则可手动设置分布间距值，如图 2-81 所示。

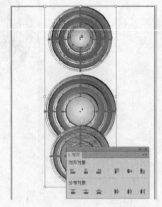

图2-81　对象水平与垂直分布间距

2.13　拓展练习——制作篮球

STEP 01 打开 Illustrator CS6，在菜单栏中选择【文件】|【新建】命令，如图 2-82 所示。

STEP 02 在弹出的对话框中，设置【大小】为【A4】，【颜色模式】为【CMYK】，【取向】为【横向】，如图 2-83 所示。

图2-82　选择【新建】命令

图2-83　设置新建文件

STEP 03 在工具箱中选择【椭圆工具】，按住 Shift+Alt 组合键，在文档中绘制一个正圆，并将描边粗细设置为3pt，如图 2-84 所示。

STEP 04 在工具箱中选择【渐变工具】，在菜单栏中选择【窗口】|【渐变】命令，如图 2-85 所示。

STEP **05** 在弹出的【渐变】面板中，将【类型】设置为【线性】，从左至右设置渐变滑块的颜色的 CMYK 值分别为 4%、29%、83%、0%，4%、68%、85%、0%，43%、90%、91%、10%，并使用渐变工具在圆中调整渐变的角度，效果如图 2-86 所示。

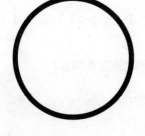

图2-84　绘制正圆　　　　图2-85　选择【渐变】命令　　　　图2-86　渐变效果

STEP **06** 在菜单栏中选择【文件】|【置入】命令，如图 2-87 所示。

STEP **07** 在弹出的【置入】对话框中选择随书附带光盘中的【素材】\【第 2 章】\【008.psd】文件，单击【置入】按钮，如图 2-88 所示。

STEP **08** 将素材文件置入文档中后，调整其位置，如图 2-89 所示。

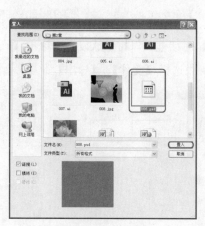

图2-87　选择【置入】命令　　　　图2-88　置入素材文件　　　　图2-89　调整素材文件后的效果

STEP **09** 使用同样的方法置入随书附带光盘中的【素材】\【第 2 章】\【008.jpg】文件，如图 2-90 所示。

STEP **10** 调整置入后的素材文件，最终效果如图 2-91 所示。

图2-90　置入素材文件　　　　　　　　　图2-91　最终效果

STEP 11 在菜单栏中选择【文件】|【存储为】命令，如图 2-92 所示。

STEP 12 打开【存储为】对话框，在该对话框中选择保存路径，将【保存类型】设置为【Adobe Illustrator（*.AI)】，单击【保存】按钮，如图 2-93 所示。

图2-92　选择【存储为】命令　　　　　图2-93　【存储为】对话框

STEP 13 弹出【Illustrator 选项】对话框，保持默认设置，单击【确定】按钮，如图 2-94 所示。

STEP 14 保存场景后，在菜单栏中选择【文件】|【导出】命令，如图 2-95 所示。

图2-94　单击【确定】按钮　　　　　图2-95　选择【导出】命令

STEP 15 弹出【导出】对话框，在该对话框中选择导出路径，并将【保存类型】设置为【TIFF (*.TIF)】，如图 2-96 所示。

STEP 16 单击【保存】按钮，弹出【TIFF 选项】对话框，在该对话框中使用默认设置，单击【确定】按钮，如图 2-97 所示。

图2-96　【导出】对话框

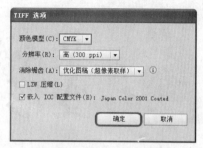

图2-97　单击【确定】按钮

2.14 习题

一、填空题

（1）纯文本相当于文字的（　），可以清除（　）文字，避免了（　）、（　）的情况。

（2）在菜单栏中选择（　）或（　）命令后，在 Photoshop 中执行（　）|（　）命令，可以将剪贴板中的图稿粘贴到 Photoshop 文件中。

二、问答题

（1）对变换对象进行简要说明。

（2）简要概括对象编组的定义。

Chapter
03
第3章
基本绘图和
变形工具

本章要点:

在 Illustrator CS6 中设计师可通过基本绘图工具绘制出图形效果,还可以通过变形工具和即时变形工具使图形发生变化。本章主要介绍基本绘图工具及变形工具的使用方法和技巧。

主要内容:

- 基本绘图工具
- 为图形描边与填充
- 画笔
- 应用色板
- 变形工具
- 即时变形工具

3.1 基本绘图工具

在 Illustrator CS6 的工具箱中，为设计师提供了两组绘制基本图形的工具，如图 3-1、图 3-2 所示。

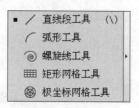

图3-1　第一组绘图工具　　　　　图3-2　第二组绘图工具

第一组中包括【直线段工具】☑、【弧线工具】☑、【螺旋线工具】☑、【矩形网格工具】☑和【极坐标网格工具】☑。

第二组中包括【矩形工具】☑、【圆角矩形工具】☑、【椭圆工具】☑、【多边形工具】☑、【星形工具】☑和【光晕工具】☑。

设计师可以使用这些工具来绘制各种规则图形，所绘制的图形可以通过变形工具进行旋转、缩放等变形。

3.1.1 直线段工具

直线段工具的使用方法非常简单，可以用它直接绘制各种方向的直线。

在工具箱中选择【直线段工具】☑，当光标变为 ✛ 形状时，在画板空白处单击鼠标，确定直线段的起点，拖曳线段至终止位置时释放鼠标，即可绘制一条直线段，如图 3-3 所示。

提示　在确认完起点后，如果觉得起点不是很合适，拖曳鼠标（未松开）的同时，按住空格键，直线便可随鼠标的拖曳移动位置。

拖动鼠标可绘制直线段，按住 Shift 键可以绘制出 0°、45° 或者 90° 方向的直线段，如图 3-4、图 3-5、图 3-6 所示。

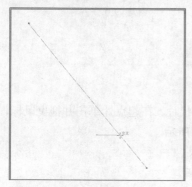

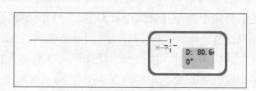

图3-3　绘制直线段　　　　　　　　图3-4　绘制0°直线段

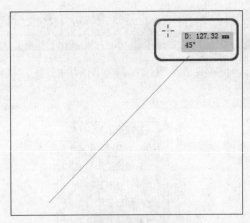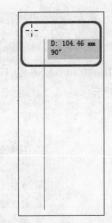

图3-5 绘制45°直线段　　　图3-6 绘制90°直线段

绘制精确方向和长度的直线，具体操作步骤如下。

STEP 01 在工具箱中选择【直线段工具】。

STEP 02 在画板空白处单击鼠标确认直线段的起点，弹出【直线段工具选项】对话框，如图3-7所示。该对话框中的各选项说明如下。

- 长度：用来设定直线的长度。
- 角度：用来设定直线和水平轴的夹角。
- 线段填色：选中该复选框，可为绘制的直线段填充颜色（可在工具栏中设置填充颜色）。

STEP 03 在【长度】文本框中输入100mm，在【角度】文本框中输入70°，选中【线段填色】复选框。

STEP 04 单击【确定】按钮，画板上就出现如图3-8所示的线段了。

图3-7 【直线段工具选项】对话框　　　图3-8 创建的直线

3.1.2 弧线工具

【弧线工具】用来绘制各种曲率和长短的弧线。

在工具箱中选择【弧线工具】，当光标变为形状时，在起点处单击并拖曳鼠标，拖曳至适当的长度后释放鼠标，即可绘制一条弧线，如图3-9所示。

拖曳鼠标的同时，执行如下操作，可达到不同的效果。

- 按住Shift键，可得到X轴、Y轴长度相等的弧线。
- 按↑或↓方向键可增加或减少弧线的曲率半径；按C键可改变弧线类型，即开放路径和闭合路径间的切换；按 F 键可改变弧线的方向；按 X 键可令弧线在"凹"和"凸"
曲线之间切换；按住空格键，可随鼠标移动弧线的位置。

绘制精确方向和长度的弧线，具体操作步骤如下。

01 在工具箱中选择【弧线工具】 ⌐ 。

02 在画板空白处单击鼠标确认直线的起点，弹出【弧线段工具选项】对话框，如图3-10
所示。

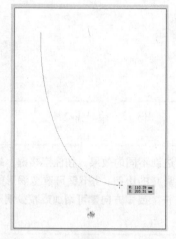

图3-9

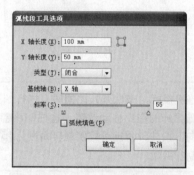

图3-10 【弧线段工具选项】对话框

- X 轴长度、Y 轴长度：指弧线基于 X 轴、Y 轴的长度，可以通过右侧的图标选择基准
  点的位置。
- 类型：分别为开放和闭合。选择【开放】选项，所绘制的弧线为开放式的；相反，如果
  选择【闭合】选项，所绘制的弧线为封闭式的。
- 基线轴：分别为 X 轴和 Y 轴。单击右侧的下拉按钮，可设置弧线的轴向。
- 斜率：设置弧线的弧度大小。
- 弧线填色：设置弧线的填充色。

03 设置【X 轴长度】为 100mm，【Y 轴长度】为 70mm，【类型】为【闭合】，【基线轴】
为【Y 轴】，【斜率】为 -50，如图 3-11 所示。

04 单击【确定】按钮，画板上就出现如图 3-12 所示的弧线了。

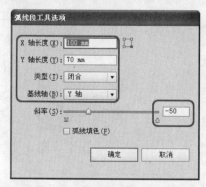

图3-11 【弧线段工具选项】对话框

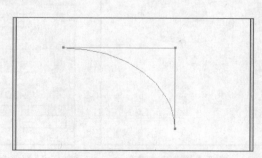

图3-12 创建的封闭式弧线

3.1.3 螺旋线工具

【螺旋线工具】◎用来绘制各种螺旋线。

[STEP 01] 在工具箱中选择【螺旋线工具】◎,当光标变为 ⊹ 形状时,在螺旋线起点处单击并拖曳鼠标。

[STEP 02] 拖曳出所需的螺旋线后释放鼠标,螺旋线就绘制完成了,如图3-13所示。

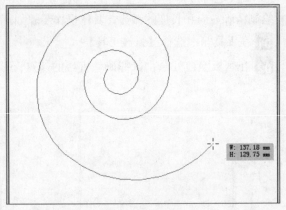

图3-13 绘制螺旋线

提示 拖曳鼠标(未松开)的同时,执行如下操作,可达到不同的效果。按住空格键,螺旋线可随鼠标的拖曳移动位置;按住Ctrl键可保持涡形衰减的比例;按R键可改变涡形的旋转方向;按住Shift键可控制旋转角度为45°的倍数;按↑或↓方向键可增加或减少涡形路径片断的数量。

下面利用一个实例来讲解螺旋线的精确绘制方法,具体其操作步骤如下。

[STEP 01] 打开一张素材图片,在工具箱中选择【螺旋线工具】◎,如图3-14所示。

[STEP 02] 在画板中单击鼠标,在弹出的【螺旋线】对话框中设置【半径】为29mm,【衰减】为70%,【段数】为10,【样式】为默认,如图3-15所示。

[STEP 03] 单击【确定】按钮,即可绘制一个螺旋线,然后使用【选择工具】▶将创建的螺旋线移动至合适的位置,完成后的效果3-16所示。

图3-14 选择【螺旋线工具】◎

图3-15 【螺旋线】对话框

图3-16 完成后的效果

- 半径：表示中心到外侧最后一点的距离。
- 衰减：用来控制螺旋线之间相差的比例，百分比越小，螺旋线之间的差距就越小。
- 段数：可以调节螺旋内路径片断的数量。
- 样式：可选择顺时针或逆时针螺旋线形。

3.1.4 矩形网格工具

【矩形网格工具】⊞用于制作矩形内部的网格。

STEP 01 在工具箱中选择【矩形网格工具】⊞，当光标变为⊹形状时，在画板上单击，确认矩形网格的起点，并拖曳鼠标，如图 3-17 所示。

STEP 02 释放鼠标后即可看到绘制的矩形网格，如图 3-18 所示。

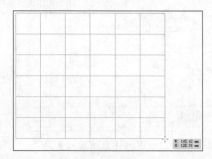

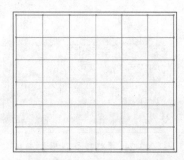

图3-17　拖曳鼠标　　　　　　　　　图3-18　创建的矩形网格

创建精确矩形网格的具体操作步骤如下。

STEP 01 在工具箱中选择【矩形网格工具】⊞，在画板中单击，打开【矩形网格工具选项】对话框，在【默认大小】选项组下将其【宽度】、【高度】均设置为180mm，在【水平分隔线】选项组下将【数量】设置为7，同样将【垂直分隔线】选项组下的【数量】也设置为7，选中【填色网格】复选框，如图 3-19 所示。

STEP 02 单击【确定】按钮，即可创建一个矩形网格，如图 3-20 所示。

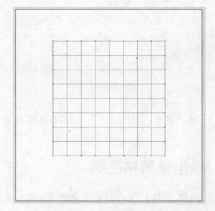

图3-19　【矩形网格工具选项】对话框　　　　　图3-20　创建的矩形网格

- 宽度、高度：指矩形网格的宽度和高度，可通过右侧的图标选择基准点的位置。
- 数量：表示矩形网格内横线的数量，即行数。

- 倾斜：指行的位置，数值为 0% 时，线与线距离均等；数值大于 0% 时，网格向上的行间距逐渐变窄；数值小于 0% 时，网格向下的行间距逐渐变窄。
- 数量：指矩形网格内竖线的数量，即列数。
- 倾斜：表示列的位置，数值为 0% 时，线与线距离均等；数值大于 0% 时，网格向右的列间距逐渐变窄；数值小于 0% 时，网格向左的列间距逐渐变窄。

STEP 03 确认创建的矩形网格处于选择状态下，在菜单栏中选择【窗口】|【路径查找器】命令，打开【路径查找器】面板，单击该面板中的【分割】按钮，如图 3-21 所示。

STEP 04 在图形上单击鼠标右键，在弹出的快捷菜单中选择【取消编组】命令，如图 3-22 所示。

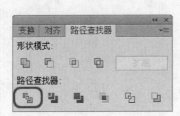

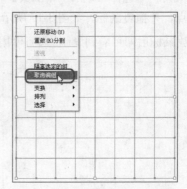

图3-21　【路径查找器】面板　　　　　图3-22　选择【取消编组】命令

STEP 05 选择【选择工具】，在每个小矩形上单击鼠标，可以看到矩形网格中每个小矩形都成为独立的图形，可以被【选择工具】选中，如图 3-23 所示。

STEP 06 使用【选择工具】，选中第二个小矩形，并将其填充颜色设置为黑色，如图 3-24 所示。

STEP 07 使用同样的方法，隔一个网格填充一种黑色，完成后的效果如图 3-25 所示。

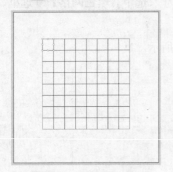

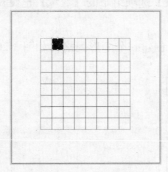

图3-23　选择单个网格　　　　图3-24　填充颜色　　　　图3-25　完成后的效果

3.1.5 极坐标网格工具

【极坐标网格工具】可以用来绘制同心圆和确定参数的放射线段。

STEP 01 在工具箱中选择【极坐标网格工具】，在画板空白处单击确认极坐标网格的起点，如图 3-26 所示。

STEP 02 释放鼠标后就可以看到绘制的极坐标网格，如图 3-27 所示。

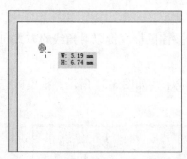

图3-26　确认极坐标网格的起点

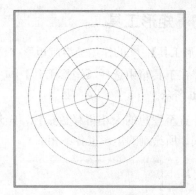

图3-27　创建的极坐标网格

绘制精确极坐标网格，具体操作步骤如下。

STEP 01 在工具箱中选择【极坐标网格工具】。

STEP 02 在画板空白处单击鼠标，弹出【极坐标网格工具选项】对话框，如图 3-28 所示。

- 宽度、高度：指极坐标网格的水平直径和垂直直径，可通过右侧的图标择基准点的位置。
- 数量：表示极坐标网格内圆的数量。
- 倾斜：指圆形之间的径向距离，数值为 0% 时，线与线距离均等；数值大于 0% 时，网格向外的间距逐渐变窄；数值小于 0% 时，网格向内的间距逐渐变窄。
- 数量：指极坐标网格内放射线的数量。
- 倾斜：表示放射线的分布，数值为 0% 时，线与线距离均等；数值大于 0% 时，网格顺时针方向逐渐变窄；数值小于 0% 时，网格逆时针方向逐渐变窄。
- 从椭圆形创建复合路径：选中该复选框，颜色模式中的填色和描边会应用到圆形和放射线的位置上，如同执行复合命令，圆和圆重叠的部分会被挖空，多个同心圆环构成一个极坐标网络。
- 填色网格：选中该复选框，填色和描边只应用到网格部分，即颜色只应用到线上。

STEP 03 将【宽度】、【高度】均设置为 150mm，在【径向分隔线】选项组下的【数量】文本框中输入 3。

STEP 04 单击【确定】按钮，画板上即可出现一个极坐标网格，如图 3-29 所示。

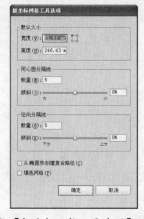

图3-28　【极坐标网格工具选项】对话框

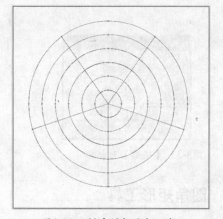

图3-29　创建的极坐标网格

3.1.6 矩形工具

【矩形工具】▣的作用是绘制矩形或正方形。

01 在工具箱中选择【矩形工具】▣，在画板内按住鼠标左键以对角线的方式向外拖曳，如图 3-30 所示。

02 直至理想的大小再释放鼠标，矩形就绘制完成了，如图 3-31 所示。拖曳鼠标的距离、方向不同，所绘制的矩形也各不相同。

　　　　图3-30　拖曳矩形　　　　　　　　　　图3-31　创建的矩形

提示 按住Shift键拖曳鼠标，可以绘制正方形；按住Alt键拖曳鼠标，可以绘制以鼠标落点为中心点向四周延伸的矩形；同时按住Shift键和Alt键拖曳鼠标，可以绘制以鼠标落点为中心点向四周延伸的正方形。

绘制精确尺寸的矩形，具体操作步骤如下。

01 在工具箱中选择【矩形工具】▣。

02 在画板中单击鼠标左键（鼠标的落点是要绘制矩形的左上角端点），弹出【矩形】对话框，如图 3-32 所示。

03 将【宽度】设置为 230mm，将【高度】设置为 230mm。

04 单击【确定】按钮，可以看到画板中出现了一个设置好尺寸的矩形，如图 3-33 所示。

　　图3-32　【矩形】对话框　　　　　　　　　图3-33　创建的矩形

3.1.7 圆角矩形工具

【圆角矩形工具】▣用来绘制圆角的矩形，与绘制矩形的方法基本相同。

STEP 01 在工具箱中选择【圆角矩形工具】◻️，在画板内按住鼠标左键以对角线的方式向外拖曳，如图 3-34 所示。

STEP 02 直至理想的大小再释放鼠标，圆角矩形就绘制完成了，如图 3-35 所示。拖曳鼠标的距离、方向不同，所绘制的圆角矩形也各不相同。

图3-34　拖曳圆角矩形

图3-35　创建的圆角矩形

提示

拖曳的同时按←或→方向键，可以设置是否绘制圆角矩形；按住Shift键拖曳鼠标，可以绘制圆角正方形；按住Alt键拖曳鼠标，可以绘制以鼠标落点为中心点向四周延伸的圆角矩形；同时按住Shift键和Alt键拖曳鼠标，可以绘制以鼠标落点为中心点向四周延伸的圆角正方形。同理，按住Alt键拖曳鼠标，弹出【圆角矩形】对话框，在该对话框中可对其参数进行设置，设置完成后单击【确定】按钮，即可创建一个圆角矩形，以这种方式创建的圆角矩形，鼠标的落点即为所绘制圆角矩形的中心点。

绘制精确圆角尺寸的矩形，具体操作步骤如下。

STEP 01 在工具箱中选择【圆角矩形工具】◻️。

STEP 02 在画板中单击鼠标（鼠标的落点是要绘制圆角矩形的左上角端点），弹出【圆角矩形】对话框，如图 3-36 所示。

- 宽度和高度：在文本框中输入所需的数值，即可按照定义的大小绘制。
- 圆角半径：输入的半径数值越大，得到的圆角矩形弧度越大；反之，输入的半径数值越小，得到的圆角矩形弧度越小。输入的数值为零时，得到的是矩形。

STEP 03 将【宽度】设置为 200mm，将【高度】设置为 230mm，在【圆角半径】文本框中输入 10mm。

STEP 04 单击【确定】按钮，可以看到画板中出现了一个设置好尺寸的圆角矩形，如图 3-37 所示。

图3-36　【圆角矩形】对话框

图3-37　创建的圆角矩形

3.1.8 椭圆工具

【椭圆工具】◯用来绘制椭圆形和圆形，与绘制矩形与圆角矩形的方法相同。

01 在工具箱中选择【椭圆工具】◯，在画板内按住鼠标左键以对角线的方式向外拖曳，如图 3-38 所示。

02 直至适当的大小再释放鼠标，椭圆就绘制完成了，如图 3-39 所示。拖曳鼠标的距离、方向不同，所绘制的椭圆也各不相同。

图3-38 拖曳椭圆   图3-39 绘制的椭圆

提示
按住Shift键拖曳鼠标，可以绘制圆形；按住Alt键拖曳鼠标，可以绘制以鼠标落点为中心点向四周延伸的椭圆；同时按住Shift键和Alt键拖曳鼠标，可以绘制以鼠标落点为中心点向四周延伸的椭圆。同理，按住Alt键拖曳鼠标，以对角框方式绘制椭圆，鼠标的落点即为所绘制椭圆的中心点。

绘制精确尺寸的椭圆，具体操作步骤如下。

01 在工具箱中选择【椭圆工具】◯。

02 在画板中单击鼠标（鼠标的落点是要绘制椭圆的左上角端点），弹出【椭圆】对话框，将【宽度】设置为150mm，将【高度】设置为200mm，如图 3-40 所示。

03 单击【确定】按钮，可以看到画板中出现了一个设置好尺寸的椭圆，如图 3-41 所示。

 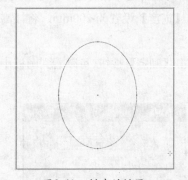

图3-40 【椭圆】对话框   图3-41 创建的椭圆

3.1.9 多边形工具

【多边形工具】◯用来绘制任意边数的多边形。

STEP 01 在工具箱中选择【多边形工具】◎，在画板内单击并按住鼠标左键向外拖曳，如图 3-42 所示。

STEP 02 直至理想的大小再释放鼠标，多边形就绘制完成了，如图 3-43 所示。

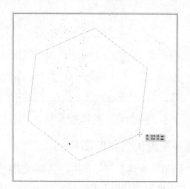

图3-42 拖曳多边形

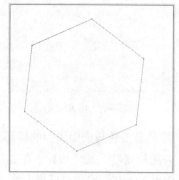

图3-43 创建的多边形

绘制精确的多边形，具体操作步骤如下。

STEP 01 在工具箱中选择【多边形工具】◎。

STEP 02 在画板中单击鼠标左键（鼠标的落点是要绘制多边形的中心点），弹出【多边形】对话框，如图 3-44 所示。

● 半径：可以设置绘制多边形的半径。

● 边数：可以设置绘制多边形的边数。边数越多，生成的多边形越接近于圆形。

STEP 03 在【半径】文本框中输入 120mm，在【边数】文本框中输入 8。

STEP 04 单击【确定】按钮，画板上就会出现如图 3-45 所示的八边形。

图3-44 【多边形】对话框

图3-45 创建的多边形

3.1.10 星形工具

【星形工具】★用来绘制各种星形，与【多边形工具】◎的使用方法相同。

STEP 01 在工具箱中选择【星形工具】★，在画板中单击并按住鼠标左键向外拖曳，如图 3-46 所示。

STEP 02 直至适当的大小再释放鼠标，星形就绘制完成了，如图 3-47 所示。

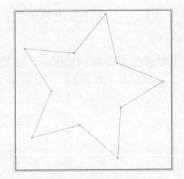

图3-46　拖曳星形　　　　　　　　图3-47　创建的星形

下面利用星形工具与前面讲到的椭圆工具，创建一个漫天繁星的图片。

01 打开图片【星光灿烂.tif】，在工具箱中选择【椭圆工具】 ◯ ，并将其填充颜色设置为黄色，在画板中单击，在弹出的对话框中将【宽度】与【高度】均设置为55mm，如图3-48所示。

02 单击【确定】按钮，即可创建一个正圆，并将其调整至合适的位置，如图3-49所示。

图3-48　【椭圆】对话框　　　　　　图3-49　创建的圆形

03 使用同样的方法，再次创建一个 50mm×50mm 的正圆，并将其调整至合适的位置，完成后的效果如图 3-50 所示。

04 按住 Shift 键的同时选择两个正圆，按 Ctrl+Shift+F9 组合键，打开【路径查找器】面板，在【形状模式】选项组下单击【减去顶层】按钮 ◳ ，完成后的效果如图 3-51 所示。

图3-50　创建的圆形　　　　　　图3-51　单击【减去顶层】按钮 ◳

05 在工具箱中选择【星形工具】 ★ ，将其描边设置为橘红色，描边粗细设置为 2pt，在画板中单击，在弹出的对话框中将【半径1】设置为10mm，【半径2】设置为5mm，【角点数】设置为5，如图3-52所示。

STEP 06 单击【确定】按钮，即可在画板中创建一个星形，如图3-53所示。

图3-52 【星形】对话框

图3-53 创建的星形

STEP 07 使用同样的方法，创建不同大小的星星，完成后的效果如图3-54所示。

- 半径1：可以定义所绘制的星形内侧点（凹处）到星形中心的距离。
- 半径2：可以定义所绘制的星形外侧点（顶端）到星形中心的距离。
- 角点数：可以定义所绘制星形图形的角点数。

图3-54 完成后的效果

提示 当【半径1】与【半径2】的数值相等时，所绘制的图形为多边形，且边数为【角点数】的两倍。

3.1.11 光晕工具

使用【光晕工具】 可以创建带有光环的阳光灯。

在工具箱中选择【光晕工具】 ，当光标变为 形状时，在画板中按住鼠标左键向外拖曳，即鼠标的落点为闪光的中心点，拖曳的长度就是放射光的半径，然后释放鼠标，再在画板中第二次单击鼠标，以确定闪光的长度和方向，如图3-55所示。

绘制精确的光晕效果，具体操作步骤如下。

STEP 01 在工具箱中选择【光晕工具】 。

STEP 02 在画板中单击鼠标左键（鼠标的落点是要绘制光晕的中心点），弹出【光晕工具选项】对话框，如图3-56所示。

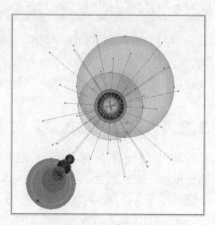

图3-55 创建的光晕

- 直径：设置中心圆的直径。
- 不透明度：设置中心圆的不透明程度。
- 亮度：设置中心圆的亮度。
- 增大：设置光晕散发的程度。
- 模糊度：设置余光的模糊程度。
- 数量与最长：设置多个光环中最大的光环的大小。
- 模糊度：设置光线的模糊程度。
- 路径：设置光环的轨迹长度。
- 数量：设置第二次单击时产生的光环。
- 最大：设置多个光环中最大的光环的大小。
- 方向：设置光环的方向。

STEP 03 根据需要设置该对话框中的数值。

STEP 04 单击【确定】按钮，画板上就会出现设置好的光晕效果，如图 3-57 所示。

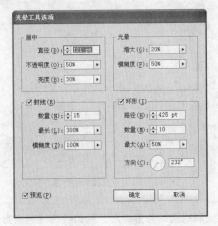

图3-56 【光晕工具选项】对话框

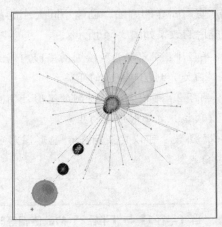

图3-57 创建的光晕

3.2 为图形描边与填充

在 Illustrator CS6 中，提供了大量的应用颜色与渐变工具，包括工具箱、色板面板、颜色面板、拾色器和吸管工具等，可以方便地将颜色与渐变应用于绘制的对象与文字。描边将颜色应用于轮廓，填充则将颜色、渐变等应用于填充对象。

3.2.1 使用【拾色器】对话框选择颜色

使用【拾色器】对话框，可以以数字方式指定颜色，也可以通过设置 RGB、Lab 或 CMYK 颜色模型来定义颜色。在工具箱、颜色面板或色板面板中，双击【填色】按钮□或【描边】按钮□，打开【拾色器】对话框，如图 3-58 所示。要定义颜色，请执行下列操作之一。

- 在 RGB 色彩条中，可以单击或拖动其右方的滑块选择颜色。
- 在 HSB、RGB、CMYK 右侧的文本框中输入相应的颜色值，即可选择需要的颜色。

- #：根据所选择的颜色分量文本框，可以单击对应的颜色色板按钮，将该颜色添加到色板面板中，也可以选用其他色板，如图3-59所示。单击【确定】按钮，将当前设置的颜色应用于选取的对象或文本。

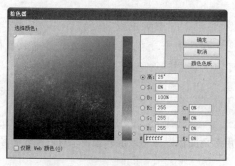

图3-58 【拾色器】对话框

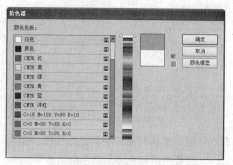

图3-59 使用颜色色板

3.2.2 应用最近使用的颜色

工具箱下方的 显示最近应用过的颜色或渐变色块，这时可以直接单击工具箱，应用该颜色或渐变。要应用最近使用的颜色，可以执行下列操作。

STEP 01 选择要着色的对象或文本，如图 3-60 所示（该对象并无提供，设计师可自行设计）。

STEP 02 在工具箱中，根据要着色的文本或对象部分，单击【填色】按钮 或【描边】按钮 。

STEP 03 执行下列操作之一便可得到不同的效果。

- 单击颜色按钮 ，将应用最近在色板或颜色面板中选择的纯色，效果如图 3-61 所示。
- 单击渐变按钮 ，将应用最近在色板或颜色面板中选择的渐变。
- 单击无按钮 ，将移去对该对象的填色或描边效果。

图3-60 选择着色的对象

图3-61 使用最近颜色填充后的效果

提示 选取文本框架或文本时，在工具箱、颜色面板或色板面板中，若单击 T （文字工具）按钮，则将颜色应用于文本；若单击 按钮，则格式针对容器，此时将颜色应用于文本框架。

3.2.3 通过拖动应用颜色

应用颜色或渐变的简单方法是将其颜色源拖动到对象或面板中，该操作不必首先选择对象就可将颜色或渐变应用于对象。

执行下列操作之一，可以拖动颜色或渐变到下列对象上应用颜色或渐变。

- 要对路径进行填色、描边或渐变，可将填色、描边或渐变拖动到路径上，再释放鼠标。
- 将填色、描边或渐变拖动到色板面板中，可以将其创建为色扳。
- 将色板面板中的一个或多个色板拖动到另一个 Illustrator 文档窗口中，系统将把这些色板添加到该文档的色板面板中。

提示 应用颜色时最好使用色板面板，但也可以使用颜色面板以应用或混和颜色，可以随时将颜色面板中的颜色添加到色板面板中。

3.2.4 应用渐变填充对象

渐变是两种或多种颜色混合或同一颜色的两个色调间的逐渐混合。使用的输出设备将影响渐变的分色方式。渐变可以包括纸色、印刷色、专色或使用任何颜色模式的混和油墨颜色。渐变是通过渐变条中的一系列色标定义的，色标为渐变中心的一点，也就是以色标为中心，向相反的方向延伸，而延伸的点就是两个颜色的交叉点，即这个颜色过渡到另一种颜色上。

默认情况下，渐变以两种颜色开始，中点在 50% 处。用户可以将色板面板或【库】面板中的渐变应用于对象，也可以使用【渐变】面板创建命名渐变，并将其应用于当前选取的对象，如图 3-62 所示。

提示 若所选对象使用的是已命名渐变，则使用【渐变】面板编辑渐变时将只能更改该对象的颜色。

若要编辑已命名渐变，可在色板面板中双击该色板；若要对选取对象应用未命名渐变，可以执行下列操作。

STEP 01 在色板中单击【填色】按钮□或【描边】按钮□，也可以选择工具箱中的【填色】□或【描边】□，在色板面板中选取一种色彩，将其应用于对象，应用过程中还可以设置对象的色调。

STEP 02 在【渐变】面板中，在渐变色条下方单击可增加色块，在渐变色条上方单击可增加菱形块，如图 3-63 所示。

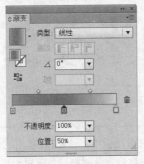
图3-62 【渐变】面板

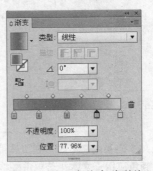
图3-63 添加色块和菱形块

选取色块，可以执行下列操作之一。

● 在色板面板中拖动一个色板将其置于渐变色标上。
● 按下 Alt 键，单击色板面板中的一个颜色色板。
● 在颜色面板中，设置一种颜色。

03 若选取渐变色条上方的菱形块，可以设置渐变颜色的转换点位置。

04 在【类型】下拉列表中，若选择【线性】选项，将创建线性渐变色；若选择【径向】选项，将创建径向渐变色。

05 在【角度】文本框中，设置要调整的渐变角度；若单击按钮，将反转渐变的方向。

3.2.5　使用渐变工具调整渐变

对选择的对象应用渐变填充后，可以使用【渐变工具】在填充完渐变的对象上单击，然后沿假想线拖动，如图 3-64 所示。为填充区重新上色，可以更改渐变的方向、渐变的起始点和结束点，还可以跨多个对象应用渐变。使用渐变羽化工具可以沿拖动的方向柔化渐变，如图 3-65 所示。

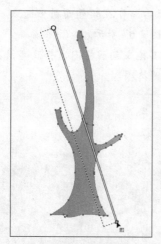
图3-64　绘制渐变线

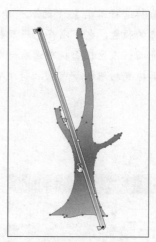
图3-65　柔化渐变

要使用渐变工具调整渐变，可以执行下列操作。

01 在工具箱或色板面板中，选择【填色】或【描边】。

02 选择【渐变工具】，将其移动到要定义渐变起始点的位置处单击，沿要应用渐变的方向拖动鼠标。若按住 Shift 键，可将渐变效果约束为 45° 的倍数的方向。最后在要定义渐变端点的位置处释放鼠标即可。

提示　若要跨过多个对象应用渐变，可以先选取多个对象，再应用渐变。

3.2.6　使用网格工具产生渐变

使用【网格工具】，可以产生对象的网格填充效果。网格工具可以方便地处理复杂形状图形中的细微颜色变化，适于控制水果、花瓣、叶等复杂形状的色彩过渡，从而制作出逼真的效果。

要产生对象网格，可以执行下列操作之一。

- 选取要创建网格的对象，选择【对象】|【创建渐变网格】命令，打开如图 3-66 所示的【创建渐变网格】对话框，设置网格的行数和列数；在【外观】下拉列表中，可以选择高光的方向为无高光、在中心创建高光或在对象边缘创建高光三种方式；在【高光】文本框中，输入白色高光的百分比。
- 选择【网格工具】▦，在对象需要创建或增加网格点处单击，将增加网格点与通过该点的网格线。继续单击可增加其他网格点，按下 Shift 键并单击可添加网格点而不改变当前的填充颜色。
- 用【直接选择工具】▶选取一个或多个网格点后，拖曳鼠标或按下↑、↓、←或→方向键，可以移动单个、多个或全部网格节点。
- 用【直接选择工具】▶选取一个或多个网格点后，按下 Delete 键可删除网格点和网格线。
- 用【直接选择工具】▶选取网格节点后，可通过方向线调整网格线的曲率。

要编辑网格渐变颜色，可以执行下列操作之一。

- 用【直接选择工具】▶选取一个或多个网格点后，可在颜色面板中选取一种颜色作为网格点的颜色，也可以在色板面板中选取，如图 3-67 所示。
- 在颜色面板或色板面板中选取一种色彩，若将其拖曳到网格内，将改变该网格的颜色；若将其拖曳到网格节点上，将改变节点周围的网格颜色。

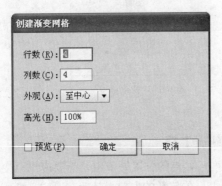

图3-66 【创建渐变网格】对话框

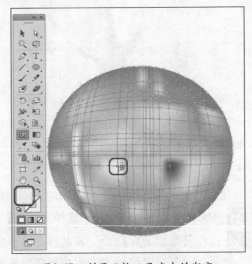

图3-67 利用网格工具产生的渐变

3.3 画笔

【画笔工具】✎用于绘制徒手画、书法线条与路径图稿，它不仅可以使路径外观具有不同的风格，还可以模拟多种多样的绘图效果。

3.3.1　画笔种类

在 Illustrator CS6 中有 4 种画笔，即书法画笔、散点画笔、图案画笔和艺术画笔。书法画笔将创建类似于使用钢笔带拐角的尖绘制的描边或沿路径中心绘制的描边；散点画笔可以将一个对象，如一片树叶的许多副本沿着路径分布；艺术画笔可以沿路径长度均匀地拉伸画笔的形状或对象形状；图案画笔可以绘制一种图案，该图案由沿路径排列的各个拼贴组成（图案画笔最多可以包括 5 种拼贴，即图案的边线、内角、外角、起点和终点）。

3.3.2　画笔面板与使用画笔

打开【画笔】面板，可以方便地对画笔进行多种操作，包括显示当前编辑文档的画笔、新建、应用和删除画笔等，利用【画笔】面板还可以选取画笔库中的画笔，如图 3-68 所示。按 F5 键，可以显示或隐藏【画笔】面板。创建并存储在【画笔】面板中的画笔将与当前文档相关联，每个 Illustrator 文档可以包含一组不同的画笔。

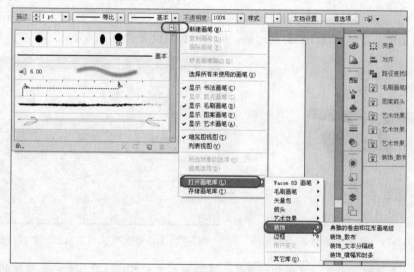

图3-68　画笔菜单

在【画笔】面板中，可以执行下列操作之一。

- 若单击【画笔库菜单】按钮，在打开的下拉菜单中选取命令，可以选择画笔库中的画笔，并将其自动添加到【画笔】面板中。
- 若单击【新建画笔】按钮，打开【新建画笔】对话框，如图 3-69 所示。选取要创建的画笔类型，如书法画笔，单击【确定】按钮，打开【书法画笔选项】对话框，如图 3-70 所示，可以按照设置新建画笔。
- 选取画笔后，若单击【删除画笔】按钮，可以删除画笔。
- 若单击【移去画笔描边】按钮，将移去当前路径中的画笔描边。
- 若选取用画笔描边的路径，单击【删除画笔】按钮，打开对应的画笔选项对话框，可重新编辑画笔选项。
- 单击【画笔】面板右上方的按钮，在打开的下拉菜单中选择【存储画笔库】命令，可将当前文档中的画笔存储到画笔库中，方便以后随时调用。

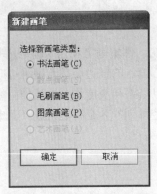

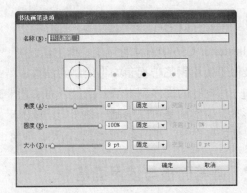

图3-69 【新建画笔】对话框　　　　　　　　图3-70 【书法画笔选项】对话框

3.3.3 书法画笔

　　书法画笔是一种可变化粗细和角度的画笔，它可以模拟书法效果，如图 3-71 所示。选取一种书法画笔作为描边路径后，单击【画笔选项】按钮 ▣ ，打开如图 3-72 所示的【描边选项（书法画笔）】对话框，若选中【预览】复选框，可以预览到设置选项后的效果。

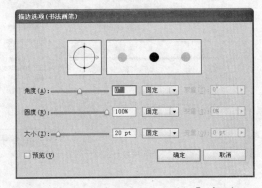

图3-71 使用书法画笔　　　　　　　　图3-72 【描边选项（书法画笔）】对话框

- 角度：在该对话框中设置旋转的角度，在右侧列表中可以选取控制画笔角度的变化方式，如固定、随机等，在右方的变量框中设置可变化的值。
- 圆度：在该对话框中设置画笔的圆度，在右侧列表中可以选取控制画笔圆度的变化方式，如固定，随机等，在右方的变量框中设置可变化的值。
- 大小：在该对话框中设置画笔的大小，在右侧列表中可以选取控制画笔大小的变化方式，如固定、随机等，在右方的变量框中设置可变化的值。

3.3.4 散点画笔

　　散点画笔是一种将矢量图形沿路径分布效果的画笔，如图 3-73 所示。选取一种散点画笔作为描边路径后，单击【画笔选项】按钮 ▣ ，打开如图 3-74 所示的【描边选项（散点画笔）】对话框，若选中【预览】复选框，可以预览到设置选项后的效果。

- 大小：在该对话框中设置画笔绘出的矢量图形的最大值与最小值，在右侧列表中可以选取控制矢量图形大小的变化方式，如固定、随机等。

- 间距：在该对话框中设置矢量图形的间距，在右侧列表中可以选取控制矢量图形间距的变化方式，如固定、随机等。
- 分布：该对话框中设置矢量图形的分布值，在右侧列表中可以选取控制矢量图形分布的变化方式，如固定、随机等。
- 旋转：该对话框中设置画笔绘出的矢量图形旋转的最大值与最小值，在右侧列表中可以选取控制画笔形状的变化方式，如固定、随机等。

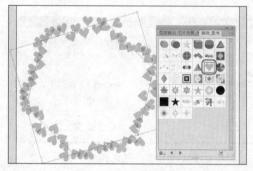

图3-73　使用散点画笔

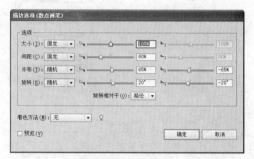

图3-74　【描边选项（散点画笔）】对话框

3.3.5　图案画笔

图案画笔是一种将图案沿路径重复拼贴的画笔，如图 3-75 所示。选取一种图案画笔作为描边路径后，单击【画笔选项】按钮，打开如图 3-76 所示的【描边选项（图案画笔）】对话框，若选中【预览】复选框，可以预览到设置选项后的效果。

- 在【缩放】文本框中设置图案的缩放百分比值；在【间距】文本框中输入图案间距。
- 在【翻转】选项组中，若选中【横向翻转】复选框，图案将水平翻转；若选中【纵向翻转】复选框，图案将垂直翻转。
- 在【适合】选项组中，若选择【伸展以适合】选项，将延长或缩短图案；若选择【添加间距以适合】选项，将在图案间添加空白；若选择【近似路径】选项，将把图案向路径内侧或外侧移动，以保持均匀地拼贴。
- 在【着色方法】下拉列表中，可以选取着色方式为无、色调、淡色和暗色或色相转换。

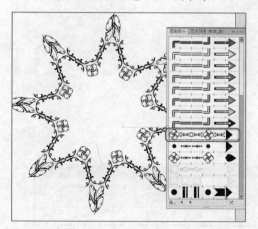

图3-75　使用图案画笔

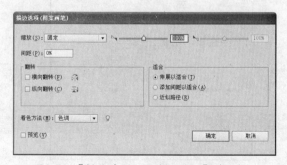

图3-76　【描边选项（图案画笔）】对话框

3.3.6 艺术画笔

　　艺术画笔是一种可以模拟水彩、画笔等艺术效果的画笔，使用艺术画笔可绘制头发、眉毛等，如图 3-77 所示。选取一种艺术画笔作为描边路径后，单击【画笔选项】按钮 ，打开如图 3-78 的【描边选项（艺术画笔）】对话框，若选中【预览】复选框，可以预览到设置选项后的效果。

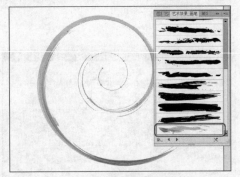

图3-77　使用艺术画笔

图3-78　【描边选项（艺术画笔）】对话框

- 在【大小】文本框中可以设置描边宽度的百分比值；如果选中【等比】复选框，在缩放图稿时将保留比例。
- 在【翻转】选项组中，若选中【横向翻转】复选框，图案将水平翻转；若选中【纵向翻转】复选框，图案将垂直翻转。
- 在【着色方法】下拉列表中，可以选取着色方式为无、淡色、淡色和暗色或色相转换。

3.3.7 修改笔刷

　　用鼠标双击【画笔】面板中需要修改的画笔笔刷，即可打开相应的画笔选项对话框，在此修改的是其默认画笔炭笔—羽毛，如图 3-79 所示。在该对话框中可以改变笔刷的【宽度】、【画笔缩放选项】、【方向】、【着色】和【选项】等，设置完成后单击【确定】按钮即可。

　　如果在页面中有使用此笔刷的路径，会弹出一个提示对话框，如图 3-80 所示。单击【应用于描边】按钮，可以将修改后的笔刷应用于路径中；单击【保留描边】按钮，所修改的笔刷对其路径描边没有任何改变。

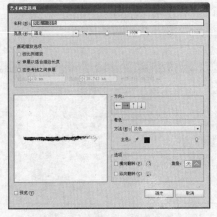

图3-79　【艺术画笔选项】对话框

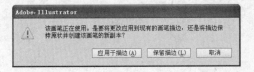

图3-80　提示对话框

3.3.8 删除笔刷

用户可以将用不到的笔刷进行删除，具体操作步骤如下。

01 单击【画笔】面板右上方的 按钮，在弹出的下拉菜单中选择【选择所有未使用的画笔】命令，如图 3-81 所示。

02 执行该操作后，未选用的画笔将会被选择，单击【画笔】面板右下角的【删除画笔】按钮 ，如图 3-82 所示。弹出警告对话框，如图 3-83 所示，在该对话框中单击【是】按钮，就可将未使用的画笔删除。

提示　按住Shift键，可以在【画笔】面板中连续选择几个画笔；按住Ctrl键的同时单击画笔，将其逐一选中，然后单击【画笔】面板右下角的【删除画笔】按钮 ，即可将选中的画笔删除。

03 如果将正在使用的笔刷删除，删除时会弹出一个警告对话框，如图 3-84 所示。

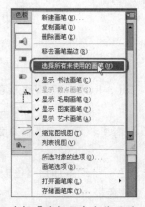

图3-81　选择【选择所有未使用的画笔】命令

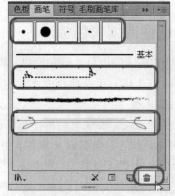

图3-82　【画笔】面板

图3-83　警告对话框

图3-84　警告对话框

单击【扩展描边】按钮，用到此画笔的路径转变为画笔的原始图形路径状态，如图 3-85 所示；单击【删除描边】按钮，将以边框线的颜色代替路径中此画笔的绘制效果，如图 3-86 所示；单击【取消】按钮，则该操作不成立。

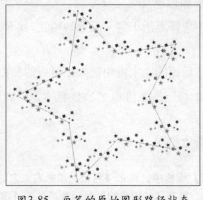

图3-85　画笔的原始图形路径状态

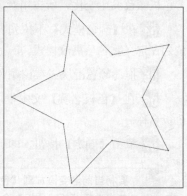

图3-86　以边框线的颜色代替路径

3.3.9 移去画笔

使用画笔工具时,默认状态下软件会自动将【画笔】面板中的画笔效果添加到绘制的路径上,若不需要使用【画笔】面板中的任何效果,可以在画板中选择对象,单击【画笔】面板右上角的按钮,在弹出的下拉菜单中选择【移去画笔描边】命令,将路径上的画笔效果移除,相当于间接性删除。

3.4 应用色板

色板可以将颜色、渐变或调色板快速应用于文字或图形对象。色板类似于样式,对色板所做的任何更改都将影响应用该色板的所有对象。使用色板无须定位或调节每个单独的对象,从而使修改颜色方案变得更加容易。创建的色板只与当前文档相关联,每个文档可以在其色板面板中存储一组不同的色板,并且使用色板可以清晰地识别专色。

3.4.1 创建或编辑色板

色板包括专色或印刷色、混和油墨、RGB 或 Lab 颜色、渐变或色调。

- 【颜色】色板:用以标识专色、印刷色等颜色类型,Lab、RGB、CMYK 颜色模式与对应的颜色值。
- 【渐变】色板:面板中的图标用以指示径向渐变或线性渐变,用户可根据自己的需求设置渐变的颜色、数值以及渐变类型。

在 Illustrator 中置入包含专色的图形时,这些颜色将会作为色板自动添加到【色板】面板中,可以将这些色板应用到文档对象中,但不能重新定义或删除这些色板。

要创建新的【颜色】色板,可以执行下列操作。

01 单击【色板】面板右上角的按钮,在弹出的下拉菜单中选择【新建色板】命令,打开【新建色板】对话框,如图 3-87 所示。

02 在【颜色类型】下拉列表中,选择【印刷色】选项,将产生印刷色;如果选择【专色】选项,则产生的便是专色。

03 如果选中【全局色】复选框,所应用色板的对象的颜色与色板本身将产生链接关系,若色板颜色发生变化,所应用对象的颜色也会随之改变。

04 在【颜色模式】下拉列表中选择要用于定义颜色的模式,如 RGB、HSB、CMYK、Lab 等。请勿在定义颜色后更改模式。

05 拖动颜色滑块或在该颜色条后面的文本框中输入相对应的颜色的 CMYK 值。

06 在【色板名称】文本框中,将以颜色值命名色板名称,否则可输入自定义的字符作为色板名称。

07 单击【确定】按钮,即可新建色板。

提示 要将当前渐变添加到【色板】面板中,单击【色板】面板右上方的按钮,在打开的下拉菜单中选择【新建色板】命令,打开【新建色板】对话框,单击【确定】按钮即可。

另外，在打开的【色板】面板中单击【新建色板】按钮，如图 3-88 所示，也可以新建色板。

图3-87 【新建色板】对话框

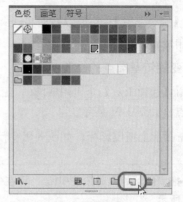

图3-88 【色板】面板

3.4.2 存储色板

要将【颜色】色板与其他文件共享，可以将色板存储到 Adobe 色板交换文件中，这样 Illustrator、InDesign、Photoshop 与 Go Live 便可以导入存储的色板。

要存储色板以用于其他文档，可单击【色板】面板右上方的按钮，在弹出的下拉菜单中选择【将色板库存储为 ASE】或【将色板库存储为 AI】命令，如图 3-89 所示。在打开的【另存为】对话框中设置正确的存储路径与名称，单击【保存】按钮，如图 3-90 所示。

图3-89 选择【将色板库存储为ASE】或
【将色板库存储为AI】命令

图3-90 【另存为】对话框

3.5 变形工具

在 Illustrator 中，变形工具包括【旋转工具】、【镜像工具】、【比例缩放工具】、【倾斜工具】、【整形工具】和【自由变换工具】，变形工具在图形软件中的使用率非常高，它不仅可以提高工作效率，还可以实现一些看似简单却又极为复杂的图像效果。

3.5.1　旋转工具

使用【旋转工具】 可以对对象进行旋转操作，在操作时，如果按住 Shift 键，对象将以45°增量角旋转。

1. 改变旋转基准点的位置

01 用【选择工具】 选中对象，在工具箱中选择【旋转工具】 ，在图像中单击，创建新的基准点，如图 3-91 所示。

02 在图形上拖曳鼠标，如图 3-92 所示，即沿基准点旋转图形，如图 3-93 所示。

提示　拖曳鼠标的同时按住Alt键，可在保留原图形的同时，旋转复制一个新的图形，如图3-94所示。

图3-91　显示参考点

图3-92　拖曳鼠标

图3-93　旋转后的效果

图3-94　旋转并复制

2. 精确控制旋转的角度

01 使用【选择工具】 选中图形，如图 3-95 所示，双击工具箱中的【旋转工具】 ，弹出【旋转】对话框，如图 3-96 所示。

图3-95　选择对象

图3-96　【旋转】对话框

　　另外，按住 Alt 键在页面中单击鼠标左键（鼠标的落点是选择的对象的新基准点），同样可以弹出【旋转】对话框。

STEP 02 在该对话框中将【角度】设置为 60°，选中【预览】复选框，如图 3-97 所示。

STEP 03 单击【确定】按钮，图形可以按照所设置的数值旋转；单击【复制】按钮，保留原来的图形并按照设定的角度旋转复制一个，如图 3-98 所示。

图3-97　设置参数

图3-98　复制后的效果

3. 实例——绘制旋转图形

STEP 01 新建空白文档，在工具箱中选择【椭圆工具】◯，按 Ctrl+F9 组合键打开【渐变】面板，如图 3-99 所示。

STEP 02 在该面板中单击渐变缩略图右侧的下拉按钮，在弹出的下拉列表中选择【橙色，黄色】选项，如图 3-100 所示。

STEP 03 执行该操作后，设置角度值为 90°，如图 3-101 所示。

STEP 04 将【渐变】面板关闭，在控制面板中将描边设置为无，在画板中单击，在弹出的对话框中设置【宽度】为 30mm，【高度】为 80mm，如图 3-102 所示。

STEP 05 单击【确定】按钮，即可创建一个渐变填充的椭圆，如图 3-103 所示。

STEP 06 在工具箱中选择【直接选择工具】，选择椭圆的下角，在控制面板中单击【将所有锚点转换为尖角】按钮，如图 3-104 所示。

图3-99 【渐变】面板

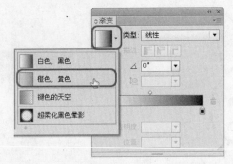

图3-100 选择【橙色，黄色】选项

图3-101 设置角度值

图3-102 【椭圆】对话框

图3-103 创建的椭圆

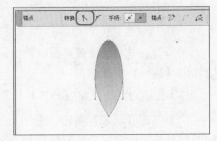

图3-104 转换为尖角

STEP 07 在工具箱中选择【旋转工具】，按住 Alt 键的同时在椭圆的下角单击，弹出【旋转】对话框，在该对话框中将【角度】设置为 30°，如图 3-105 所示。

STEP 08 单击【复制】按钮，即可将该对话框关闭，并得到如图 3-106 所示的效果。

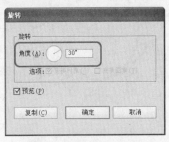

图3-105 【旋转】对话框

图3-106 复制后的效果

STEP 09 多次执行该操作，直到达到如图 3-107 所示的效果。

STEP 10 使用同样的方法，制作其他小花朵，设计师可根据自己的需求设置单个花瓣的大小，然后将其排列，完成后的效果如图 3-108 所示。

图3-107 完成的效果

图3-108 完成后的效果

3.5.2 镜像工具

使用【镜像工具】可以按照镜像轴旋转物体，首先用【选择工具】选择对象，然后在工具箱中选择【镜像工具】，即可在对象的中心点出现一个基准点，再在图形上拖曳鼠标就可以沿镜像轴旋转图形。

提示 拖曳鼠标的同时按住Alt键，可在保留原图形的同时，镜像复制一个新的图形。

1. 改变镜像基准点的位置

01 使用选择工具选中图形，然后在工具箱中选择【镜像工具】，此时基准点位于图形的中心，如图 3-109 所示。

02 在页面中单击鼠标，鼠标落点即为新的基准点，如图 3-110 所示。

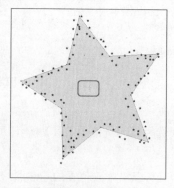

图3-109　显示基准点

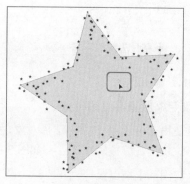

图3-110　新建基准点

03 在图形上单击并拖曳鼠标，图形就可以根据新的镜像轴旋转物体了，如图 3-111 所示。

2. 精确控制镜像的角度

01 使用【选择工具】选中图形，然后在工具箱中选择【镜像工具】，按住 Alt 键在图形的右侧单击鼠标左键（鼠标的落点是镜像旋转对称轴的轴心），弹出【镜像】对话框，如图 3-112 所示。另外，双击工具箱中的【镜像工具】，也可以弹出【镜像】对话框。

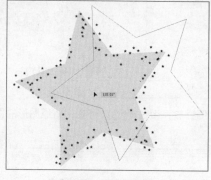

图3-111　拖动旋转

图3-112　【镜像】对话框

02 在【镜像】对话框中，【轴】选项组中包括【水平】、【垂直】和【角度】三个选项，用户可自行设置旋转的轴向和旋转的角度。

03 单击【确定】按钮，图形按照确定好的轴心垂直镜像旋转，如图 3-113 所示；单击【复制】按钮，图形按照确定好的轴心进行镜像复制，如图 3-114 所示。

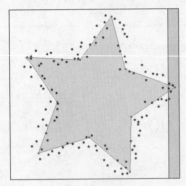
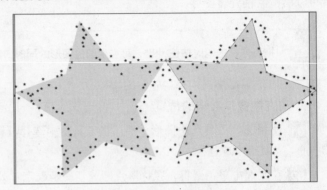

图3-113　旋转后的对象　　　　　　　　　　　图3-114　旋转并复制

3.5.3　比例缩放工具

使用【比例缩放工具】可以对图形进行任意缩放，与【旋转工具】的用法基本相同。

1.改变缩放基准点的位置

01 使用【选择工具】选择对象，然后在工具箱中选择【比例缩放工具】，可看到图形的中心位置出现缩放的基准点，如图 3-115 所示。

02 在图形上拖曳鼠标，如图 3-116 所示，释放鼠标后就可以沿中心位置的基准点缩放图形，如图 3-117 所示。

图3-115　显示基准点　　　　　　图3-116　拖曳鼠标　　　　　　图3-117　缩放后的效果

提示　拖曳鼠标的同时按住Shift键，图形可以成比例缩放；按住Alt键，可在保留原图形的同时，缩放复制一个新的图形。

2.精确控制缩放的程度

01 使用【选择工具】选择对象，如图 3-118 所示。

STEP 02 双击工具箱中的【比例缩放工具】，弹出【比例缩放】对话框，在【比例缩放】选项组中选择【等比】选项，如图 3-119 所示。

图3-118 选择对象

图3-119 【比例缩放】对话框

- 选中【比例缩放描边和效果】复选框，边线也同时缩放。
- 选中【不等比】单选按钮，可分别在【水平】和【垂直】文本框中输入适当的缩放比例。

STEP 03 单击【确定】按钮，图形可按照输入的数值缩放；单击【复制】按钮，保留原来的图形并按照设定比例缩放复制。

3.5.4 倾斜工具

使用【倾斜工具】可以使选择的对象倾斜一定的角度。

1. 改变倾斜基准点的位置

STEP 01 使用【选择工具】选择要倾斜的对象，在工具箱中选择【倾斜工具】，可看到图形的中心位置出现倾斜的基准点，如图 3-120 所示。

STEP 02 在图形上拖曳鼠标，就可以根据基准点倾斜对象，效果如图 3-121 所示。

图3-120 显示基准点

图3-121 倾斜后的图形

改变图形倾斜基准点的方法与【旋转工具】和【镜像工具】相同，在图形被选中的状态下选择倾斜工具，在页面中单击鼠标，鼠标落点即为新的基准点。

提示 拖曳鼠标的同时按住Alt键，可在保留原图形的同时，复制出新的倾斜图形。基准点不同，倾斜的效果也不同。

2. 精确定义倾斜的角度

STEP 01 使用【选择工具】选择需要倾斜的对象，如图 3-122 所示。

STEP 02 双击工具箱中的【倾斜工具】，弹出【倾斜】对话框，如图 3-123 所示。另外，按住 Alt 键，在页面中单击鼠标左键，也可以弹出【倾斜】对话框。

STEP 03 在【倾斜】对话框中设置【倾斜角度】为30°，选择【垂直】选项，如图 3-124 所示。

图3-122　选择对象　　　　图3-123　【倾斜】对话框　　　　图3-124　【倾斜】对话框

STEP 04 单击【确定】按钮，可以看到图形沿水平倾斜轴倾斜 30°，如图 3-125 所示。

STEP 05 在【倾斜】对话框中设置【倾斜角度】为30°，选择【水平】选项，如图 3-126 所示，单击【确定】按钮，可以看到图形沿垂直倾斜轴倾斜 30°，如图 3-127 所示。

图3-125　倾斜后的效果　　　　图3-126　【倾斜】对话框　　　　图3-127　倾斜后的效果

STEP 06 在【倾斜】对话框中设置【倾斜角度】为30°，【角度】为90°，如图 3-128 所示，单击【复制】按钮，可以看到图形沿倾斜轴倾斜 90°，如图 3-129 所示。

图3-128　【倾斜】对话框　　　　　　　图3-129　复制倾斜后的效果

3.5.5　整形工具和自由变换工具

使用【整形工具】可以改变路径上锚点的位置，但不会影响整个路径的形状。

01 使用【选择工具】选择对象，如图 3-130 所示。

02 选择工具箱中的【整形工具】，在要改变位置的锚点上单击，并将其拖曳至合适的位置，如图 3-131 所示。释放鼠标后即可得到相应的效果，如图 3-132 所示。

图3-130　选择对象　　　　　图3-131　拖曳锚点　　　　　图3-132　完成后的效果

提示　用整形工具在路径上单击，会出现新的曲线锚点，可以进一步调节变形。

【自由变换工具】也有类似改变路径上的锚点位置的作用。

01 使用【选择工具】选择对象，如图 3-133 所示。

02 在工具箱中选择【自由变换工具】，将光标放在右下角的定界框上，首先按住鼠标左键，再按 Shift+Alt+Ctrl 组合键向内侧拖曳鼠标，如图 3-134 所示，调整至合适的形状后释放鼠标，效果如图 3-135 所示。

图3-133　选择对象

图3-134　拖曳边框

图3-135　完成后的效果

提示

拖曳鼠标的同时，按Alt+Ctrl组合键可以倾斜图形，如图3-136所示。按Shift+Alt+Ctrl组合键可以使图形产生透视效果；按Ctrl键只对图形的一个角进行变形。

自由变换工具也可以移动、缩放和旋转图形。

图3-136　倾斜图形

3.6 即时变形工具

　　Illustrator CS6 中的即时变形工具包括【宽度工具】、【变形工具】、【旋转扭曲工具】、【缩拢工具】、【膨胀工具】、【扇贝工具】、【晶格化工具】和【皱褶工具】，如图 3-137 所示。

- ▶️ 宽度工具　（Shift+W）
- 🖐️ 变形工具　（Shift+R）
- 🖐️ 旋转扭曲工具
- 🌀 缩拢工具
- 💧 膨胀工具
- 📐 扇贝工具
- 🔆 晶格化工具
- 〰️ 皱褶工具

图3-137　工具面板

3.6.1　宽度工具

　　使用【宽度工具】可以对加宽绘制的路径描边，并调整为各种多变的形状效果，此工具创建并保存自定义宽度配置文件，可将该文件重新应用于任何笔触，使绘图更加方便、快捷。

STEP 01 在工具箱中选择【宽度工具】，在画板中选择描边路径，单击并拖曳，如图3-138所示。

STEP 02 拖曳至合适的位置后释放鼠标，完成后的效果如图 3-139 所示。

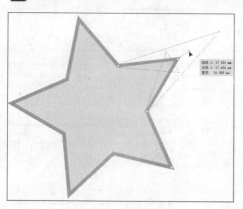

图3-138　拖曳路径

图3-139　完成后的效果

3.6.2　变形工具

使用【变形工具】![icon]可以随光标的移动塑造对象形状，能够使对象的形状按照鼠标拖拉的方向产生自然的变形。

在工具箱中选择【变形工具】![icon]，当光标变为　形状时，在图形上单击并拖曳鼠标，如图 3-140 所示，可以看到图形沿鼠标拖曳的方向发生变形，如图 3-141 所示。

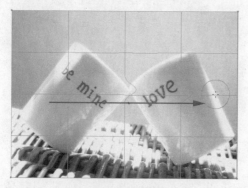

图3-140　拖曳鼠标

图3-141　释放鼠标后的效果

变形工具属性的设置

STEP 01 双击工具箱中的【变形工具】![icon]，弹出【变形工具选项】对话框，如图 3-142 所示。该对话框中各个参数的含义如下。

- 宽度、高度：表示变形工具画笔水平、垂直方向的直径。
- 角度：指变形工具画笔的角度。
- 强度：指变形工具画笔按压的力度。
- 细节：表示即时变形工具应用的精确程度，数值越高则表现得越细致。设置范围是 1～15。
- 简化：设置即时变形工具应用的简单程度，设置范围是 0.2～100。
- 显示画笔大小：显示变形工具画笔的尺寸。

STEP **02** 单击【确定】按钮，变形工具属性设置完毕；单击【取消】按钮，取消设置；单击【重置】按钮，属性设置恢复为默认状态。

【变形工具】 的选项设置完成后，可以发现变形工具发生了变化，然后再对图形进行拖曳，其效果也会不一样。

提示　各变形工具属性设置不同，选择点不同，按下鼠标时间长短不同等，都可以使图形发生不同的变化，可以按照需要对图形进行改变。

图3-142　【变形工具选项】对话框

3.6.3　旋转扭曲工具

使用【旋转扭曲工具】 可以在对象中创建旋转扭曲，使对象的形状卷曲形成旋涡状。

在工具箱中选择【旋转扭曲工具】 ，在图形需要变形的部分单击鼠标，在单击的画笔范围内就会产生旋涡，如图 3-143 所示。按住鼠标的时间越长，卷曲程度就越大。

【旋转扭曲工具】 属性的设置方法与【变形工具】 相同。

图3-143　产生的漩涡

3.6.4　缩拢工具

【缩拢工具】 可通过向十字线方向移动控制点的方式收缩对象，使对象的形状产生收缩的效果。

在工具箱中选择【缩拢工具】 ，在需要收缩变形的部分单击或拖曳鼠标，如图 3-144 所示，在单击的画笔范围内图形就会收缩变形，如图 3-145 所示。按住鼠标的时间越长，收缩程度就越大。

【缩拢工具】 也可以通过对话框来设置属性。

图3-144　拖曳鼠标

图3-145　释放鼠标后的效果

3.6.5　膨胀工具

【膨胀工具】 ⬦ 则可通过向远离十字线方向移动控制点的方式扩展对象，使对象的形状产生膨胀的效果，与【收缩工具】 ⬦ 相反。

在工具箱中选择【膨胀工具】 ⬦ ，在需要变形的部分单击鼠标左键并向外拖曳，如图3-146所示。释放鼠标后在单击的画笔范围内图形就会膨胀变形，如图3-147所示。如果持续按住鼠标，时间越长，膨胀的程度就越大。

图3-146　拖曳鼠标　　　　　　　　　　图3-147　释放鼠标后的效果

【膨胀工具】 ⬦ 同样可以通过对话框来设置属性。

3.6.6　扇贝工具

使用【扇贝工具】 ⬔ 可以向对象的轮廓添加随机弯曲的细节，使对象的形状产生类似贝壳般起伏的效果。

首先使用选择工具选择对象，然后在工具箱中选择【扇贝工具】 ⬔ ，在需要变形的部分单击并拖曳鼠标，如图3-148所示，释放鼠标后在单击的画笔范围内图形就会产生起伏的波纹效果，如图3-149所示。按住鼠标的时间越长，起伏的效果越明显。

图3-148　拖曳鼠标　　　　　　　　　　图3-149　释放鼠标后的效果

扇贝工具属性的设置

STEP 01 在工具箱中双击【扇贝工具】 ⬔ ，弹出【扇贝工具选项】对话框，如图3-150所示。

STEP 02 在各选项右侧的文本框中设置其参数，【宽度】、【高度】、【角度】、【强度】各选项说明可借鉴【变形工具】 。

【扇贝工具选项】对话框中其他参数说明如下。

- 复杂性：表示扇贝工具应用于对象的复杂程度。
- 细节：表示扇贝工具应用于对象的精确程度。
- 画笔锚点：在锚点上施加笔刷效果。
- 画笔影响内切线手柄：在锚点方向手柄的内侧施加笔刷效果。
- 画笔影响外切线手柄：在锚点方向手柄的外侧施加笔刷效果。

扇贝工具的选项设置完成后，就可以按照设置的属性使图形变形。

图3-150 【扇贝工具选项】对话框

3.6.7　晶格化工具

【晶格化工具】 可以为对象的轮廓添加随机锥化的细节，使对象表面产生尖锐凸起的效果。

在工具箱中选择【晶格化工具】 ，在需要添加晶格化的部分单击并拖曳鼠标，如图 3-151 所示，释放鼠标后在单击的画笔范围内图形就会产生向外尖锐凸起的效果，如图 3-152 所示。按住鼠标的时间越长，凸起的程度越明显。

图3-151　拖曳鼠标　　　　　　　　　　图3-152　释放鼠标后的效果

【晶格化工具】 属性的设置方法与【扇贝工具】 相同。

3.6.8　皱褶工具

【皱褶工具】 可以为对象的轮廓添加类似于皱褶的细节，使对象表面产生皱褶效果。

在工具箱中选择皱褶工具，在需要变形的部分单击鼠标，如图 3-153 所示。释放鼠标后在单击的画笔范围内图形就会产生皱褶的变形，如图 3-154 所示。按住鼠标的时间越长，波动的程度越明显。

图3-153 拖曳鼠标

图3-154 释放鼠标后的效果

皱褶工具属性的设置方法与扇贝工具相同。

3.7 拓展练习——制作傍晚天空艺术画面

唯美的天空背景加以图形，制作出一幅美丽而温馨的傍晚天空艺术画面，在本节中主要以基本绘图工具、颜色的填充及画笔的使用来制作整个画面，效果如图 3-155 所示。

STEP 01 启用 Illustrator CS6 软件，按 Ctrl+O 组合键，在弹出的对话框中选择随书附带光盘中的【素材】\【第 3 章】\【傍晚天空艺术画面 .ai】文件，如图 3-156 所示。

STEP 02 单击【打开】按钮，即可将选择的素材文件打开，如图 3-157 所示。

图3-155 效果图

图3-156 【打开】对话框

图3-157 打开的素材文件

STEP 03 在菜单栏中选择【文件】|【置入】命令，如图 3-158 所示。

STEP 04 在弹出的对话框中选择随书附带光盘中的【素材】\【第 3 章】\【飞机 .ai】文件，如图 3-159 所示。

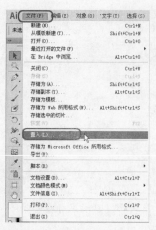

图3-158 选择【置入】命令 　　　　　　　　　　图3-159 【置入】对话框

05 单击【置入】按钮，在弹出的【置入 PDF】对话框中将【裁剪到】设置为【作品框】，如图 3-160 所示。

06 单击【确定】按钮，并在工具箱中选择【选择工具】 ![选择工具图标]，将置入的素材文件调整至合适位置，如图 3-161 所示。

图3-160 【置入PDF】对话框 　　　　　　　图3-161 调整至合适位置后的效果

07 在工具箱中选择【矩形工具】 ![矩形工具图标]，打开【渐变】面板，单击该面板中的【反向渐变】按钮 ![反向渐变图标]，然后选择左侧的渐变滑块，设置其【位置】为 50%，如图 3-162 所示。

08 选择右侧的渐变色块，将其【不透明度】设置为 0%，位置不变，如图 3-163 所示。

图3-162 【渐变】面板 　　　　　　　　　　图3-163 【渐变】面板

STEP 09 将【渐变】面板关闭，在画板中单击，在弹出的【矩形】对话框中将【宽度】、【高度】分别设置为240mm、1mm，如图 3-164 所示。

STEP 10 单击【确定】按钮，即可在画板中创建一个矩形条，然后使用移动工具将其调整至飞机的后方，如图 3-165 所示。

STEP 11 在工具箱中选择【多边形工具】，在控制面板中将其填充颜色设置为黑色，将其描边设置为无，在画板中单击，在弹出的对话框中将【半径】设置为 23mm，将【边数】设置为 3，如图 3-166 所示。

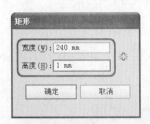

图3-164 【矩形】对话框　　　　图3-165 完成后的效果　　　　图3-166 【多边形】对话框

STEP 12 单击【确定】按钮，即可在画板中创建一个三角形，在工具箱中选择【旋转工具】并双击该工具，在弹出的对话框中将【旋转】选项组下的【角度】设置为180°，如图 3-167 所示。

STEP 13 单击【确定】按钮，即可将创建的三角形旋转，然后在菜单栏中选择【效果】|【风格化】|【圆角】命令，在弹出的对话框中将【半径】设置为 7mm，如图 3-168 所示。

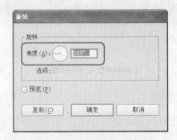

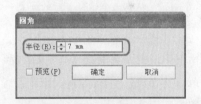

图3-167 【旋转】对话框　　　　　　　　图3-168 【圆角】对话框

STEP 14 单击【确定】按钮，即可将其设置为圆角三角形，然后使用选择工具将其拖曳至合适的位置，如图 3-169 所示。

STEP 15 使用同样的方法，绘制出其他两个小三角形，将其填充颜色分别设置为红色和白色，大小设计师可根据自己的创意进行设置，并调整其位置，完成后的效果如图 3-170 所示。

STEP 16 在工具箱中选择【矩形工具】，在控制面板中将填充颜色设置为黑色，在画板中

图3-169 调整至合适位置后的效果

单击鼠标，在弹出的对话框中设置【宽度】、【高度】分别为 1.5mm、170mm，如图 3-171 所示。

图3-170 完成后的效果

图3-171 【矩形】对话框

17 单击【确定】按钮，使用选择工具将其拖曳至合适的位置，如图 3-172 所示。

18 使用同样的方法，制作如图 3-173 所示的其他形状，其大小设计师可根据自己的思路去创作。

图3-172 拖曳至合适位置后的效果

图3-173 完成后的效果

19 在工具箱中选择【矩形工具】 ▣ ，将其填充颜色设置为黑色，在画板中单击鼠标，在弹出的对话框中设置【宽度】、【高度】均为 18mm，如图 3-174 所示。

20 单击【确定】按钮，并将其圆角设置为 3mm，然后使用选择工具将其拖曳至合适的位置，完成后的效果如图 3-175 所示。

图3-174 【矩形】对话框

图3-175 完成后的效果

21 使用同样的方法，创建出如图 3-176 所示的效果，其中两个矩形的颜色分别为红色与白色。

22 在工具箱中选择【符号喷枪工具】，在菜单栏中选择【窗口】|【符号】命令，打开【符号】面板，在该面板中选择【污点矢量包 08】选项，如图 3-177 所示。

图3-176 完成后的效果

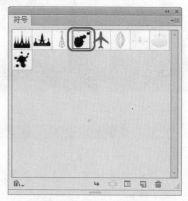

图3-177 【符号】面板

23 在画板中单击鼠标，画板中即会出现一个污点，在控制面板中单击 断开链接 ，然后在工具箱中选择【吸管工具】，在画板中吸取枚红色位置的颜色，如图 3-178 所示。

24 在工具箱中选择【自由变换工具】，将创建的符号缩放至合适的大小，并将其调整至合适的位置，如图 3-179 所示。

图3-178 吸取颜色

图3-179 调整至合适的位置

25 将创建的污点选中，单击鼠标右键，在弹出的快捷菜单中选择【排列】|【置于底层】命令，然后再选择【排列】|【前移一层】命令，将该命令执行三次，完成后的效果如图 3-180 所示。

26 使用同样的方法，制作出其他污点，完成后的效果如图 3-181 所示。

27 在工具箱中选择【光晕工具】，在画板中单击，在弹出的对话框中将【居中】选项组下的【直径】设置为38pt，将【环形】选项组下的【路径】设置为125pt，【方向】设置为227°，如图 3-182 所示。

28 单击【确定】按钮，然后选择该光晕，在控制面板中将其【不透明度】设置为70%，如图 3-183 所示。

图3-180　调整其位置

图3-181　完成后的效果

图3-182　【光晕工具选项】对话框

图3-183　设置光晕不透明度

STEP 29 在菜单栏中选择【文件】|【置入】命令,在打开的对话框中选择随书附带光盘中的【素材】\【第 3 章】\【大雁 .ai】文件,如图 3-184 所示。

STEP 30 单击【置入】按钮,在弹出的【置入 PDF】对话框中将【裁剪到】设置为【作品框】,单击【确定】按钮,即可将选择的素材文件置入到画板中,然后使用选择工具将其拖曳至合适的位置,完成后的效果如图 3-185 所示。

图3-184　【置入】对话框

图3-185　完成后的效果

STEP 31 在菜单栏中选择【文件】|【导出】命令,在弹出的对话框中为其设置一个正确的存储路径,并将其格式设置为 TIFF,选中【使用画板】复选框,如图 3-186 所示。

STEP 32 在弹出的【TIFF 选项】对话框中选中【嵌入 ICC 配置文件:Japan Color 2001 Coated】复选框,单击【确定】按钮,如图 3-187 所示。

图3-186 【导出】对话框

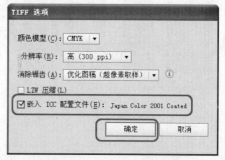

图3-187 【TIFF选项】对话框

3.8 习题

一、填空题

(1)基本绘图工具包括( )、( )、( )、( )、( )、( )、( )、( )、( )、( )和( )。

(2)在 Illustrator CS6 中有( )、( )、( )和( )4 种类型的画笔。

(3)即时变形工具包括( )、( )、( )、( )、( )、( )、( )和( )。

二、简答题

简单介绍4种画笔的含义。

Chapter
04

第 **4** 章

图形的混合与变形

本章要点：

　　本章讲解在 Illustrator CS6 中关于混合的创建及混合选项的设置。另外，还介绍了怎样创建复合路径，运用【变换】面板变换图形，以及封套扭曲的创建及编辑方法。

主要内容：

- 使用命令调整图形排列顺序
- 编辑图形混合效果
- 创建复合形状、路径与修剪图形
- 运用【变换】面板变换图形
- 封套扭曲

4.1 使用命令调整图形排列顺序

在 Illustrator 中绘制图形时，新绘制的图形总是位于先前绘制图形的上方，对象的这种堆叠方式决定了其重叠部分如何显示，调整对象的堆叠顺序，将会影响对象的最终显示效果。下面将对【排列】命令进行介绍。

调整对象的堆叠顺序，可以选择对象，然后选择【对象】|【排列】子菜单中的命令，具体操作步骤如下。

01 在画板中选择需要调整位置的对象，如图 4-1 所示。

02 在菜单栏中选择【对象】|【排列】|【置于顶层】命令，如图 4-2 所示。此时会发现选中的对象已经置于所有对象的上方。

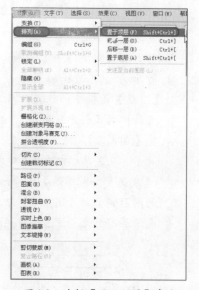

图4-1 选中图像

图4-2 选择【置于顶层】命令

下面将对【排列】子菜单中的命令进行介绍。

- 置于顶层：将当前选中对象移至当前图层或当前组中所有对象的最顶层。
- 前移一层：将当前选中对象的堆叠顺序向前移动一个位置，如图 4-3 所示。
- 后移一层：将当前选中对象的堆叠顺序向后移动一个位置，如图 4-4 所示。
- 置于底层：将当前选中对象移至当前图层或当前组中所有对象的最底层，如图 4-5 所示。

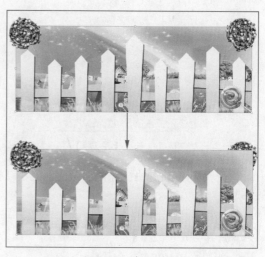

图4-3 前移一层

图4-4 后移一层

图4-5 置于底层

- 发送至当前图层:将当前选中对象移
  动到指定的图层中。例如,如图 4-6
  所示为当前选择的图形及该图形在
  【图层】面板中的位置。单击【图层】
  面板中的【创建新图层】按钮│□│,新
  建【图层 2】,选择该图层,如图 4-7
  所示。在菜单栏中选择【对象】【排列】
  |【发送至当前图层】命令,可将选中

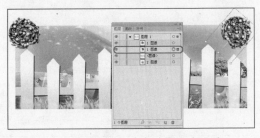

图4-6 选中对象所在图层

的图形调整到【图层 2】中,效果如图 4-8 所示。由于【图层 2】位于【图层】面板的
最顶层,因此,该图层自然就位于所有图形的最上方了。

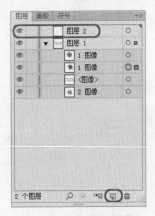

图4-7 新建【图层 2】

图4-8 发送至当前图层

另外,还可以通过快捷键更加简便地使用【排列】命令,相应的命令快捷键如下。

- 置于顶层:Shift+Ctrl+】。
- 前移一层:Ctrl+】。
- 后移一层:Ctr+【。
- 置于底层:Shift+Ctrl+【。

4.2 编辑图形混合效果

要编辑图形混合效果，除了使用【混合工具】创建混合效果外，还可以选择菜单栏中的【对象】|【混合】|【建立】命令，如图4-9所示，创建混合效果。

图4-9 选择【建立】命令

4.2.1 设置图形混合选项

设置【混合选项】对话框可以编辑混合。选取要编辑的混合，在菜单栏中选择【对象】|【混合】|【混合选项】命令，或双击【混合工具】，打开如图4-10所示的【混合选项】对话框，若选中【预览】复选框，则可以预览到设置的效果。

图4-10 【混合选项】对话框

- 间距：在该下拉列表中有3个选项，分别为【平滑颜色】、【指定的步数】、【指定的距离】。【平滑颜色】将自动计算混合的步骤数；【指定的步骤】可以进一步设置控制混合开始与混合结束之间的步骤数；【指定的距离】可以进一步设置控制混合步骤之间的距离。
- 取向：若选中 按钮，将混合对齐于页面，即混合垂直于页面的水平轴；若选中 按钮，将混合对齐于路径，即混合垂直于路径。

4.2.2 调整或替换混合对象的轴

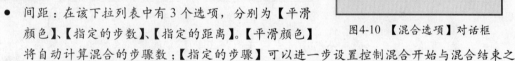

混合对象轴是混合中各过渡对象对齐的路径。默认情况下，混合轴为直线。要调整或替换混合对象的轴，可以执行下列操作之一。

- 若要调整混合轴的形状，选择【转换锚点工具】调整混合轴上的锚点，如图4-11所示。
- 若要使用其他路径替换混合轴，可以先绘制用作新的混合轴的路径（混合轴的路径可以是开放路径或封闭路径），如图4-12所示，再用【选择工具】选中作为替换混合轴对象的路径和混合对象，然后在菜单栏中选择【对象】|【混合】|【替换混合轴】命令，如图4-13所示。
- 要颠倒混合轴上的混合顺序，先用【选择工具】选中混合对象，如图4-14所示，然

后在菜单栏中选择【对象】|【混合】|【反向混合轴】命令，产生原混合对象在混合路径中的位置对换，如图4-15所示。

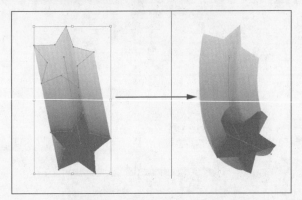 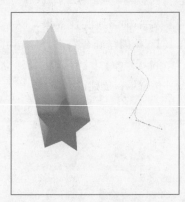

图4-11　调整混合轴上的锚点　　　　　　　　图4-12　绘制新路径

 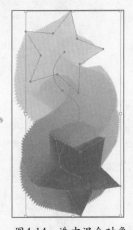 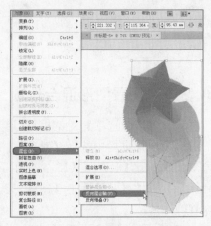

图4-13　选择【替换混合轴】命令　　　图4-14　选中混合对象　　　图4-15　选择【反向混合轴】命令

● 要颠倒混合对象中的堆叠顺序，先用【选择工具】选中混合对象，然后在菜单栏中选择【对象】|【混合】|【反向堆叠】命令，如图4-16所示，将混合顺序改变为由前方对象到后方对象的重叠，如图4-17所示。

 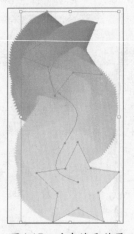

图4-16　选择【反向堆叠】命令　　　　　　图4-17　反向堆叠效果

4.2.3 释放或扩展混合对象

释放混合对象会删除创建的过渡对象，并恢复原始对象。扩展一个混合对象是将混合分割为一系列不同的对象，可以像编辑其他对象一样编辑其中的任意一个对象。

要释放混合对象，可以用【选择工具】选中混合对象，如图 4-18 所示，然后在菜单栏中选择【对象】|【混合】|【释放】命令，如图 4-19 所示。

要扩展混合对象，可以用【选择工具】选中混合对象，如图 4-20 所示，然后在菜单栏中选择【对象】|【混合】|【扩展】命令，如图 4-21 所示。

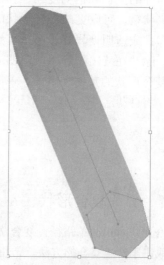

图4-18　选中混合对象

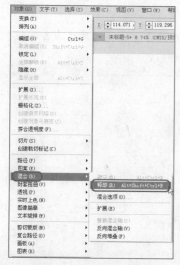

图4-19　选择【释放】命令

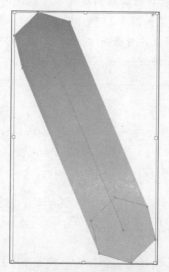

图4-20　选中混合对象

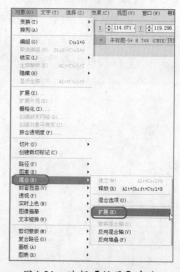

图4-21　选择【扩展】命令

4.3　创建复合形状、路径与修剪图形

在 Illustrator CS6 中具有形状复合功能，可以轻松地创建用户所需要的复杂路径。复合形状是由两个或更多对象组成的，每个对象都分配有一种形状模式，复合形状简化了复杂形状的创建过程，在【图层】面板中显示为【复合形状】选项，如图 4-22 所示，使用该功能用户可以精确地操作每个所含路径的形状模式、堆栈顺序、形状、位置、外观等。

在【路径查找器】面板中，可以方便地创建复合形状。创建复合形状时，若要对选取对象

应用相加、交集或差集，结果将应用
最上层组件的上色和透明度属性。创
建复合形状后，可以更改复合形状的
上色、样式或透明度属性。选择复合
形状时，除非在【图层】面板中明确
地定位复合形状的某一个组件，否则
Illustrator 将自动定位整个复合形状。

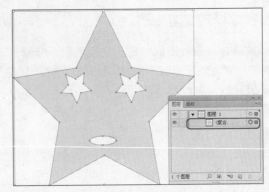

图4-22　复合图形

4.3.1　认识复合形状

复合形状可由简单路径、复合路径、文本框架、文本轮廓或其他形状复合组成。复合形状
的外观取决于产生复合的方法，常用的复合形状在【路径查找器】面板中的上排按钮组中，包
括【联集】◻、【减去顶层】◻、【交集】◻和【差集】◻。

- 【联集】◻：跟踪所有对象的轮廓以创建复合形状，即将两个对象复合成为一个对象，
  其【联集】前后的对比效果如图 4-23 所示。
- 【减去顶层】◻：前面的对象在背景对象上打孔，产生带孔的复合形状，其【减去顶层】
  前后的对比效果如图 4-24 所示。

图4-23　联集效果

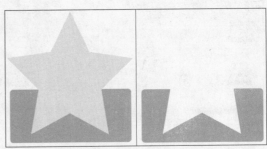

图4-24　减去顶层效果

- 【交集】◻：以对象重叠区域创建复合形状，其【交集】前后的对比效果如图 4-25 所示。
- 【差集】◻：从对象不重叠的区域创建复合形状，其【差集】前后的对比效果如图 4-26 所示。

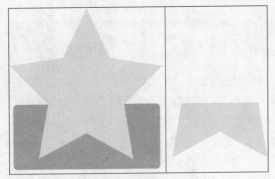

图4-25　交集效果

图4-26　差集效果

大多数情况下，生成的复合形状采用最上层对象的属性，如填色、描边、透明度、图层等，但在减去形状时，将删除前面的对象，生成的形状将采用最下层对象的属性。

4.3.2 其他复合形状

其他复合形状在【路径查找器】面板中的下排按钮组中，包括【分割】、【修边】、【合并】、【裁剪】、【轮廓】和【减去后方对象】。

● 【分割】：将重叠的选取对象切割成各个区域，被分割的对象将保持原对象的上色、透明度等属性，如图4-27所示。分割完成后，在工具箱中选择【直接选择工具】，然后选择分割完成后的对象并调整其位置，如图4-28所示。这样，就可以清晰地查看分割后的效果了。

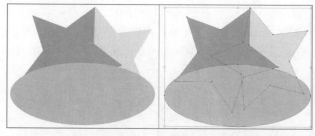
图4-27 分割对象

图4-28 调整分割后的对象

● 【修边】：删除与其他对象重叠的区域，最前面的对象将保留原有的路径，删除对象的所有描边，且不会合并相同颜色的对象。图4-29所示为修边对象，修边完成后，使用【直接选择工具】调整修边后的对象，完成后的效果如图 4-30 所示。

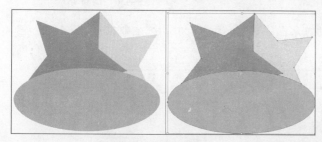
图4-29 修边对象

图4-30 调整对象

● 【合并】：删除下方所有重叠的路径，只留下没有重叠的路径。图 4-31 所示为合并对象，合并完成后，使用【直接选择工具】调整合并后的对象，完成后的效果如图 4-32 所示。

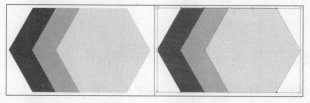
图4-31 合并对象

图4-32 调整对象

- 【裁剪】▣：只保留与上方对象重叠的对象，所有超过上方对象的图形将被裁剪掉，同时删除所有描边。图 4-33 所示为裁剪对象，裁剪完成后，使用【直接选择工具】▷调整裁剪后的对象，完成后的效果如图 4-34 所示。

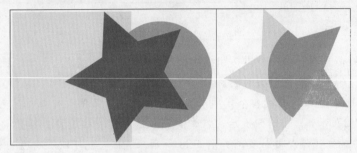

图4-33　裁剪对象　　　　　　　　　　图4-34　调整对象

- 【轮廓】▣：所选取的重叠对象将被分割，并且转变为轮廓路径，并给描边填充颜色，分割为较小的路径段并维持路径独立性，以方便再编辑或专色陷印。图 4-35 所示为对象添加轮廓，添加完轮廓后，使用【直接选择工具】▷调整其轮廓，如图 4-36 所示。

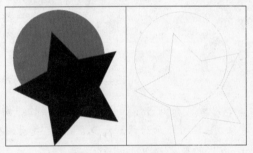

图4-35　为对象添加轮廓　　　　　　　图4-36　调整对象

- 【减去后方对象】▣：后面的对象在前面的对象上打孔，产生带孔的复合形状。图 4-37 所示为减去后方对象的效果。

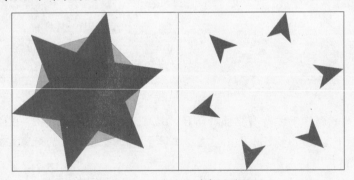

图4-37　减去后方对象的效果

4.3.3　创建与编辑复合形状

要为选取对象创建复合形状，可通过在【路径查找器】面板中单击【联集】▣、【减去顶层】▣、【交集】▣、【差集】▣、【分割】▣、【修边】▣、【合并】▣、【裁剪】▣、【轮廓】

🔳和【减去后方对象】🔳，产生需要的复合形状，具体操作步骤如下。

STEP 01 在画板中选择需要进行复合的形状，如图 4-38 所示。

STEP 02 打开【路径查找器】面板，在【形状模式】选项组中单击【差集】🔳，如图 4-39 所示。

图4-38　选择对象

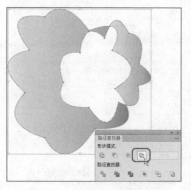
图4-39　选择差集后的效果

要编辑复合形状，可以使用【直接选择工具】🔳或者在【图层】面板中选择复合形状的单个组件。

在【路径查找器】面板中查找突出显示的形状模式按钮，以确定当前应用于选定组件的模式，在【路径查找器】面板中，单击需要的复合形状模式按钮以确定形状，如【分割】🔳。

4.3.4　释放与扩展复合形状

【释放复合形状】命令可将复合对象拆分回原有的单独对象，具体操作步骤如下。

STEP 01 在画板中选择已经复合后的形状，如图 4-40 所示。

STEP 02 打开【路径查找器】面板，单击该面板右上方的🔽按钮，在弹出的下拉菜单中选择【释放复合形状】命令，如图 4-41 所示，此时会发现画板中复合的形状已经恢复原来的形状，如图 4-42 所示。

图4-40　选择复合形状

图4-41　选择【释放复合形状】命令

图4-42　释放复合形状后的效果

【扩展复合形状】命令会保持复合对象的形状，并使其成为一般路径或复合路径，以便对其应用某些复合形状不能应用的功能。扩展复合形状后，其单个组件将不再存在。

STEP 01 在画板中选择要扩展复合形状中的路径，如图 4-43 所示。

STEP 02 打开【路径查找器】面板，单击该面板右上方的🔽按钮，在弹出的下拉菜单中选择【扩展复合形状】命令，如图 4-44 所示，也可以单击【路径查找器】面板中的【扩展】按钮，根据所使用的形状模式，复合形状将转换为【图层】面板中的【路径】或【复合路径】选项，如图 4-45 所示。

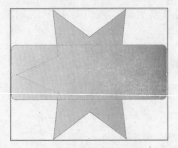

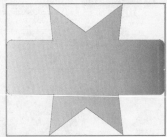

图4-43　选择复合形状　　　　图4-44　选择【扩展复合形状】命令　　图4-45　扩展复合形状后的效果

4.3.5　设置路径查找器选项

打开【路径查找器】面板，在该面板中单击 按钮，在弹出的下拉菜单中选择【路径查找器选项】命令，如图 4-46 所示，打开【路径查找器选项】对话框，如图 4-47 所示。

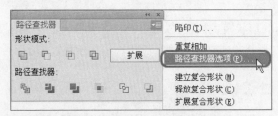
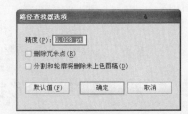

图4-46　选择【路径查找器选项】命令　　　　图4-47　【路径查找器选项】对话框

- 精度：可设置滤镜计算对象路径时的精确程度，精度越高，生成结果路径所需的时间就越长。
- 删除冗余点：将删除不必要的点。
- 分割和轮廓将删除未上色图稿：单击【分割】 或【轮廓】 ，将删除选定图稿中的所有未填充对象。
- 默认值：单击该按钮，系统将使用其默认设置。

4.3.6　复合路径

复合路径包含两个或多个已经填充完颜色的开放或闭合的路径，在路径重叠处将呈现孔洞。将对象定义为复合路径后，复合路径中的所有对象都将使用堆栈顺序中最下层对象的填充颜色和样式属性。

将文字创建为轮廓时，文字将自动转换为复合路径。复合路径用作编组对象时，在【图层】面板中将显示为【复合路径】选项，使用【直接选择工具】 或【编组选择工具】 可以选择复合路径的一部分，可以处理复合路径的各个组件的形状，但无法更改各个组件的外观属性、图形样式或效果，并且无法单独处理这些组件。

1. 创建复合路径

创建复合路径的具体操作步骤如下。

STEP 01 新建一个空白画板，并置入一张图片，如图 4-48 所示。

STEP 02 在工具箱中选择【钢笔工具】 ，在画板中沿着蝴蝶绘制一个轮廓，如图 4-49 所示。

STEP 03 在画板中通过【矩形工具】 创建一个白色的矩形，并将置入的图片覆盖，如图 4-50 所示。

图4-48 置入的图片

图4-49 绘制轮廓

图4-50 创建矩形

STEP 04 确认该矩形处于被选择的状态下，单击鼠标右键，在弹出的快捷菜单中选择【排列】|【后移一层】命令，如图 4-51 所示。

STEP 05 将刚创建的蝴蝶轮廓与矩形选中，在菜单栏中选择【对象】|【复合路径】|【建立】命令，如图 4-52 所示。执行完该操作后，可以发现图像在绘制的蝴蝶轮廓的形状中显示出来，如图 4-53 所示。

图4-51 选择【后移一层】命令

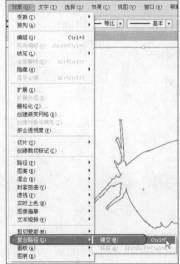
图4-52 选择【建立】命令

图4-53 创建复合路径后的效果

2. 释放复合路径

在画板中选择已经创建好的复合路径，在菜单栏中选择【对象】|【复合路径】|【释放】命令，可以取消已经创建的复合路径。

下面将以一个小案例来总结本节所学到的知识，本案例主要使用【分割】 来制作一个望远镜镜头中的目标线，其效果如图 4-54 所示。

STEP 01 按 Ctrl+N 组合键，打开【新建文档】对话框，将【宽度】、【高度】分别设置为 287 mm、221 mm，如图 4-55 所示。

图4-54 最终效果   图4-55 【新建文档】对话框

STEP 02 单击【确定】按钮，在菜单栏中选择【文件】|【置入】命令，如图 4-56 所示。

STEP 03 在弹出的【置入】对话框中选择随书附带光盘中的【素材】\【第 4 章】\【蝴蝶 .jpg】文件，如图 4-57 所示。

图4-56 选择【置入】命令   图4-57 【置入】对话框

STEP 04 单击【置入】按钮，即可打开选择的素材文件，如图 4-58 所示。

STEP 05 确定打开的素材文件处于被选择的状态下，在菜单栏中选择【对象】|【锁定】|【所选对象】命令，如图 4-59 所示。

STEP 06 在工具箱中选择【矩形工具】 ，在控制面板中将其填充颜色设置为无，描边设置为白色，描边粗细设置为 6pt，在画板中单击，在弹出的【矩形】对话框中将其【宽度】、【高度】均设置为 145mm，如图 4-60 所示。

STEP 07 单击【确定】按钮，即可在画板中创建一个正方形，并将其调整至合适的位置，再次选择【矩形工具】 ，将其描边粗细设置为 3pt，在画板中单击，在弹出的【矩形】对话框中将其【宽度】、【高度】分别设置为 160mm、38mm，如图 4-61 所示。

STEP 08 单击【确定】按钮，即可在画板中创建一个矩形，并将其调整至合适的位置，如图 4-62 所示。

图4-58　打开的素材文件

图4-59　选择【所选对象】命令

图4-60　【矩形】对话框

图4-61　【矩形】对话框

图4-62　创建矩形并调整其位置

STEP 09 使用选择工具，选择新创建的矩形，按住 Alt 键并拖曳，复制另外一个矩形，按住 Shift 键将其旋转，并调整旋转后的矩形，如图 4-63 所示。

STEP 10 将三个矩形选中，打开【对齐】面板，在该面板中单击【水平居中对齐】 、【垂直居中对齐】 ，如图 4-64 所示。

图4-63　创建矩形并调整其位置

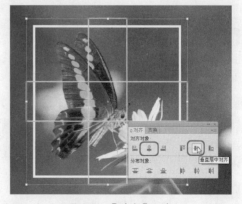

图4-64　【对齐】面板

STEP 11 将三个矩形选中，打开【路径查找器】面板，在该面板中单击【分割】，将矩形进行分割，如图 4-65 所示。

STEP 12 在工具箱中选择【直接选择工具】，分别将多余的边进行删除，完成后的效果如图 4-66 所示。

图4-65 【路径查找器】面板   图4-66   完成后的效果

STEP 13 再次使用直接选择工具，在画板中选择矩形上的一个锚点，如图 4-67 所示，按 Enter 键进行删除，如图 4-68 所示。

STEP 14 使用同样的方法将其他三个矩形的锚点进行删除，完成拍摄取景框的效果。

图4-67   选择矩形锚点   图4-68   删除锚点

STEP 15 在工具箱中选择【直线段工具】，在控制面板中将其描边粗细设置为 3pt，在画板中单击，在弹出的【直线段工具选项】对话框中设置其【长度】为 180mm，【角度】为 0°，如图 4-69 所示。

STEP 16 单击【确定】按钮，即可在画板中创建一个直线段，使用同样的方法，将其选中、复制和旋转等，并调整其位置，完成后的效果如图 4-70 所示。

STEP 17 选择创建完成的矩形与直线段，打开【对齐】面板，在该面板中单击【水平居中对齐】、【垂直居中对齐】，如

图4-69 【直线段工具选项】
对话框

图 4-71 所示。

STEP 18 在菜单栏中选择【文件】|【导出】命令,如图 4-72 所示。

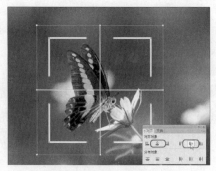

图4-70 创建直线段　　　　图4-71 【对齐】面板　　　　图4-72 选择【导出】命令

STEP 19 在弹出的【导出】对话框中为其设置一个正确的存储路径并为其命名,将【保存类型】设置为【JPEG (*.JPG)】,如图 4-73 所示。

STEP 20 单击【保存】按钮,在弹出的【JPEG 选项】对话框中保持其默认设置,单击【确定】按钮,如图 4-74 所示。

图4-73 【导出】对话框　　　　　　图4-74 【JPEG 选项】对话框

4.4 运用【变换】面板变换图形

　　使用【选择工具】选择一个或多个需要进行设置的对象,在菜单栏中选择【窗口】|【变换】命令,打开【变换】面板,如图 4-75 所示,在该面板中显示了当前所选对象的位置、大小和方向等信息。通过输入数值,可以对所选对象进行倾斜、旋转等变换操作,还可以改变参考点的位置,以及锁定对象的比例。

- 【参考点】⠿：用来设置参考点的位置，在移动、旋转或缩放对象时，对象将以参考点为基准进行变换。默认情况下，参考点位于对象的中心，如果要改变位置，可单击参考点上的空心小方块。
- X/Y：分别代表了对象在水平和垂直方向上的位置，在这两个文本框中输入数值可以精确地定位对象在画板上的位置。
- 宽/高：分别代表了对象的宽度和高度，在这两个文本框中输入数值可以将对象缩放到指定的宽度和高度，如果单击右侧的⬚按钮，则可以保持对象的长宽比，进行等比缩放。
- 【旋转】△：可输入对象的旋转角度。
- 【倾斜】◿：可输入对象的倾斜角度。

单击【变换】面板右上角的⬛按钮，可以打开下拉菜单，如图 4-76 所示，其中也包含了用于变换的命令。

图4-75 【变换】面板

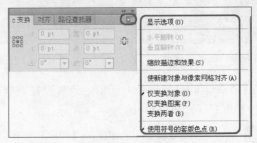

图4-76 下拉菜单

- 水平翻转：可以水平翻转对象。
- 垂直翻转：可以垂直翻转对象。
- 缩放描边和效果：选择该命令后，在使用【变换】面板进行变换操作时，如果对象设置了描边和效果，则描边和效果会与对象一同变换；取消选择时，仅变换对象，其描边不会变换。
- 仅变换对象：选择该命令后，如果对象填充了图案，则仅变换对象，图案保持不变。
- 仅变换图案：选择该命令后，如果对象填充了图案，则仅变换图案，对象保持不变。
- 变换两者：选择该命令后，如果对象填充了图案，则在变换对象时，对象和图案会同时变换。

4.5 封套扭曲

封套扭曲是 Illustrator 中最灵活、最具可控性的变形功能，封套扭曲可以将所选对象按照封套的形状变形。封套是对所选对象进行扭曲的对象，被扭曲的对象则是封套内容。在使用封套扭曲之后，可继续编辑封套形状或封套内容，还可以删除或扩展封套。

4.5.1 运用菜单命令建立封套扭曲

运用菜单命令建立封套扭曲的具体操作步骤如下。

STEP 01 使用【圆角矩形工具】◻，在画板中创建一个圆角矩形，如图 4-77 所示。

STEP 02 使用【选择工具】 ，将圆角矩形选中，选择菜单栏中的【对象】|【封套扭曲】|【用变形建立】命令，弹出【变形选项】对话框，如图 4-78 所示，设置完成后单击【确定】按钮，如图 4-79 所示为弧形效果。

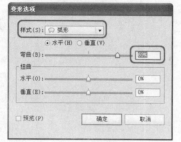

图4-77　圆角矩形　　　　　图4-78　【变形选项】对话框　　　　图4-79　弧形效果

在【变形选项】对话框中有以下几个选项。

● 样式：该下拉列表中包含系统提供的 15 种预设的变形样式，如图 4-80 所示。

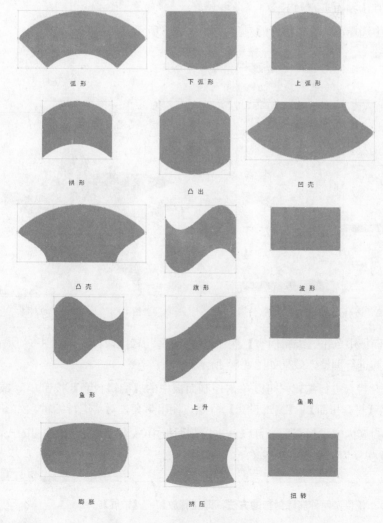

弧形　　　　　　　　下弧形　　　　　　　上弧形

拱形　　　　　　　　凸出　　　　　　　　凹壳

凸壳　　　　　　　　旗形　　　　　　　　波形

鱼形　　　　　　　　上升　　　　　　　　鱼眼

膨胀　　　　　　　　挤压　　　　　　　　扭转

图4-80　15种预设变形样式

- 弯曲：用来设置弯曲的程度。该值越高，变形效果越明显。
- 扭曲：包括【水平】扭曲和【垂直】扭曲。设置扭曲后，可以使对象产生透视效果，如图 4-81 所示。

原图形   水平扭曲   垂直扭曲

图4-81　扭曲效果

4.5.2　编辑封套扭曲

创建封套扭曲后，如果要编辑封套内容，可以单击控制面板中的【编辑内容】按钮 ，或者在菜单栏中选择【对象】|【封套扭曲】|【编辑内容】命令，如图 4-82 所示，调出封套内容，对其进行编辑。具体操作步骤如下。

STEP 01 在画板中选择已经设置扭曲的对象，如图 4-83 所示。

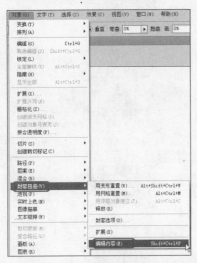

图4-82　选择【编辑内容】命令

图4-83　选中扭曲的对象

STEP 02 在控制面板中单击【编辑内容】按钮 ，便会调出封套内容，如图 4-84 所示，使用【转换锚点工具】对其进行调整，效果如图 4-85 所示。

STEP 03 如果要对封套进行编辑，可以单击控制面板中的【编辑封套】按钮 ，或者在菜单栏中选择【对象】|【封套扭曲】|【编辑封套】命令，调出封套，对其进行编辑，如图 4-86 所示。

STEP 04 编辑完封套内容或封套后，可以单击控制面板中的【编辑内容】按钮 或【编辑封套】按钮 ，将对象恢复为封套扭曲状态。

提示　Illustrator提供了两种删除封套的方法，即【释放】、【扩展】。

图4-84　单击【编辑内容】
　　　　按钮后的效果

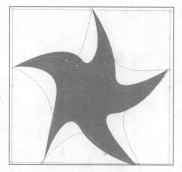

图4-85　调整后的效果

图4-86　选择【编辑封套】命令

4.5.3　设置封套选项

创建封套后，可以通过【封套选项】对话框来决定以哪种形式扭曲对象，使之符合封套的形状。要设置封套选项，可以选择封套对象，然后单击控制面板中的【封套选项】按钮，或者在菜单栏中选择【对象】|【封套扭曲】|【封套选项】命令，弹出【封套选项】对话框，如图4-87所示。

图4-87　【封套选项】命令

- 消除锯齿：可在扭曲对象时平滑栅格，使对象的边缘平滑，但会增加处理时间。
- 保留形状使用：当使用非矩形封套扭曲对象时，可在该选项中设定栅格以怎样的形式保留形状。选择【剪切蒙版】选项，可在栅格上使用剪切蒙版；选择【透明度】选项，则对栅格应用 Alpha 通道。
- 保真度：用来设置封套内容在变形时适合封套图形的精确程度。该值越高，封套内容的扭曲效果越接近于封套的形状，但会产生更多的锚点，同时也会增加处理时间。
- 扭曲外观：如果封套内容添加了效果或图形样式等外观属性，则选择该选项后，外观属性与对象一同扭曲。
- 扭曲线性渐变填充：如果封套内容填充了线性渐变，则选择该选项后，渐变与对象一同扭曲。
- 扭曲图案填充：如果封套内容填充了图案，则选择该选项后，图案与对象一同扭曲。

4.6　拓展练习——绘制背景花纹

下面通过绘制背景花纹，来介绍【排列】命令和【变换】命令在 Illustrator 中的应用，效果如图 4-88 所示。

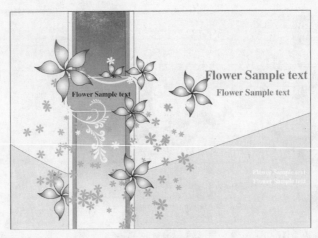

图4-88   效果图

STEP 01 启动 Illustrator CS6 后，按 Ctrl+N 组合键，在弹出的【新建文档】对话框中，将【宽度】和【高度】分别设置为 297mm、210mm，单击【确定】按钮，如图 4-89 所示。

STEP 02 在工具箱中选择【矩形工具】 ，在画板中按住鼠标左键，拖动出一个矩形框架，如图 4-90 所示。

图4-89   设置文档

图4-90   创建矩形框架

STEP 03 确认刚创建的矩形框架处于编辑状态，按 F6 键，在弹出的【颜色】面板中单击【填色】按钮 ，将其 CMYK 值分别设置为 0%、12%、0%、0%，如图 4-91 所示。

STEP 04 在工具箱中选择【钢笔工具】 ，在画板中绘制如图 4-92 所示的形状。

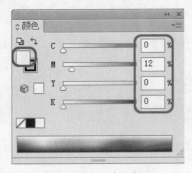

图4-91   设置填充颜色

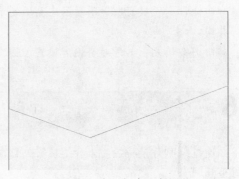

图4-92   在画板中绘制形状

05 在工具箱中选择【转换锚点工具】，调整图形的形状，按 F6 键，在弹出的【颜色】面板中将其填充颜色的 CMYK 值分别设置为 0%、28%、0%、0%，效果如图 4-93 所示。

06 在工具箱中选择【矩形工具】，在画板中创建一个矩形框架，按 F6 键，在弹出的【颜色】面板中将其填充颜色的 CMYK 值分别设置为 0%、65%、90%、0%，效果如图 4-94 所示。

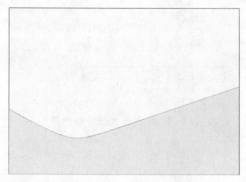
图4-93　调整图形并设置颜色

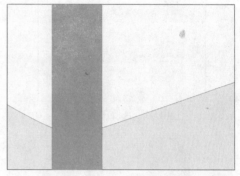
图4-94　创建矩形并填充颜色

07 按同样的方法在画板中创建两个小矩形图形，并将其填充颜色设置为白色，如图 4-95 所示。

08 在工具箱中选择【矩形工具】，在画板中创建一个矩形图形，然后在工具箱中双击【渐变工具】，并在弹出的【渐变】面板中，将【类型】设置为【线性】，【角度】设置为 -90°，从左至右设置渐变滑块的颜色的 CMYK 值分别为 38%、88%、0%、18% 和 0%、0%、0%、0%，如图 4-96 所示。

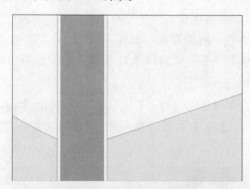
图4-95　创建两个矩形并填充颜色

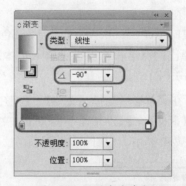
图4-96　设置渐变参数

09 在菜单栏中选择【文件】|【打开】命令，在弹出的【打开】对话框中选择随书附带光盘中的【素材】\【第 4 章】\【005.ai】文件，如图 4-97 所示。

10 单击【打开】按钮，即可打开选择的素材文件，然后在工具箱中选择选择工具，将刚打开的文件拖曳到背景花纹文档中，效果如图 4-98 所示。

11 在工具箱中选择【圆角矩形工具】，在画板中绘制一个圆角矩形图形，然后在工具箱中选择【直接选择工具】，调整图形的形状，将其颜色填充为白色，如图 4-99 所示。

12 在工具箱中选择【选择工具】，选中刚调整的图形，按住 Alt 键复制此图形的副本，然后按 F6 键，在弹出的【颜色】面板中，将其填充颜色的 CMYK 值分别设置为 0%、16%、

85%、0%，使用选择工具调整此图形的大小，如图 4-100 所示。

图4-97　选择素材文件

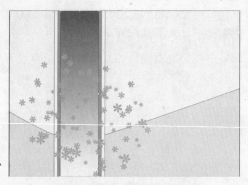

图4-98　拖曳至文档后的效果

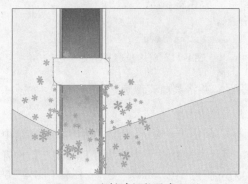

图4-99　绘制并调整圆角矩形

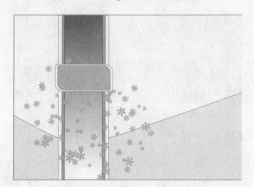

图4-100　复制并填充圆角矩形

STEP 13 在工具箱中选择【文字工具】 T，在画板中按住鼠标左键拖曳出一个矩形框架，输入字母【Flower Sample text】，并将颜色设置为黑色，然后在控制面板中单击【字符】按钮，在随后弹出的【字符】面板中将【字体】设置为【方正小标宋简体】，【字号】设置为20pt，如图 4-101 所示。

STEP 14 在菜单栏中选择【文件】|【打开】命令，在弹出的【打开】对话框中选择随书附带光盘中的【素材】\【第 4 章】\【006.ai】文件，单击【打开】按钮，然后使用选择工具将其拖曳至背景花纹文档中，如图 4-102 所示。

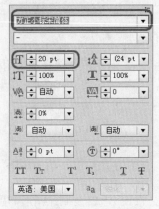

图4-101　设置文字的参数

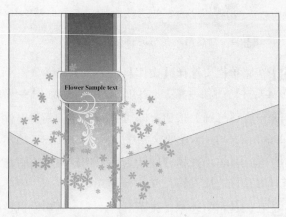

图4-102　拖曳至文档后的效果

STEP 15 在工具箱中选择【椭圆工具】◎，在画板中绘制一个椭圆图形，然后使用【直接选择工具】▷分别选择图形左边和右边的锚点，在控制面板中单击【将所选锚点转换为尖角】按钮↖，如图 4-103 所示。

STEP 16 在工具箱中选择【添加锚点工具】✍，在刚绘制的图形上添加两个锚点，然后使用直接选择工具调整该图形，效果如图 4-104 所示。

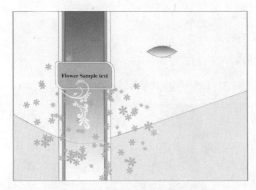

图4-103　将图形锚点调整为尖角

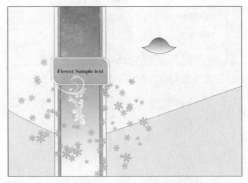

图4-104　调整后的效果

STEP 17 在工具箱中选择【旋转工具】↻，移动椭圆图形的参考点，按住 Alt 键向上拖动将图形旋转复制，如图 4-105 所示。

STEP 18 在菜单栏中选择【对象】|【变换】|【再次变换】命令，完成后的画板效果如图 4-106 所示。

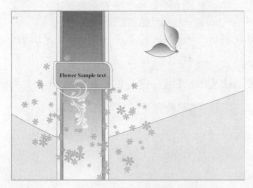

图4-105　复制图形

图4-106　变换后的效果

STEP 19 在工具箱中选择【选择工具】▷，选择所有变换后的椭圆图形，然后在菜单栏中选择【对象】|【编组】命令，如图 4-107 所示。

STEP 20 在工具箱中双击【渐变工具】▣，在弹出的【渐变】面板中将【类型】设置为【径向】，从左至右设置渐变滑块的颜色的 CMYK 值分别为 0%、0%、0%、0% 和 0%、100%、0%、0%，效果如图 4-108 所示。

STEP 21 使用选择工具选中此图形，调整图形大小并将其放置到合适的位置，如图 4-109 所示。

STEP 22 在菜单栏中选择【文件】|【打开】命令，在弹出的【打开】对话框中选择随书附带光盘中的【素材】\【第 4 章】\【007.ai】文件，单击【打开】按钮，然后使用选择工具将其拖曳至背景花纹文档中，并调整图形大小和位置，效果如图 4-110 所示。

图4-107　选择【编组】命令

图4-108　设置渐变色后的效果

图4-109　调整图形的大小和位置

图4-110　拖曳至文档中的效果

23 使用选择工具选中花朵图形，按住 Alt 键复制一个花朵副本，并按住 Shift 键调整其位置和大小，如图 4-111 所示。

24 确认刚复制的花朵处于编辑状态，连续按 5 次 Ctrl+【组合键后的效果如图 4-112 所示。

图4-111　调整花朵的副本

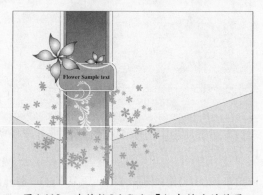

图4-112　连续按5次Ctrl+【组合键后的效果

25 再次选中花朵图形，按住 Alt 键再复制一个花朵，并按住 Shift 键调整其位置和大小，在菜单栏中选择【对象】|【排列】|【置于顶层】命令，效果如图 4-113 所示。

26 在菜单栏中选择【文件】|【打开】命令，在弹出的【打开】对话框中选择随书附带光盘中的【素材】\【第 4 章】\【008.ai】文件，单击【打开】按钮，然后将其拖曳至背景花纹文档中，并调整其位置，如图 4-114 所示。

图4-113　选择【置于顶层】命令后的效果

图4-114　拖曳至文档中的效果

STEP 27 选中花朵图形，按住 Alt 键复制 3 个花朵图形，并按住 Shift 键调整其位置和大小，如图 4-115 所示。

STEP 28 在菜单栏中选择【文件】|【打开】命令，在弹出的【打开】对话框中选择随书附带光盘中的【素材】\【第 4 章】\【009.ai】文件，单击【打开】按钮，然后将其拖曳至背景花纹文档中，并调整其位置和大小，如图 4-116 所示。

图4-115　复制3个花朵图形

图4-116　拖曳至文档中的效果

STEP 29 使用选择工具选中刚拖曳至背景花纹文档中的图形，连续按 6 次 Ctrl+【组合键后的效果如图 4-117 所示。

STEP 30 在菜单栏中选择【文件】|【打开】命令，在弹出的【打开】对话框中选择随书附带光盘中的【素材】\【第 4 章】\【010.ai】文件，单击【打开】按钮，然后将其拖曳至背景花纹文档中，并调整其位置和大小，如图 4-118 所示。

图4-117　连续按6次Ctrl+【组合键后的效果

图4-118　拖曳至文档中的效果

STEP 31 选择花朵图形，按住 Alt 键复制一个花朵图形，然后连续按 8 次 Ctrl+【组合键，效果如图 4-119 所示。

STEP 32 在工具箱中选择【文字工具】 T ，在画板中按住鼠标左键拖曳出一个矩形框架，然后输入字母【Flower Sample text】，在控制面板中将【字体】设置为【方正小标宋简体】，【字号】设置为 35pt，填充颜色的 CMYK 值分别设置为 41%、87%、0%、0%，效果如图 4-120 所示。

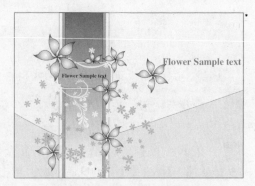

图4-119　复制花朵图形　　　　　　　　图4-120　设置文字参数后的效果

STEP 33 使用选择工具选中画板中的文字，并按住 Alt 键复制 3 个文字，分别调整文字的【字号】为 25pt 和 15pt，并将其中两个文字的填充颜色设置为白色，如图 4-121 所示。

STEP 34 在菜单栏中选择【文件】|【导出】命令，如图 4-122 所示。

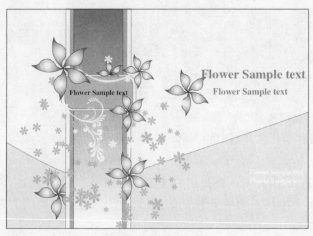

图4-121　复制文字　　　　　　　　图4-122　选择【导出】命令

STEP 35 在弹出的对话框中为其指定一个正确的存储路径，并将其格式设置为 TIFF，如图 4-123 所示。

STEP 36 单击【保存】按钮，在弹出的对话框中保持其默认设置，单击【确定】按钮即可，如图 4-124 所示。

STEP 37 在菜单栏中选择【文件】|【存储为】命令，如图 4-125 所示。

STEP 38 在弹出的对话框中为其设置一个正确的存储路径，并将其存储格式设置为默认，如图 4-126 所示。

39 单击【保存】按钮，在弹出的对话框中保持其默认设置，单击【确定】按钮即可，如图 4-127 所示。

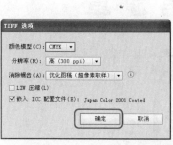

图4-123 【导出】对话框　　　　图4-124 【TIFF选项】对话框　　图4-125 选择【存储为】命令

图4-126 【存储为】对话框　　　　　　图4-127 【Illustrator 选项】对话框

4.7 习题

一、填空题

（1）置于顶层的快捷键：（　　　　　　　）；前移一层的快捷键：（　　　　　　　）；后移一层的快捷键：（　　　　　　　）；置于底层的快捷键：（　　　　　　）。

（2）复合形状可由（　　　　　　）、（　　　　　　）、（　　　　　　）、（　　　　　　）或其他形状复合组成。

二、简答题

（1）封套扭曲在 Illustrator 中的作用。

（2）复合形状的定义。

Chapter
05

第 5 章
符号工具与
图表工具

本章要点:

　　本章主要介绍符号工具和图表工具的使用方法。在Illustrator CS6中，用户可以向文档中添加不同的符号，以达到美化的效果，而图表则可以直观地体现出数据的各种情况。

主要内容:

- 符号
- 图表工具
- 修改图表数据及类型
- 改变图表的表现形式
- 自定义图表

5.1 符号

　　在Illustrator CS6中创建的任何作品，无论是绘制的元素，还是文本、图像等，都可以保存成一个符号，在文档中可重复地使用。定义和使用它们都非常简单，通过一个【符号】面板，就可以实现对符号的所有控制。每个符号实例都与【符号】面板或符号库中的符号链接，这样不仅容易对变化进行管理，还可以显著减小文件大小，重新定义一个符号时，所有用到这个符号的案例都可以自动更新成新定义的符号。如图5-l所示为使用符号工具创建的符号。

图5-1　创建的符号

5.1.1 【符号】面板

　　如果用户需要在Illustrator CS6中创建符号，可通过【符号】面板来创建。在菜单栏中选择【窗口】|【符号】命令，如图5-2所示，或按Shift+Ctrl+F11组合键，即可打开【符号】面板，如图5-3所示。

图5-2　选择【符号】命令

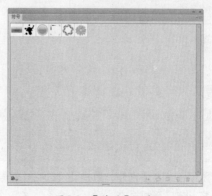

图5-3　【符号】面板

1. 改变显示方式

在【符号】面板中单击其右上角的按钮，在弹出的下拉菜单中可以选择视图的显示方式，包括【缩览图视图】、【小列表视图】、【大列表视图】，其中【缩览图视图】是指只显示缩览图，【小列表视图】是指显示带有小缩览图及名称的列表，【大列表视图】是指显示带有大缩览图及名称的列表，更改显示方式后的效果如图5-4所示。

图5-4 三种不同的显示方式

2. 置入符号

在Illustrator CS6中，用户可以根据需要将【符号】面板中的符号置入到画板中，具体操作步骤如下。

STEP 01 启动Illustrator CS6，按Ctrl+O组合键，在弹出的对话框中选择随书附带光盘中的【素材】\【第5章】\【素材01.ai】文件，如图5-5所示。

STEP 02 单击【打开】按钮，即可将选中的素材文件打开，如图5-6所示。

图5-5 选择素材文件

图5-6 打开的素材文件

STEP 03 按Shift+Ctrl+F11组合键打开【符号】面板，在该面板中选择【非洲菊】符号，并单击【置入符号实例】按钮，如图5-7所示。

STEP 04 执行该操作后，即可将选中的符号置入到画板中，然后调整符号的位置，效果如图5-8所示。

提示 除了上述方法之外，用户还可以在【符号】面板中选择要置入画板中的符号，按住鼠标左键将其拖曳至画板中。

图5-7　单击【置入符号实例】按钮

图5-8　置入符号

3. 替换符号

在Illustrator CS6中，用户可以根据需要将置入的符号进行替换，具体操作步骤如下。

STEP 01 在画板中选择要替换的符号，在【符号】面板中选择一个新的符号，如图5-9所示。

STEP 02 单击【符号】面板右上角的 按钮，在弹出的下拉菜单中选择【替换符号】命令，如图5-10所示。

STEP 03 执行该操作后，即可将选中的符号进行替换，效果如图5-11所示。

图5-9　选择新的符号

图5-10　选择【替换符号】命令

图5-11　替换符号后的效果

4. 修改符号

在Illustrator CS6中，用户可以对置入画板中的符号进行修改，例如缩放比例、旋转等，还可以重新定义该符号，具体操作步骤如下。

STEP 01 在画板中选择要进行修改的符号，如图5-12所示。

STEP 02 在【符号】面板中单击【断开符号链接】按钮 ，断开页面上的符号与【符号】面板中对应的链接，如图5-13所示。

STEP 03 按Shift+Ctrl+G组合键，取消编组，在工具箱中选择【选择工具】 ，按住Shift键在画板中选择如图5-14所示的符号。

STEP **04** 按Delete键将选中的对象删除，效果如图5-15所示。

图5-12　选择要进行修改的符号

图5-13　单击【断开符号链接】按钮

图5-14　按住Shift键选择符号

图5-15　删除后的效果

STEP **05** 按住Shift键选择剩余的符号，按Ctrl+G组合键将其编组，单击【符号】面板右上角的
按钮，在弹出的下拉菜单中选择【重新定义符号】命令，如图5-16所示。

STEP **06** 执行该操作后，即可完成对符号的修改，效果如图5-17所示。

图5-16　选择【重新定义符号】命令

图5-17　修改符号后的效果

提示 按住Alt键将修改的符号拖曳到【符号】面板中旧符号的顶部，也可将该符号在【符号】面板重新定义并在当前文件中更新。

5. 复制符号

在Illustrator CS6中，用户可以对【符号】面板中的符号进行复制，具体操作步骤如下。

STEP 01 在【符号】面板中选择要进行复制的符号，单击右上角的██按钮，在弹出的下拉菜单中选择【复制符号】命令，如图5-18所示。

STEP 02 执行该操作后，即可复制选中的符号，如图5-19所示。

图5-18 选择【复制符号】命令

图5-19 复制符号后的效果

6. 新建符号

在Illustrator CS6中，用户可以根据需要创建一个新的符号，具体操作步骤如下。

STEP 01 启动Illustrator CS6，按Ctrl+O组合键，在弹出的对话框中选择随书附带光盘中的【素材】\【第5章】\【素材01.ai】文件，如图5-20所示。

STEP 02 单击【打开】按钮，即可将选中的素材文件打开，如图5-21所示。

STEP 03 在工具箱中选择【选择工具】██，在画板中选择如图5-22所示的对象。

图5-20 选择素材文件

图5-21 打开的素材文件

图5-22 选择对象

STEP 04 打开【符号】面板，单击右上角的██按钮，在弹出的下拉菜单中选择【新建符号】命令，如图5-23所示。

STEP 05 在弹出的对话框中将【名称】设置为【云】，将【类型】设置为【图形】，如图5-24所示。

STEP 06 单击【确定】按钮，即可新建符号，效果如图5-25所示。

图5-23　选择【新建符号】命令

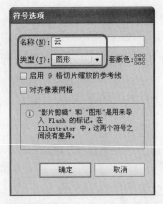

图5-24　【符号选项】对话框

图5-25　新建符号后的效果

5.1.2　符号工具

　　本节将介绍Illustrator CS6中符号工具的相关操作，在工具箱中单击【符号喷枪工具】，并按住鼠标左键不放，即可显示所有符号工具，如图5-26所示，其中包括【符号喷枪工具】、【符号移位器工具】、【符号紧缩器工具】、【符号缩放器工具】、【符号旋转器工具】、【符号着色器工具】、【符号滤色器工具】、【符号样式器工具】。

　　当在工具箱中双击任意一个符号工具时，都会弹出【符号工具选项】对话框，如图5-27所示，用户可以在该对话框中设置【直径】、【强度】等。【直径】、【强度】和【符号组密度】作为常规选项出现在对话框顶部，与所选的符号工具无关；特定于工具的选项则出现在对话框底部。单击对话框中的工具图标，可以切换到另外一个工具的选项。该对话框中各个选项的功能如下。

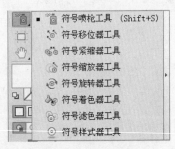

图5-26　符号工具

图5-27　【符号工具选项】对话框

- 直径：用于设置喷射工具的直径。
- 强度：用来调整喷射工具的喷射量，数值越大，单位时间内喷射的符号数量就越大。
- 符号组密度：是指页面上的符号堆积密度，数值越大，符号的堆积密度也就越大。
- 方法：指定【符号紧缩器工具】、【符号缩放器工具】、【符号旋转器工具】、【符号着色器工具】、【符号滤色器工具】和【符号样式器工具】调整符号实例的方式，包括平均、用户定义和随机3种。选择【用户定义】后，将根据光标位置逐步调整符号；选择【随机】后，将在光标下的区域随机修改符号；选择【平均】后，将逐步平滑符号值。

- 符号喷枪选项：仅选择【符号喷枪工具】时，符号喷枪选项（【紧缩】、【大小】、【旋转】、【滤色】、【染色】和【样式】）才会显示在【符号工具选项】对话框中的常规选项下，并控制新符号实例添加到符号集的方式。每个选项提供【平均】和【用户定义】两个选择。
  - ◆ 平均：添加一个新符号，具有画笔半径内现有符号实例的平均值。如添加到平均现有符号实例为50%透明度区域的实例将为50%透明度；添加到没有实例的区域的实例将为不透明。

提示　【平均】设置仅考虑【符号喷枪工具】的画笔半径内的实例，可使用【直径】选项进行设置。要在绘制时看到半径，可以选中【显示画笔大小和强度】复选框。

  - ◆ 用户定义：为每个参数应用特定的预设值。【紧缩】预设为基于原始符号大小；【大小】预设为使用原始符号大小；【旋转】预设为使用鼠标方向（如果鼠标不移动则没有方向）；【滤色】预设为使用100%不透明度；【染色】预设为使用当前填充颜色和完整色调量；【样式】预设为使用当前样式。
- 显示画笔大小和强度：选中该复选框，使用工具时可显示大小。

1. 符号喷枪工具

下面将介绍如何使用【符号喷枪工具】，具体操作步骤如下。

STEP 01 启动Illustrator CS6，按Ctrl+O组合键，在弹出的对话框中选择随书附带光盘中的【素材】\【第5章】\【素材02.ai】文件，如图5-28所示。

STEP 02 单击【打开】按钮，即可将选中的素材文件打开，如图5-29所示。

图5-28　选择素材文件

图5-29　打开的素材文件

STEP 03 按Shift+Ctrl+F11组合键打开【符号】面板，单击右上角的按钮，在弹出的下拉菜单中选择【打开符号库】|【花朵】命令，如图5-30所示。

STEP 04 执行该操作后，即可打开【花朵】面板，在该面板中选择【雏菊】符号，如图5-31所示。

STEP 05 在工具箱中选择【符号喷枪工具】，在画板中单击鼠标，即可创建一个符号，效果如图5-32所示。

 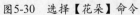 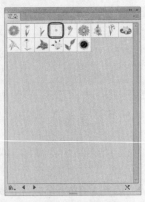 

图5-30　选择【花朵】命令　　　　图5-31　选择符号　　　　　　图5-32　创建符号

2. 符号移位器工具

在Illustrator CS6中，用户可以使用符号位移器工具对符号进行移动，具体操作步骤如下。

STEP 01 继续上面的操作，在工具箱中选择【选择工具】，在画板中选择要移动的符号，再在工具箱中选择【符号位移器工具】，将光标移动至要移动的符号上，如图5-33所示。

STEP 02 按住鼠标左键对其进行拖动，将其拖曳至合适位置后释放鼠标，即可移动该符号的位置，效果如图5-34所示。

 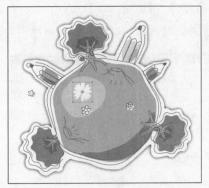

图5-33　将光标移动至符号上　　　　　图5-34　移动符号的位置

3. 符号紧缩器工具

利用符号紧缩器工具可以将多个符号进行收缩或扩展，具体操作步骤如下。

STEP 01 继续上面的操作，在工具箱中选择【符号喷枪工具】，在画板中再次创建一个符号，效果如图5-35所示。

STEP 02 在工具箱中选择【符号紧缩器工具】，在画板中按住鼠标左键不放，可以看到符号朝鼠标单击处收紧聚集，如图5-36所示。若持续地按下鼠标，时间越长，符号聚集得越紧密。

图5-35　创建一个符号

STEP 03 按住Alt键并按住鼠标左键不放，符号则远离光标所在的位置，如图5-37所示。

图5-36　收缩符号

图5-37　扩张符号

4. 符号缩放器工具

在Illustrator CS6中，用户可以使用符号缩放器工具在页面中调整符号的大小，具体操作步骤如下。

STEP 01 继续上面的操作，在工具箱中双击符号缩放器工具，在弹出的对话框中选中【等比缩放】复选框，如图5-38所示。

STEP 02 设置完成后，单击【确定】按钮，在需要放大的符号上按住鼠标左键不放，可以将符号放大，如图5-39所示。若持续地按下鼠标，时间越长，符号就会变得越大。

STEP 03 按住Alt键并单击鼠标左键可以使符号缩小，效果如图5-40所示。

图5-38　【符号工具选项】对话框

图5-39　放大符号

图5-40　缩小符号

5. 符号旋转器工具

在Illustrator CS6中，用户可以使用符号旋转器工具对符号进行旋转，具体操作步骤如下。

STEP 01 启动Illustrator CS6，按Ctrl+O组合键，在弹出的对话框中选择随书附带光盘中的【素材】\【第5章】\【素材03.ai】文件，如图5-41所示。

STEP 02 单击【打开】按钮，即可将选中的素材文件打开，如图5-42所示。

图5-41 选择素材文件

图5-42 打开的素材文件

STEP 03 在画板中选择一个符号，在工具箱中选择【符号旋转器工具】 ，在符号上单击并按住鼠标左键进行拖动，可以看到符号上出现箭头形的方向线，随鼠标的移动而改变，如图5-43所示。

STEP 04 拖曳至适当的方向后释放鼠标，效果如图5-44所示。

图5-43 按住鼠标左键拖动

图5-44 旋转后的效果

6. 符号着色器工具

在Illustrator CS6中，用户不但可以添加符号，还可以为符号改变颜色，具体操作步骤如下。

STEP 01 继续上面的操作，按F6键打开【颜色】面板，在该面板中单击右上角的 按钮，在弹出的下拉菜单中选择【显示选项】命令，如图5-45所示。

STEP 02 在【颜色】面板中将CMYK值设置为0%、100%、100%、0%，如图5-46所示。

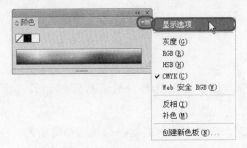

图5-45 选择【显示选项】命令

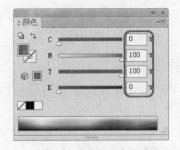

图5-46 设置CMYK值

STEP 03 在工具箱中选择【符号着色器工具】 🐾 ，将光标移动至要着色的符号上，如图5-47所示。

STEP 04 单击鼠标，即可改变该符号的颜色，效果如图5-48所示。

图5-47　将光标移至要着色的符号上　　　　图5-48　改变符号颜色后的效果

7. 符号滤色器工具

下面将介绍如何使用符号滤色器工具改变符号的透明度，具体操作步骤如下。

STEP 01 继续上面的操作，在工具箱中选择【符号滤色器工具】 🔲 ，将光标移至符号上，如图5-49所示。

STEP 02 单击鼠标，可以看到符号变得透明，如图5-50所示，持续地按下鼠标，符号的透明度会增大。

图5-49　将光标移至符号上　　　　图5-50　改变符号透明度后的效果

8. 符号样式器工具

下面将介绍如何使用符号样式器工具为符号添加图形样式，具体操作步骤如下。

STEP 01 继续上面的操作，在菜单栏中选择【窗口】|【图形样式】命令，如图5-51所示。

STEP 02 打开【图形样式】面板，在该面板中选择一种样式，这里选择【实时对称X】，如图5-52所示。

STEP 03 在工具箱中选择【符号样式器工具】 🔲 ，将光标移至要添加图形样式的符号上，单击鼠标，即可为该符号添加图形样式，效果如图5-53所示。

 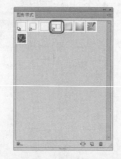 

图5-51　选择【图形样式】命令　图5-52　【图形样式】面板　图5-53　添加图形样式后的效果

5.2 图表工具

图表作为一种比较形象、直观的表达形式，不仅可以表示各种数据的数量多少，还可以表示数量增减变化的情况以及部分数量同总数之间的关系等信息，通过图表，用户不仅易于理解枯燥的数据，更容易发现隐藏在数据背后的趋势和规律。本节将对图表进行简单介绍。

5.2.1　柱形图工具

在Illustrator CS6中，创建的图表可用柱形图来比较数值，可以直观地观察不同形式的数值。在创建柱形图之前，首先要在工具箱中选择【柱形图工具】，然后按住鼠标左键在画板中拖动，释放鼠标后，将会弹出一个对话框，如图5-54所示。该对话框中各个选项的功能如下。

图5-54　图表数据对话框

- 【导入数据】按钮：单击该按钮，弹出【导入图表数据】对话框，在该对话框中可以导入其他软件创建的数据作为图表的数据。

- 【换位行/列】按钮：单击该按钮，可以转换行与列中的数据。

- 【切换X/Y】按钮：该按钮只有在创建散点图表时才可用，单击该按钮，可以对调X轴和Y轴的位置。

- 【单元格样式】按钮：单击该按钮，弹出【单元格样式】对话框，在该对话框中可以设置【小数位数】和【列宽度】。

- 【恢复】按钮：单击该按钮，可将修改的数据恢复到初始状态。

- 【应用】按钮：输入完数据后，单击该按钮，即可创建图表。

下面将介绍如何使用柱形图工具，具体操作步骤如下。

STEP 01 在菜单栏中选择【文件】|【新建】命令，在弹出的【新建文档】对话框中将【宽度】和【高度】分别设置为205mm、141mm，如图5-55所示。

STEP 02 设置完成后，单击【确定】按钮，在工具箱中选择【柱形图工具】 ⊞，在画板中按住鼠标左键拖动，如图5-56所示。

图5-55 【新建文档】对话框

图5-56 按住鼠标左键拖动

STEP 03 在弹出的对话框中选择第1行第1个单元格的数据，按Delete键将其删除（删除该单元格内容可以让Illustrator为图表生成图列），然后单击第1行第2个单元格，输入【电脑】，按Tab键到该行下一列单元格，继续输入【冰箱】、【电视】，如图5-57所示。

STEP 04 在第2行第1个单元格中输入【第一季】，接着在第2行第2列输入数据，直至第2行的数据全部输完，如图5-58所示。

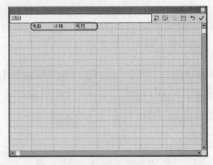

图5-57 输入文字

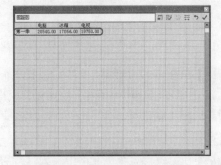

图5-58 在第2行中输入数据

STEP 05 按Enter键转到第3行第1个单元格，用同样的方法将全部的数据输完，如图5-59所示。

STEP 06 输入完成后，在该对话框中单击【应用】按钮 ✓ ，即可完成柱形图的创建，其效果如图5-60所示。

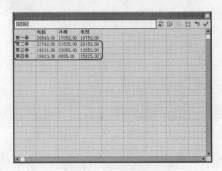

图5-59 输入其他数据

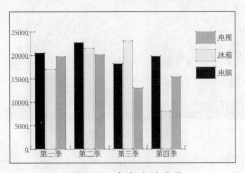

图5-60 完成后的效果

5.2.2 堆积柱形图工具

堆积柱形图工具用于创建堆积柱形图。堆积柱形图与柱形图有些类似，堆积柱形图是指将柱形堆积起来，这种图表适用于表示部分和总体的关系。下面将介绍堆积柱形图的创建方法，具体操作步骤如下。

STEP 01 启动Illustrator CS6，按Ctrl+N组合键，在弹出的对话框中将【宽度】和【高度】分别设置为217mm、123mm，如图5-61所示。

STEP 02 设置完成后，单击【确定】按钮，在工具箱中选择【堆积柱形图工具】，在画板中按住鼠标左键拖动，如图5-62所示。

图5-61 【新建文档】对话框

图5-62 按住鼠标左键拖动

STEP 03 在弹出的对话框中选择第1行第1个单元格中的数据，按Delete键将其删除（删除该单元格内容可以让Illustrator为图表生成图列），然后单击第1行第2个单元格，输入【一月工资】，按Tab键到该行下一列单元格，继续输入【二月工资】、【三月工资】、【四月工资】，如图5-63所示。

STEP 04 在第2行第1个单元格中输入【刘馨】，接着在第2行第2列输入数据，直至第2行的数据全部输入完，如图5-64所示。

图5-63 输入文字

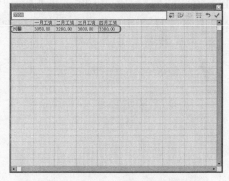

图5-64 输入第2行数据

STEP 05 按Enter键转到第3行第1个单元格，使用同样的方法输入其他数据，如图5-65所示。

STEP 06 输入完成后，在该对话框中单击【应用】按钮☑，即可完成堆积柱形图的创建，其效果如图5-66所示。

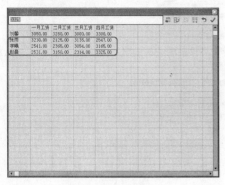

图5-65 输入其他数据

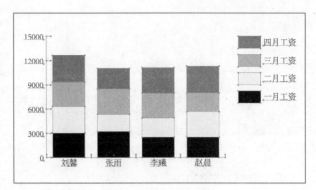

图5-66 创建后的效果

5.2.3 条形图工具

在Illustrator CS6中，条形图工具用于创建条形图，条形图与柱形图有些相似，但唯一不同的是，条形图是水平放置的，而柱形图是垂直放置的，本节将对其进行简单介绍。

1. 创建条形图

下面将介绍如何创建条形图，具体操作步骤如下。

STEP 01 在菜单栏中选择【文件】|【新建】命令，新建一个文件，然后选择工具箱中的【条形图工具】📊，在画板中按住鼠标左键拖动，如图5-67所示。

STEP 02 在弹出的对话框中选择第1行第1个单元格中的数据，按Delete键将其删除（删除该单元格内容可以让Illustrator为图表生成图列），然后单击第1行第2个单元格，输入【CPU】，按Tab键到该行下一列单元格，继续输入【内存条】、【硬盘】、【声卡】，如图5-68所示。

图5-67 按住鼠标左键拖动

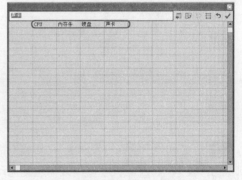

图5-68 输入文字

STEP 03 在第2行第1个单元格中输入【一月】，接着在第2行第2列输入数据，直至第2行的数据全部输完，然后按Enter键转到第3行第1个单元格，使用同样的方法输入其他数据，如图5-69所示。

STEP 04 输入完成后，在该对话框中单击【应用】按钮☑，即可完成条形图的创建，其效果如图5-70所示。

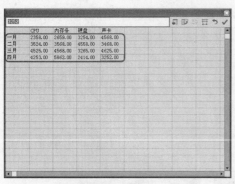

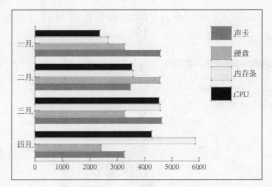

图5-69 输入其他数据　　　　　　　　　　图5-70 条形图效果

2. 调整数值轴的位置

下面将介绍如何调整数值轴的位置，具体操作步骤如下。

STEP 01 继续上面的操作，在工具箱中双击【条形图工具】，在弹出的对话框中将【数值轴】设置为【位于上侧】，如图5-71所示。

STEP 02 设置完成后，单击【确定】按钮，即可调整数值轴的位置，效果如图5-72所示。

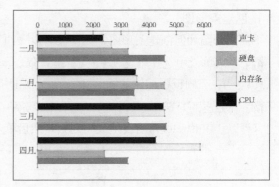

图5-71 【图表类型】对话框　　　　　　　图5-72 调整后的效果

5.2.4 堆积条形图工具

堆积条形图工具用于创建堆积条形图。下面将介绍如何创建堆积条形图，具体操作步骤如下。

STEP 01 在菜单栏中选择【文件】|【新建】命令，新建一个文件，然后选择工具箱中的【堆积条形图工具】，在画板中按住鼠标左键拖动，如图5-73所示。

STEP 02 在弹出的对话框中选择第1行第1个单元格中的数据，按Delete键将其删除（删除该单元格内容可以让Illustrator为图表生成图列），然后单击第1行第2个单元格，输入【2010年】，按Tab键到该行下一列单元格，再依次输入【2011年】、【2012年】、【2013年】，如图5-74所示。

STEP 03 在第2行第1个单元格中输入【完善厂区】，接着在第2行第2列输入数据，直至第2行的数据全部输完，然后按Enter键转到第3行第1个单元格，使用同样的方法输入其他数据，如

图5-75所示。

04 输入完成后，在该对话框中单击【应用】按钮☑，即可完成堆积条形图的创建，其效果如图5-76所示。

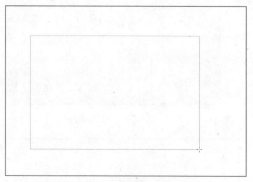

图5-73　按住鼠标左键拖动

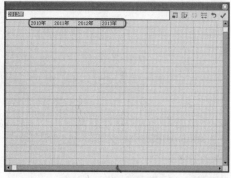

图5-74　输入文字

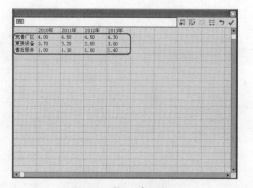

图5-75　输入其他数据

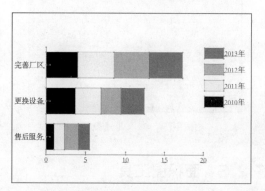

图5-76　堆积条形图效果

5.2.5　折线图工具

在Illustrator CS6中，折线图工具用于创建折线图，折线图使用点来表示一组或多组数据，并且将每组中的点用不同的线段连接起来。这种图表类型常用于表示一段时间内一个或多个事物的变化趋势，例如可以用来制作股市行情图等，具体操作步骤如下。

01 在菜单栏中选择【文件】|【新建】命令，新建一个文件，然后选择工具箱中的【折线图工具】☑，在画板中按住鼠标左键拖动，如图5-77所示。

02 在弹出的对话框中选择第1行第1个单元格中的数据，按Delete键将其删除（删除该单元格内容可以让Illustrator为图表生成图列），然后单击第1行第2个单元格，输入【饮料】，按Tab键到该行下一列单元格，输入【糖果】，如图5-78所示。

03 在第2行第1个单元格中输入【一月】，接着在第2行第2列输入数据，直至第2行的数据全部输完，然后按Enter键转到第3行第1个单元格，使用同样的方法输入其他数据，如图5-79所示。

04 输入完成后，在该对话框中单击【应用】按钮☑，即可完成折线图的创建，其效果如图5-80所示。

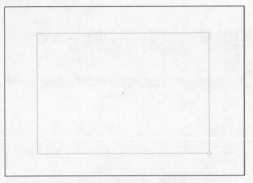

图5-77　按住鼠标左键拖动

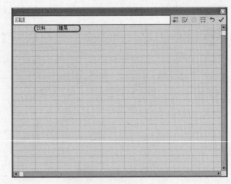

图5-78　输入文字

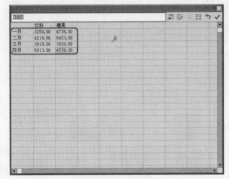

图5-79　输入其他数据

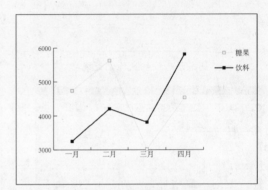

图5-80　折线图效果

5.2.6　面积图工具

　　面积图工具用于创建面积图。面积图主要强调数值的整体变化情况，下面将介绍如何创建面积图，具体操作步骤如下。

　　STEP 01 按Ctrl+N组合键新建一个空白文档，在工具箱中选择【面积图工具】 ☑，在画板中按住鼠标左键拖动，如图5-81所示。

　　STEP 02 在弹出的对话框中选择第1行第1个单元格中的数据，按Delete键将其删除（删除该单元格内容可以让Illustrator为图表生成图列），然后单击第1行第2个单元格，输入【销售总额】，如图5-82所示。

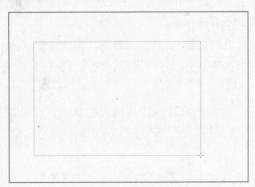

图5-81　按住鼠标左键拖动

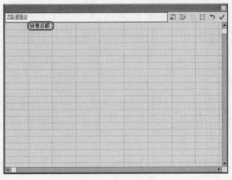

图5-82　输入文字

STEP **03** 在第2行第1个单元格中输入【五月】，接着在第2行第2列输入数据，直至第2行的数据全部输完，然后按Enter键转到第3行第1个单元格，使用同样的方法输入其他数据，如图5-83所示。

STEP **04** 输入完成后，在该对话框中单击【应用】按钮☑，即可完成面积图的创建，其效果如图5-84所示。

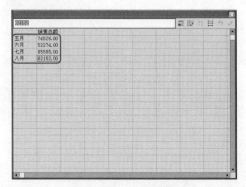

图5-83　输入其他数据

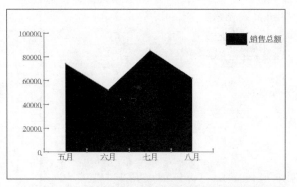

图5-84　面积图效果

5.2.7　散点图工具

散点图工具用于创建散点图。散点图沿X轴和Y轴将数据点作为成对的坐标组进行绘制，可用于识别数据中的图案和趋势，还可以表示变量是否互相影响。如果散点图是一个圆，则表示数据之间的随机性比较强；如果散点图接近直线，则表示数据之间有较强的相关关系。创建散点图的具体操作步骤如下。

STEP **01** 按Ctrl+N组合键新建一个空白文档，在工具箱中选择【散点图工具】🔛，在画板中按住鼠标左键拖动，如图5-85所示。

STEP **02** 在弹出的对话框中选择第1行第1个单元格中的数据，按Delete键将其删除（删除该单元格内容可以让Illustrator为图表生成图列），然后单击第1行第2个单元格，输入【上半年】，按Tab键到该行下一列单元格，输入【下半年】，如图5-86所示。

图5-85　按住鼠标左键拖动

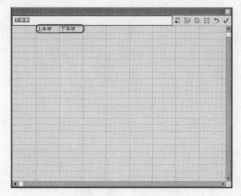

图5-86　输入文字

STEP **03** 在第2行第1个单元格中输入【2008年】，接着在第2行第2列输入数据，直至第2行的数据全部输完，然后按Enter键转到第3行第1个单元格，使用同样的方法输入其他数据，如图5-87所示。

STEP 04 输入完成后，在该对话框中单击【应用】按钮☑，即可完成散点图的创建，其效果如图5-88所示。

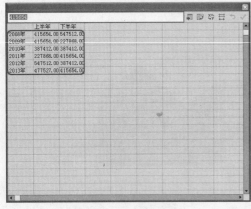

图5-87　输入其他数据

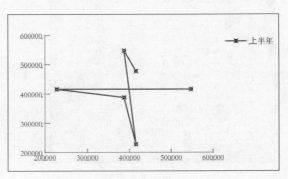

图5-88　散点图效果

5.2.8　饼图工具

饼图工具用于创建饼图。饼图是把一个圆划分为若干的扇形面，每个扇形面代表一项数据值，不同颜色的扇形表示所比较的数据的相对比例。创建饼图的具体操作步骤如下。

STEP 01 按Ctrl+N组合键新建一个空白文档，选择工具箱中的【饼图工具】🎨，在画板中按住鼠标左键拖动，如图5-89所示。

STEP 02 在弹出的对话框中选择第1行第1个单元格中的数据，按Delete键将其删除（删除该单元格内容可以让Illustrator为图表生成图列），然后单击第1行第2个单元格，输入【一分店】，按Tab键到该行下一列单元格，再依次输入其他文字，如图5-90所示。

图5-89　按住鼠标左键拖动

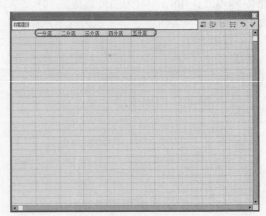

图5-90　输入其他文字

STEP 03 在第2行第1个单元格中输入【七月份】，接着在第2行第2列输入数据，直至第2行的数据全部输完，如图5-91所示。

STEP **04** 输入完成后，在该对话框中单击【应用】按钮☑，即可完成饼图的创建，其效果如图5-92所示。

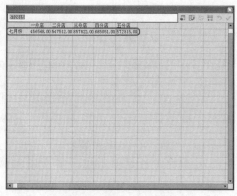

图5-91　输入其他数据

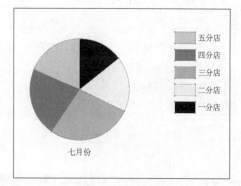

图5-92　饼图效果

5.2.9　雷达图工具

雷达图工具用于创建雷达图。雷达图可以在某一特定时间点或特定数据类型上比较数值组，并以圆形格式显示出来，这种图表也称为网状图。本节将介绍如何创建雷达图，具体操作步骤如下。

STEP **01** 按Ctrl+N组合键新建一个空白文档，在工具箱中选择【雷达图工具】◎，在画板中按住鼠标左键拖动，如图5-93所示。

STEP **02** 在弹出的对话框中选择第1行第1个单元格中的数据，按Delete键将其删除（删除该单元格内容可以让Illustrator为图表生成图列），然后单击第1行第2个单元格，输入【上海】，按Tab键到该行下一列单元格，依次输入其他文字，如图5-94所示。

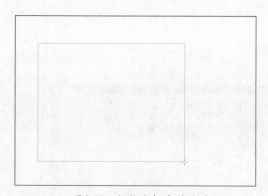

图5-93　按住鼠标左键拖动

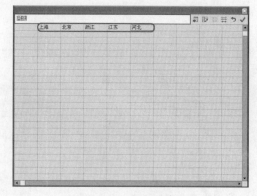

图5-94　输入文字

STEP **03** 在第2行第1个单元格中输入【七月份】，接着在第2行第2列输入数据，直至第2行的数据全部输完，然后按Enter键转到第3行第1个单元格，使用同样的方法输入其他数据，如图5-95所示。

STEP **04** 输入完成后，在该对话框中单击【应用】按钮☑，即可完成雷达图的创建，其效果如图5-96所示。

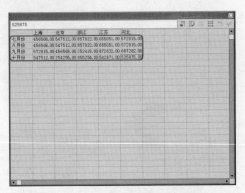

图5-95　输入其他数据

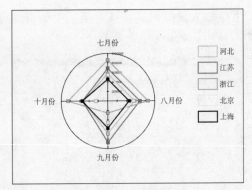

图5-96　雷达图效果

5.3　修改图表数据及类型

　　在Illustrator CS6中，用户不仅可以插入需要的图表，还可以对插入的图表进行修改，本节将对其进行简单介绍。

5.3.1　修改图表数据

　　下面将介绍如何修改图表中的数据，具体操作步骤如下。

STEP 01 继续上面的操作，使用选择工具在画板中选择要修改的图表，在菜单栏中选择【对象】|【图表】|【数据】命令，如图5-97所示。

STEP 02 在弹出的对话框中选中要修改的单元格，然后在文本框中修改数据，如图5-98所示。

图5-97　选择【数据】命令

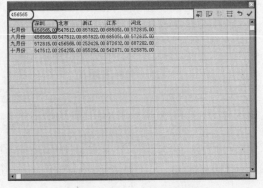

图5-98　输入修改的数据

STEP 03 输入完成后，单击【应用】按钮，即可对选中的图表进行修改，效果如图5-99所示。

提示

除了上述方法之外，用户还可以在选中要修改的图表后单击鼠标右键，在弹出的快捷菜单中选择【数据】命令，如图5-100所示。

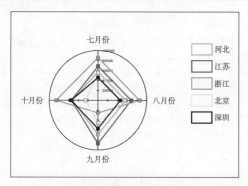

图5-99　修改后的效果

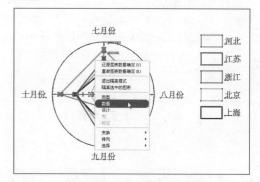

图5-100　选择【数据】命令

5.3.2　修改图表类型

下面将介绍如何修改图表的类型，具体操作步骤如下。

01 继续上面的操作，在画板中选择要修改的图表，在菜单栏中选择【对象】|【图表】|【类型】命令，如图5-101所示。

02 在弹出的对话框中单击【折线图】按钮，如图5-102所示。

图5-101　选择【类型】命令

图5-102　单击【折线图】按钮

03 单击【确定】按钮，即可修改选中图表的类型，效果如图5-103所示。

提示

除了上述方法之外，用户还可以在工具箱中双击图表工具按钮，在弹出的对话框中选择相应的类型，或者在选中要修改类型的图表后单击鼠标右键，在弹出的快捷菜单中选择【类型】命令，如图5-104所示。

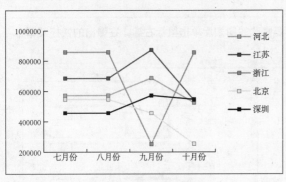

图5-103　修改后的效果

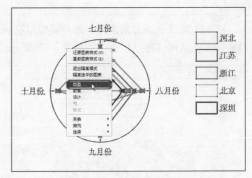

图5-104　选择【类型】命令

5.4　改变图表的表现形式

在Illustrator CS6中，用户可以根据需要改变图表的表现形式，其中包括改变图例的位置、调整数值轴等，本节将对其进行简单介绍。

5.4.1　调整图例的位置

下面将介绍如何调整图例的位置，具体操作步骤如下。

STEP 01 在工具箱中选择选择工具，在画板中选择要调整图例的图表，如图5-105所示。

STEP 02 在画板中右击，在弹出的快捷菜单中选择【类型】命令，如图5-106所示。

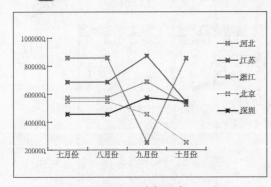

图5-105　选择图表

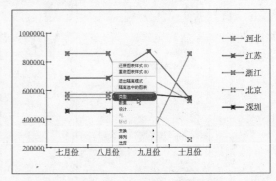

图5-106　选择【类型】命令

STEP 03 执行该操作后，即可打开【图表类型】对话框，在该对话框中选中【样式】选项组中的【在顶部添加图例】复选框，如图5-107所示。

STEP 04 设置完成后，单击【确定】按钮，即可改变图例的位置，效果如图5-108所示。

提示　除此之外，用户可以根据需要在【图表类型】对话框中设置其他选项，例如为图表添加阴影等。

图5-107 选中【在顶部添加图例】复选框

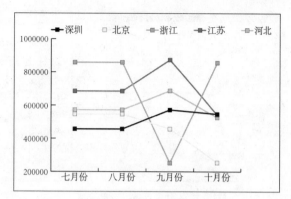

图5-108 改变图例的位置

5.4.2 为数值轴添加标签

在Illustrator CS6中，用户可以根据需要在【图表类型】对话框中设置数值轴的刻度值、刻度线以及为数值轴添加标签等，下面将介绍如何为数值轴添加标签，具体操作步骤如下。

01 使用选择工具在画板中选择要进行设置的图表，在菜单栏中选择【对象】|【图表】|【类型】命令，如图5-109所示。

02 执行该操作后，即可打开【图表类型】对话框，在该对话框左上角的下拉列表中选择【数值轴】选项，如图5-110所示。

图5-109 选择【类型】命令

图5-110 选择【数值轴】选项

03 在【添加标签】选项组中的【前缀】文本框中输入$，如图5-111所示。

04 设置完成后，单击【确定】按钮，效果如图5-112所示。

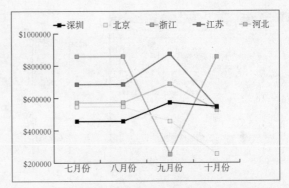

图5-111 输入前缀符号 　　　　图5-112 添加后的效果

5.5 自定义图表

在Illustrator CS6中，用户可以根据需要自定义图表，本节将对其进行简单介绍。

5.5.1 改变图表的颜色及字体

下面将介绍如何改变图表的颜色及文字的字体，具体操作步骤如下。

01 按Ctrl+N组合键创建一个新文档，在工具箱中选择【柱形图工具】 ，在画板中按住鼠标左键拖动，在弹出的对话框中输入如图5-113所示的内容。

02 输入完成后，在该对话框中单击【应用】按钮 ，即可完成柱形图的创建，其效果如图5-114所示。

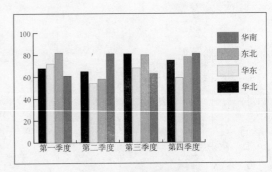

图5-113 输入文字和数值 　　　　图5-114 创建的柱形图

03 在空白处单击，再在工具箱中选择【编组选择工具】 ，在颜色条上单击三次，即可选中相同颜色的颜色条和图例，如图5-115所示。

04 在菜单栏中选择【窗口】|【色板】命令，如图5-116所示。

05 执行该操作后，即可打开【色板】面板，在该面板中选择如图5-117所示的颜色。

06 选择完成后，即可改变选中颜色条和图例的颜色，其效果如图5-118所示。

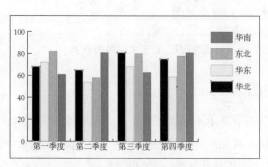

图5-115 选中相同颜色的颜色条和图例

图5-116 选择【色板】命令

图5-117 选择颜色

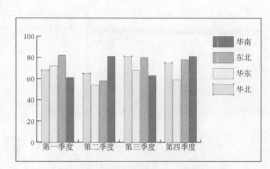

图5-118 改变颜色条和图例的颜色

07 使用同样的方法改变其他颜色条及图例的颜色，效果如图5-119所示。

08 在工具箱中选择【编组选择工具】，在横向文字上单击两次，选中所有的横向文字，如图5-120所示。

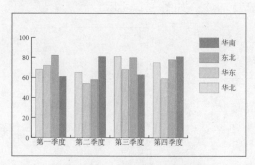

图5-119 改变颜色后的效果

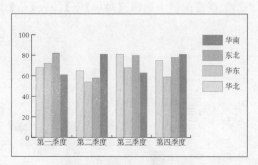

图5-120 选择文字

09 按Ctrl+T组合键打开【字符】面板，在该面板中将【字体】设置为【方正北魏楷书简体】，将【字号】设置为11pt，如图5-121所示。

10 设置完成后，即可为选中的文字改变字体及字号，效果如图5-122所示。

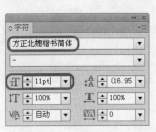

图5-121 【字符】面板

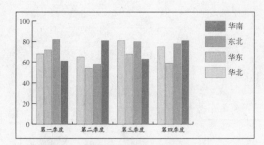

图5-122 设置文字后的效果

5.5.2 同一图表显示不同类型的图表

在Illustrator CS6中，用户可以在同一个图表中显示不同类型的图表，具体操作步骤如下。

STEP 01 按Ctrl+N组合键创建一个新文档，在工具箱中选择【柱形图工具】 ，在画板中按住鼠标左键拖动，在弹出的对话框中输入如图5-123所示的内容。

STEP 02 输入完成后，在该对话框中单击【应用】按钮 ，即可完成柱形图的创建，其效果如图5-124所示。

图5-123 输入文字和数值

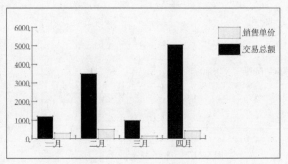

图5-124 创建的柱形图

STEP 03 在空白处单击，再在工具箱中选择【编组选择工具】 ，在黑色颜色条上单击三次，即可选中相同颜色的颜色条和图例，如图5-125所示。

STEP 04 在菜单栏中选择【对象】|【图表】|【类型】命令，如图5-126所示。

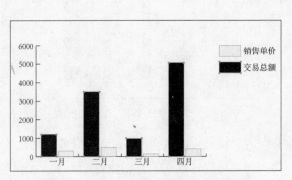

图5-125 选中相同颜色的颜色条和图例

图5-126 选择【类型】命令

STEP
05 执行该操作后，即可打开【图表类型】对话框，在该对话框中单击【折线图】按钮，
如图5-127所示。

STEP
06 设置完成后，单击【确定】按钮，即可在一个图表中显示不同类型的图表，效果如图5-128
所示。

图5-127　选择图表类型

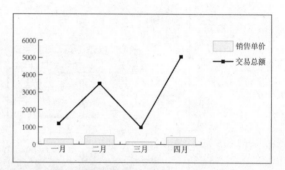

图5-128　调整后的效果

5.6 拓展练习——制作书签

　　书签是指为标记阅读到什么地方，记录阅读进度而夹在书里的小薄片儿，多用纸或赛璐
珞等制成，本节将介绍如何在Illustrator CS6中制作书签，其效果如图5-129所示。

STEP
01 启动Illustrator CS6，在菜单栏中选择【文件】|【新建】命令，如图5-130所示。

STEP
02 在弹出的对话框中将【宽度】和【高度】分别设置为233mm、577mm，如图5-131所
示。

图5-129　书签效果

图5-130　选择【新建】命令

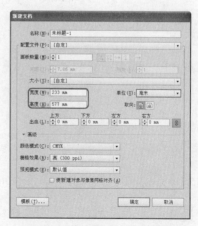

图5-131　【新建文档】对话框

STEP
03 设置完成后，单击【确定】按钮，即可创建一个新的文档，在工具箱中选择【矩形工
具】，在画板中绘制一个矩形，如图5-132所示。

04 按F6键打开【颜色】面板，在该面板中将CMYK值设置为16%、39%、94%、0%，将描边设置为无，如图5-133所示。

05 在工具箱中选择【椭圆工具】 ，在画板中按住Shift键绘制一个正圆，如图5-134所示。

图5-132　绘制矩形

图5-133　设置填色及描边

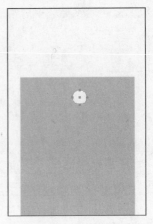

图5-134　绘制正圆

06 在工具箱中选择【选择工具】 ，按住Shift键选择画板中的所有对象，在菜单栏中选择【对象】|【复合路径】|【建立】命令，如图5-135所示。

07 执行该操作后，即可对选中的对象建立复合路径，效果如图5-136所示。

08 确认该对象处于选中状态，在菜单栏中选择【效果】|【风格化】|【投影】命令，如图5-137所示。

图5-135　选择【建立】命令

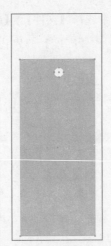

图5-136　建立复合路径后的效果

图5-137　选择【投影】命令

09 执行该操作后，即可弹出【投影】对话框，在该对话框中使用其默认设置，如图5-138所示。

10 设置完成后，单击【确定】按钮，即可为选中的对象添加投影效果，如图5-139所示。

11 在工具箱中选择圆角矩形工具，在画板中绘制一个圆角矩形，并为其填充白色，将其描边设置为无，如图5-140所示。

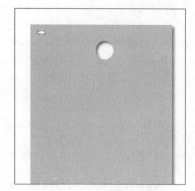

图5-138　【投影】对话框　　　　　图5-139　添加投影后的效果　　　　图5-140　绘制圆角矩形

12 使用同样的方法绘制其他圆角矩形，并在画板中调整其位置，效果如图5-141所示。

13 在工具箱中选择【钢笔工具】，在画板中绘制如图5-142所示的图形。

14 按F6键打开【颜色】面板，在该面板中将填色的CMYK值设置为73%、57%、61%、9%，将描边设置为无，如图5-143所示。

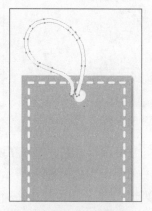
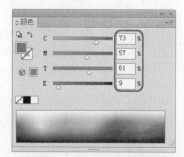

图5-141　绘制其他圆角矩形后的效果　　　图5-142　绘制图形　　　　图5-143　设置填色及描边

15 按Shift+Ctrl+ F10组合键打开【透明度】面板，在该面板中将【不透明度】设置为30%，如图5-144所示。

16 确认该图形处于选中状态，按Ctrl+C组合键进行复制，按Ctrl+V组合键进行粘贴，在【透明度】面板中将【不透明度】设置为100%，并在画板中调整其位置，效果如图5-145所示。

17 按Shift+Ctrl+F11组合键，打开【符号】面板，单击该面板右上角的按钮，在弹出的下拉菜单中选择【打开符号库】|【绚丽矢量包】命令，如图5-146所示。

图5-144 设置不透明度　　图5-145 复制并设置其不透明度　　图5-146 选择【绚丽矢量包】命令

18 在弹出的面板中选择【绚丽矢量包09】，如图5-147所示。

19 在工具箱中选择【符号喷枪工具】，在画板中单击，创建一个符号，如图5-148所示。

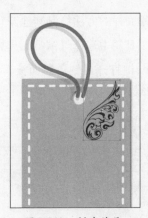

图5-147 选择符号　　　　　　　图5-148 创建符号

20 按Shift+Ctrl+F11组合键，打开【符号】面板，在该面板中单击【断开符号链接】按钮，在控制面板中将填色设置为白色，效果如图5-149所示。

21 在工具箱中选择【自由变换工具】，并在画板中调整其大小，效果如图5-150所示。

图5-149 设置填色　　　　　　图5-150 调整符号大小

STEP 22 确认该符号处于选中状态，在菜单栏中选择【对象】|【变换】|【对称】命令，如图5-151所示。

STEP 23 在弹出的对话框中选中【垂直】单选按钮，然后单击【复制】按钮，如图5-152所示。

STEP 24 设置完成后，即可复制选中的符号，然后在画板中调整其位置，效果如图5-153所示。

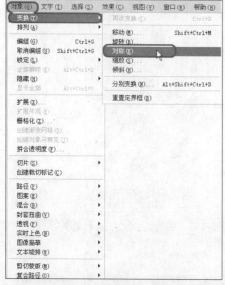

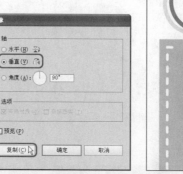

图5-151 选择【对称】命令   图5-152 【镜像】对话框   图5-153 调整符号的位置

STEP 25 使用同样的方法创建其他符号，效果如图5-154所示。

STEP 26 在工具箱中选择【文字工具】 T ，在画板中单击并输入文字，选中输入的文字，在控制面板中将填色设置为白色，在【字符】面板中将【字体】设置为【方正北魏楷书繁体】，将【字号】设置为180pt，如图5-155所示。

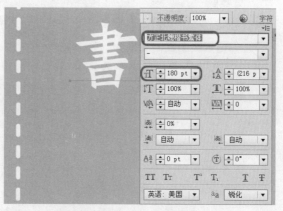

图5-154 创建其他符号后的效果   图5-155 设置字体及字号

STEP 27 在工具箱中选择【自由变换工具】 ，并在画板中调整其位置和角度，效果如图5-156所示。

STEP 28 使用同样的方法创建其他文字，并调整其位置，效果如图5-157所示。

图5-156　调整文字后的效果　　　　图5-157　输入其他文字后的效果

5.7　习题

一、填空题

（1）按（　　　　）组合键可以打开【符号】面板。

（2）在使用符号缩放器工具时，按住（　　　　）键并单击鼠标左键可以使符号缩小。

二、简答题

（1）如何创建雷达图？

（2）如何修改图表的类型？

Chapter

06

第6章

文本处理

本章要点:

本章主要介绍有关文本处理的应用知识。在Illustrator中有许多不同的文字输入方法，也可以对文字进行不同的设置，使文字更加形象生动地展示出来。

主要内容:

- 文字工具与创建文本
- 选择文字
- 设置文字格式
- 设置段落格式
- 查找与替换文本
- 查找和替换字体

6.1 文字工具与创建文本

在Illustrator中提供了6种文字工具，分别是【文字工具】 T 、【区域文字工具】 ⊤ 、【路径文字工具】 ↙ 、【直排文字工具】 IT 、【直排区域文字工具】 ⊥T 和【直排路径文字工具】 ↘ ，如图6-1所示。

用户可以用它们创建或编辑横排或直排的点文字、区域文字或路径文字对象。

- 点文字是指从页面中单击的位置开始，随着字符的输入而扩展的一行或一列横排或直排文本。这种方式适用于在图稿中输入少量的文本，如图6-2所示。

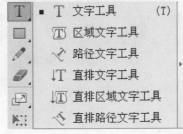

图6-1 文字工具组

图6-2 点文字

- 区域文字是指利用对象的边界来控制字符排列。当文本触及边界时，会自动换行。它可以创建包含一个或多个段落的文本，如制作宣传册之类的印刷品时，可以使用这种输入文本的方式，如图6-3所示。
- 路径文字是指沿着开放或封闭的路径排列的文字。水平输入文本时，字符的排列会与基线平行；垂直输入文本时，字符的排列会与基线垂直，如图6-4所示。

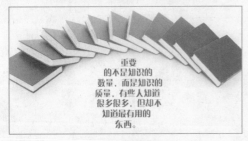

图6-3 区域文字

图6-4 路径文字

6.1.1 点文字

用户可以使用【文字工具】 T 和【直排文字工具】 IT 在某一点输入文本。其中，【文字工具】 T 可创建横排文本，【直排文字工具】 IT 可创建直排文本。

1.横排文字

下面来介绍一下创建横排文字的方法，具体操作步骤如下。

STEP 01 按Ctrl+O组合键弹出【打开】对话框，在该对话框中选择随书附带光盘中的【素材】\ 【第6章】\【001.ai】文件，单击【打开】按钮，如图6-5所示。

[STEP]**02** 在工具箱中选择【文字工具】 T ，当光标变为 I 形状时，在画板中单击，即可看到单击的位置出现闪烁的光标，然后直接输入文字即可，如图6-6所示。

图6-5　打开的素材文件

图6-6　输入文字

[STEP]**03** 选择输入的文字，在控制面板中单击如图6-7所示的 ▾ 按钮，在弹出的面板中单击选择【CMYK洋红】。

[STEP]**04** 在【字符】面板中将【字体】设置为【方正粗倩简体】，将【字号】设置为16pt，如图6-8所示。

[STEP]**05** 使用工具箱中的【选择工具】 ▶ 选择文字对象，然后调整文字的位置，效果如图6-9所示。

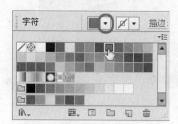

图6-7　选择颜色

图6-8　设置文字

图6-9　设置文字后的效果

2. 竖排文字

输入竖排文字的方法与输入横排文字的方法相同，具体操作步骤如下。

[STEP]**01** 按Ctrl+O组合键弹出【打开】对话框，在该对话框中选择随书附带光盘中的【素材】\【第6章】\【002.ai】文件，单击【打开】按钮，如图6-10所示。

[STEP]**02** 在工具箱中选择【直排文字工具】 IT ，当光标变为 ⊞ 形状时，在画板中单击，即可看到单击的位置出现闪烁的光标，然后直接输入文字即可，如图6-11所示。

[STEP]**03** 按Enter键另起一行，继续输入文字，效

图6-10　打开的素材文件

果如图6-12所示。

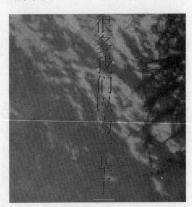

图6-11　输入文字

图6-12　另起一行输入文字

STEP 04 使用上面的方法，继续输入其他文字，效果如图6-13所示。

STEP 05 对输入文字的颜色、字体和大小等进行设置，最终效果如图6-14所示。

图6-13　输入其他文字

图6-14　设置文字后的效果

提示　使用【文字工具】 T 和【直排文字工具】 IT 时，不要在现有的图形上单击，这样会将文字转换成区域文字或路径文字。

6.1.2　区域文字

区域文字利用对象边界来控制字符的排列。当文本触及边界时将自动换行，以使文本位于所定义的区域内。

1. 创建区域文字

在Illustrator中，可以通过拖曳文本框来创建文字区域，还可以将现有图形转换为文字区域。

通过拖曳文本框来创建文字区域的操作步骤如下。

STEP 01 按Ctrl+O组合键弹出【打开】对话框，在该对话框中选择随书附带光盘中的【素材】\【第6章】\【003.ai】文件，单击【打开】按钮，如图6-15所示。

STEP 02 在工具箱中选择【文字工具】 T，当光标变为 I 形状时，在文字起点处单击并向对角线方向拖曳，拖曳出所需大小的矩形框后释放鼠标，光标会自动插入到文本框内，如图6-16所示。

图6-15 打开的素材文件

图6-16 绘制文本框

STEP 03 直接输入文字，输入完成后，对输入的文字进行设置，效果如图6-17所示。

将图形转换为文字区域的操作步骤如下。

STEP 01 打开素材文件【003.ai】，然后在工具箱中选择【椭圆工具】 ◯，并在画板中绘制椭圆，如图6-18所示。

图6-17 输入并设置文字

图6-18 绘制椭圆

STEP 02 在工具箱中选择【区域文字工具】 T，将光标移至图形框边缘，当光标变为 ⑪ 形状时，单击图形，则完成将图形转换为文字区域的操作，如图6-19所示。

STEP 03 在转换为文字区域的图形框中输入文字，并对输入的文字进行设置，效果如图6-20所示。

图6-19 将图形转换为文字区域

图6-20 输入并设置文字

> **提示** 绘制作为文字区域的图形框可以带有描边或填色属性，因为Illustrator可自动删除这些属性。

如果用作文字区域的图形为开放路径，则必须使用【区域文字工具】 T 或【直排区域文字工具】 T 来定义文本框。Illustrator可在路径的端点之间绘制一条虚构的直线来定义文字的边界，如图6-21所示。

图6-21 将开放路径作为文字区域

2. 调整文本区域的形状

当输入的文本超出文本框的容量时，会在文本框右下角出现一个红色加号 ⊞，表示溢流文本，这时就需要对文本区域的形状进行调整，具体操作步骤如下。

01 按Ctrl+O组合键弹出【打开】对话框，在该对话框中选择随书附带光盘中的【素材】\【第6章】\【004.ai】文件，单击【打开】按钮，如图6-22所示。

02 在工具箱中选择【选择工具】 ，然后单击选择文本框，并将光标移至文本框边缘，当光标变为 ‡ 形状时，拖曳鼠标，将文本框拉大到溢流文本出现即可，如图6-23所示。

图6-22 打开的素材文件

图6-23 显示溢流文本

3. 文本的串接与中断

当输入的文本超出文本框的容量时，还可以将文本串接到另一个文本框中，即串接文本，具体操作步骤如下。

01 打开素材文件【004.ai】，在工具箱中选择【选择工具】 ，将光标移至溢流文本的位置，单击红色加号 ⊞，当光标变为 形状时，表示已经加载文本。在空白部分单击并沿对角线方向拖曳鼠标，如图6-24所示。

STEP 02 释放鼠标后可以看到加载的文字自动排入到拖曳的文本框中，效果如图6-25所示。

图6-24　拖曳鼠标

图6-25　将文字排入文本框中

另外，还可以将独立的文本框串接在一起，或者将串接的文本框断开，具体操作步骤如下。

STEP 01 按Ctrl+O组合键弹出【打开】对话框，在该对话框中选择随书附带光盘中的【素材】\ 【第6章】\【005.ai】文件，单击【打开】按钮，如图6-26所示。

STEP 02 在素材文件中有两个独立的文本框，下面将这两个文本框串接起来。首先使用【选择 工具】 选择第一个文本框，将光标放置在文本框右下角文字的出口处，如图6-27所示。

图6-26　打开的素材文件

图6-27　选择第一个文本框

STEP 03 单击鼠标左键，然后将光标移至第二个文本框中，当光标变为 形状时，单击鼠标左 键，即可将文本框串接起来，效果如图6-28所示。

STEP 04 文本框串接起来之后，如果在第一个文本框中删除了部分内容，则第二个文本框中的 内容会自动流入第一个文本框中，如图6-29所示。

图6-28　串接文本框

图6-29　自动流入内容

05 若要断开文本框之间的串接，可用【选择工具】 ▶ 选择需要断开串接的文本框，将光标移至文本框的左上角，即文字的入口处，单击鼠标左键，如图6-30所示。

06 将光标移至上一个文本框的右下角，即文字的出口处，当光标变为 ▶ 形状时，单击鼠标左键，则完成断开文本框串接的操作，被断开串接的文本则排入到上一个文本框中，如图6-31所示。

图6-30　单击鼠标左键

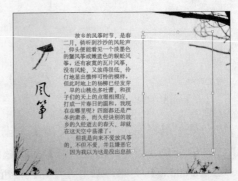

图6-31　断开文本框

4. 设置区域文字

创建区域文字后，还可以根据需要对文字区域的宽度和高度、文字的间距等进行设置，具体操作步骤如下。

01 打开素材文件【005.ai】，然后使用【选择工具】 ▶ 选择一个文本框，如图6-32所示。

02 在菜单栏中选择【文字】|【区域文字选项】命令，如图6-33所示。

图6-32　选择文本框

图6-33　选择【区域文字选项】命令

03 弹出【区域文字选项】对话框，如图6-34所示。

在该对话框中各选项的功能介绍如下。

- 宽度和高度：分别表示文字区域的宽度和高度。
- 行和列：用于设置行和列的数量和间距等参数。
  - ◆ 数量：指定对象要包含的行数、列数（即通常所说的【栏数】）。

◆ 跨距：指定单行高度和单栏宽度。
◆ 固定：确定调整文字区域大小时行高和栏宽的变化情况。
◆ 间距：用于指定行间距或列间距。
● 位移：用于升高或降低文本区域中的首行基线。
◆ 内边距：用于设置文字与文字区域的间距，如图6-35所示是设置【内边距】为5mm时的效果。
◆ 首行基线：在该下拉列表中可以对文本首行基线进行设置。
◆ 最小值：指定基线偏移的最小值。
● 文本排列：确定文本在行和列间的排列方式，包括【按行，从左到右】和【按列，从左到右】。

图6-34　【区域文字选项】对话框

图6-35　设置【内边距】为5mm时的效果

STEP 04 在该对话框中将【宽度】设置为95mm，将【列】选项组中的【数量】设置为2，如图6-36所示。

STEP 05 单击【确定】按钮，设置区域文字后的效果如图6-37所示。

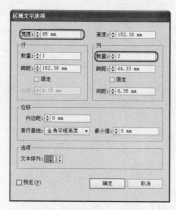

图6-36　设置参数

图6-37　设置区域文字后的效果

5. 文本绕排

用户可以将文本绕排在任何对象的周围，包括文字对象、导入的图像和绘制的对象，设置文本绕排的方法如下。

STEP 01 打开素材文件【005.ai】，在菜单栏中选择【文件】|【置入】命令，如图6-38所示。

STEP 02 弹出【置入】对话框，在该对话框中选择随书附带光盘中的【素材】\【第6章】\【风筝2.png】图片，单击【置入】按钮，如图6-39所示。

图6-38 选择【置入】命令　　　　　　　图6-39 选择素材图片

STEP 03 将选择的图片置入画板中，然后对图片的大小和位置进行调整，如图6-40所示。

STEP 04 确定置入的图片处于选择状态，在菜单栏中选择【对象】|【文本绕排】|【文本绕排选项】命令，如图6-41所示。

图6-40 调整图片　　　　　　　　图6-41 选择【文本绕排选项】命令

STEP 05 弹出【文本绕排选项】对话框，在该对话框中将【位移】设置为6pt，如图6-42所示。

● 位移：指定文本和绕排对象之间的间距大小。可以输入正值或负值。

● 反向绕排：选中该复选框，可围绕对象反向绕排文本。

STEP 06 单击【确定】按钮，然后在菜单栏中选择【对象】|【文本绕排】|【建立】命令，如图6-43所示。

STEP 07 创建文本绕排，效果如图6-44所示。

图6-42 设置位移　　　　图6-43 选择【建立】命令　　　　图6-44 文本绕排效果

提示 绕排对象必须直接位于要绕排的文本的上方。

　　若要删除对象周围的文本绕排，可以先选择该对象，然后在菜单栏中选择【对象】|【文本绕排】|【释放】命令，如图6-45所示，即可释放文本绕排效果，如图6-46所示。

图6-45 选择【释放】命令　　　　　　图6-46 释放文本绕排

6.1.3 创建并调整路径文字

　　路径文字是指沿着开放或封闭的路径排列的文字。下面来介绍一下创建路径文字的方法，以及沿路径移动、翻转文字和调整路径文字对齐的方法。

1. 创建路径文字

下面来介绍一下创建路径文字的方法，具体操作步骤如下。

STEP 01 按Ctrl+O组合键弹出【打开】对话框，在该对话框中选择随书附带光盘中的【素材】\
【第6章】\【006.ai】文件，单击【打开】按钮，如图6-47所示。

STEP 02 在工具箱中选择【钢笔工具】 ，然后在画板中绘制路径，如图6-48所示。

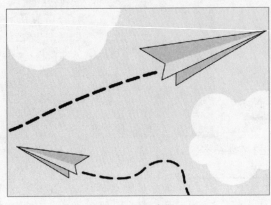

图6-47　打开的素材文件

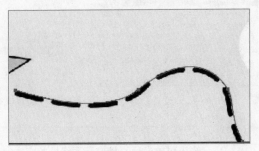

图6-48　绘制路径

STEP 03 在工具箱中选择【文字工具】 T 或【路径文字工具】 ，在这里选择【路径文字工具】 ，然后将光标移至曲线边缘，当光标变为 形状时，单击鼠标左键，出现闪烁的光标后输入文字，如图6-49所示。

STEP 04 对输入文字的颜色、字体和大小等进行设置，效果如图6-50所示。

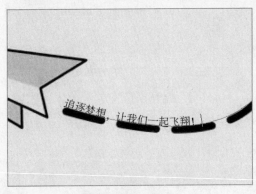

图6-49　输入文字

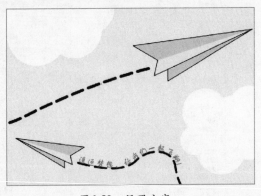

图6-50　设置文字

提示 如果路径为封闭路径而不是开放路径，则必须使用【路径文字工具】 或【直排路径文字工具】 。

2. 沿路径移动和翻转文字

下面来介绍一下沿路径移动和翻转文字的方法，具体操作步骤如下。

STEP 01 继续上一小节的操作，使用【选择工具】 选中路径文字，可以看到在路径的起点、中点及终点处都会出现标记，如图6-51所示。

STEP 02 将光标移至文字的起点标记上，当光标变为 ⊾ 形状时，沿路径拖动文字的起点标记，可以将文本沿路径移动，如图6-52所示。

STEP 03 将光标移至文字的中点标记上，当光标变为 ⊾ 形状时，向下拖动中间的标记，越过路径，即可沿路径翻转文本的方向，如图6-53所示。

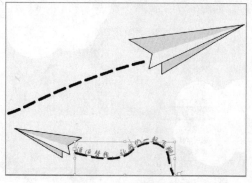

图6-51　选择路径文字

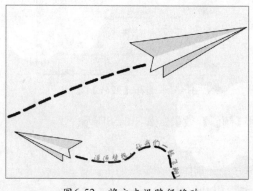

图6-52　将文本沿路径移动

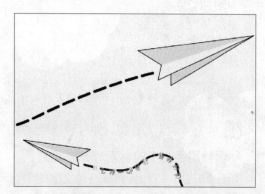

图6-53　沿路径翻转文本的方向

3. 应用路径文字效果

下面来介绍一下应用路径文字效果的方法，具体操作步骤如下。

STEP 01 按Ctrl+O组合键弹出【打开】对话框，在该对话框中选择随书附带光盘中的【素材】\【第6章】\【007.ai】文件，单击【打开】按钮，如图6-54所示。

STEP 02 使用【选择工具】 ▶ 选择路径文字，如图6-55所示。

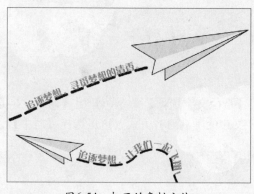

图6-54　打开的素材文件

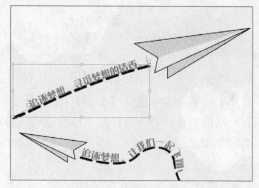

图6-55　选择路径文字

STEP 03 在菜单栏中选择【文字】|【路径文字】|【路径文字选项】命令，如图6-56所示。

STEP 04 弹出【路径文字选项】对话框，在【效果】下拉列表中选择一个选项，这里选择【倾斜】，如图6-57所示。

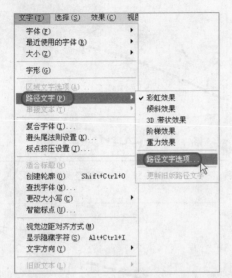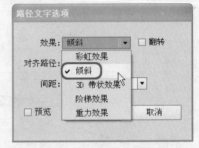

图6-56　选择【路径文字选项】命令　　　　　图6-57　选择【倾斜】选项

STEP 05 单击【确定】按钮，即可为路径文字应用【倾斜】效果，如图6-58所示。

4. 调整路径文字的垂直对齐方式

下面来介绍一下如何调整路径文字的垂直对齐方式，具体操作步骤如下。

STEP 01 继续上一小节的操作，使用【选择工具】 ▶ 选择路径文字，如图6-59所示。

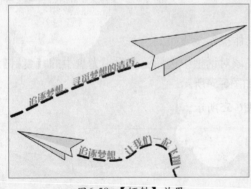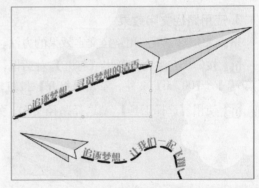

图6-58　【倾斜】效果　　　　　　　图6-59　选择路径文字

STEP 02 在菜单栏中选择【文字】|【路径文字】|【路径文字选项】命令，弹出【路径文字选项】对话框，在【对齐路径】下拉列表中选择路径文字的垂直对齐方式，这里选择【居中】，如图6-60所示。

● 字母上缘：沿字体上边缘对齐。

● 字母下缘：沿字体下边缘对齐。

● 居中：沿字体上、下边缘间的中心点对齐。

● 基线：沿基线对齐，默认设置。

STEP 03 单击【确定】按钮，设置路径文字垂直对齐方式后的效果如图6-61所示。

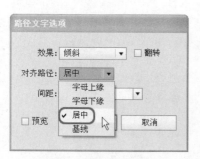

图6-60 选择【居中】选项

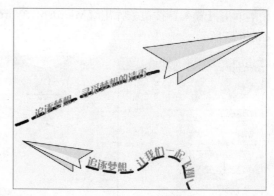

图6-61 设置路径文字垂直对齐方式后的效果

6.1.4 导入文本

　　在Illustrator CS6中，可以将纯文本或Microsoft Word文档导入到图稿中或已创建的文本中，具体操作步骤如下。

01 按Ctrl+O组合键弹出【打开】对话框，在该对话框中选择随书附带光盘中的【素材】\【第6章】\【008.ai】文件，单击【打开】按钮，如图6-62所示。

02 在菜单栏中选择【文件】|【置入】命令，弹出【置入】对话框，在该对话框中选择随书附带光盘中的【素材】\【第6章】\【番茄.txt】文本文档，如图6-63所示。

图6-62 打开的素材文件

图6-63 选择文本文档

03 单击【置入】按钮，弹出【文本导入选项】对话框，在【字符集】下拉列表中选择【GB2312】选项，然后选中【在每行结尾删除】和【在段落之间删除】复选框，如图6-64所示。

04 单击【确定】按钮，即可将文本文档导入至画板中，然后在【字符】面板中将【字号】设置为18pt，并在画板中调整文字位置，效果如图6-65所示。

05 在菜单栏中选择【文件】|【置入】命令，弹出【置入】对话框，在该对话框中选择随书附带光盘中的【素材】\【第6章】\【番茄1.doc】Microsoft Word文档，如图6-66所示。

STEP **06** 单击【置入】按钮，弹出【Microsoft Word选项】对话框，在该对话框中使用默认设置，如图6-67所示。

图6-64 【文本导入选项】对话框

图6-65 导入的文本文档

图6-66 选择Microsoft Word文档

图6-67 【Microsoft Word选项】对话框

STEP **07** 单击【确定】按钮，即可将Microsoft Word文档导入至画板中，然后在【字符】面板中将【字号】设置为18pt，如图6-68所示。

STEP **08** 使用【选择工具】对文本框架进行调整，并调整文字位置，如图6-69所示。

图6-68 导入的Microsoft Word文档

图6-69 调整文本框架

6.1.5 导出文本

在Illustrator CS6中，可以将创建的文档导出为纯文本格式，具体操作步骤如下。

STEP 01 继续上一小节的操作，在菜单栏中选择【文件】|【导出】命令，如图6-70所示。

STEP 02 弹出【导出】对话框，在该对话框中选择导出路径，然后输入文件名，并在【保存类型】下拉列表中选择【文本格式（*.TXT）】选项，如图6-71所示。

STEP 03 单击【保存】按钮，弹出【文本导出选项】对话框，在该对话框中使用默认设置，如图6-72所示。

图6-70　选择【导出】命令

图6-71　【导出】对话框

STEP 04 单击【导出】按钮，即可导出文档。在本地计算机中打开导出的文本文档，效果如图6-73所示。

图6-72　【文本导出选项】对话框

图6-73　导出的文本文档

提示 　如果只想导出文档中的部分文本，可以先选择要导出的文本，然后执行【导出】命令。

6.2 选择文字

在设置文字格式或编辑文字之前，首先要选择文字。可以选择一个或多个字符，也可以选择整个文字对象。

6.2.1 选择字符

在Illustrator CS6中，提供了多种选择字符的方法，介绍如下。

- 在工具箱中选择【文字工具】 T，按住鼠标左键不放并拖曳以选择一个或多个字符，如图6-74所示。
- 将光标置于文字上，双击鼠标，可以选择一整句，如图6-75所示。

图6-74 通过拖曳鼠标选择字符　　　　　　　图6-75 双击鼠标选择整句

- 将光标置于文字段落上，连续三次单击鼠标左键，可以选择整段的文字，如图6-76所示。
- 在工具箱中选择【文字工具】 T，将光标置于任意段落中，然后在菜单栏中选择【选择】|【全部】命令，可以选择文字对象中的所有字符，如图6-77所示。

图6-76 选择整段文字　　　　　　　　　图6-77 选择所有字符

6.2.2 选择文字对象

下面来介绍一下选择文字对象的方法。

- 使用【选择工具】 或【直接选择工具】 在文字上单击，即可选中文字对象，如图6-78所示。按住Shift键并单击可选择多个文字对象，如图6-79所示。
- 在【图层】面板中，单击图层旁的三角形图标 可显示隐藏内容，在显示的内容中单击文字图层右侧的 图标，即可选中文字对象，如图6-80所示。在按住Shift键的同时单击

【图层】面板中文字图层右侧的⊙图标，可选中多个文字对象，如图6-81所示。

图6-78　选择文字对象

图6-79　选择多个文字对象

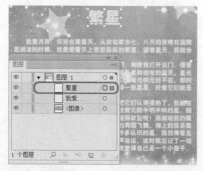

图6-80　选择文字对象

图6-81　选择多个文字对象

● 在菜单栏中选择【选择】|【对象】|【文本对象】命令，如图6-82所示，可以选择文档中所有的文字对象，如图6-83所示。

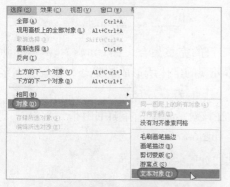

图6-82　选择【文本对象】命令

图6-83　选择所有文字对象

6.3 设置文字格式

在编辑图稿时，设置字符格式包括设置字体、字号、字体颜色、字符间距、文字边框等。设置好文档中的字符格式可以使版面赏心悦目。使用控制面板或【字符】面板可以方便地进行字符格式设置，也可以选用【文字】菜单中的命令进行字符格式设置。

选中文字后，在菜单栏中选择【窗口】|【文字】|【字符】命令，如图6-84所示，即可打开【字符】面板，如图6-85所示。

单击面板右上角的按钮，在弹出的下拉菜单中可以显示【字符】面板中的其他命令和选项，如图6-86所示。默认情况下，【字符】面板中只显示最为常用的选项，在面板下拉菜单中选择【显示选项】命令，可以显示所有选项，如图6-87所示。

图6-84 选择【字符】命令

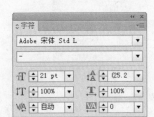

图6-85 【字符】面板

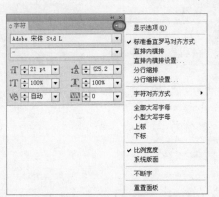

图6-86 【字符】面板下拉菜单

图6-87 显示所有选项

6.3.1 设置字体

字体是具有同样粗细、宽度和样式的一组字符的完整集合，如Times New Roman、宋体等。字体系列也称为字体家族，是具有相同整体外观的字体所形成的集合。设置文字字体的操作步骤如下。

STEP 01 按Ctrl+O组合键弹出【打开】对话框，在该对话框中选择随书附带光盘中的【素材】\【第6章】\【009.ai】文件，单击【打开】按钮，如图6-88所示。

STEP 02 使用【文字工具】T 在画板中选择文字，如图6-89所示。

图6-88 打开的素材文件

图6-89 选择文字

STEP 03 按Ctrl+T组合键打开【字符】面板，在【字体】下拉列表中选择一种字体，这里选择【方正行楷简体】，如图6-90所示。

STEP 04 为文字设置字体后的效果如图6-91所示。

图6-90 选择字体

图6-91 设置字体后的效果

另外，还可以使用下面的方法设置文字字体。

- 在控制面板中，单击【字符】按钮，在弹出的面板中可以对文字字体进行设置，如图6-92所示。
- 在菜单栏中选择【文字】|【字体】命令，在弹出的子菜单中可以对文字字体进行设置，如图6-93所示。

图6-92 单击【字符】按钮后弹出的面板

图6-93 【字体】子菜单

6.3.2 设置文字大小

字号就是字体的大小。在文档中，正文一般使用五号字或小五号字。文字的大小，需要与字符间距和行距协调。设置文字大小的具体操作步骤如下。

STEP 01 打开素材文件【009.ai】，使用【文字工具】T在画板中选择需要设置大小的文字，如图6-94所示。

STEP 02 打开【字符】面板，在【字号】下拉列表中选择字号，这里选择24pt，如图6-95所示。

STEP 03 设置文字大小后的效果如图6-96所示。

图6-94　选择文字　　　　　图6-95　选择字号　　　　　图6-96　设置文字大小后的效果

提示　也可以直接在【字号】文本框中输入字号。

另外，还可以使用下面的方法设置文字大小。

- 在控制面板中，单击【字符】按钮，在弹出的面板中可以对文字大小进行设置，如图6-97所示。
- 在菜单栏中选择【文字】|【大小】命令，在弹出的子菜单中可以对文字大小进行设置，如图6-98所示。

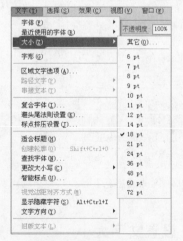

图6-97　单击【字符】按钮后弹出的面板　　　　　图6-98　【大小】子菜单

6.3.3 改变行距

在罗马字中的行距，也就是相邻行文字间的垂直间距。测量行距时是计算一行文本的基线到上一行文本基线的距离。基线是一条无形的线，多数字母的底部均以其为准对齐，改变行距的具体操作步骤如下。

01 打开素材文件【009.ai】，使用【选择工具】 选择需要设置行距的文字对象，如图6-99所示。

02 打开【字符】面板，在【行距】下拉列表中选择数值，这里选择36pt，如图6-100所示。

03 设置行距后的效果如图6-101所示。

图6-99 选择文字对象　　　图6-100 选择行距数值　　　图6-101 设置行距后的效果

提示 也可以在控制面板中对行距进行设置。

6.3.4 垂直／水平缩放

在【字符】面板中，可以通过设置【垂直缩放】和【水平缩放】来改变文字的原始宽度和高度，图6-102所示为【水平缩放】分别设为100％和125％时的效果，图6-103所示为【垂直缩放】分别设为100％和125％时的效果。

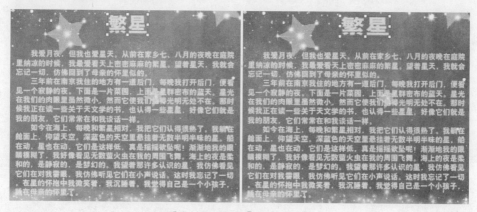

图6-102 设置【水平缩放】

图6-103　设置【垂直缩放】

6.3.5　字距微调和字符间距

字距微调调整的是特定字符之间的间隙，多数字体都包含内部字距表格，如LA、T0、Tr、Ta、Tu、Te、Ty、Wa、WA、We、Wo、Ya和Y0等，其中的间距是不相同的。字符间距的调整就是加宽或紧缩文本的过程。字符间距调整的值也会影响中文文本，但一般情况下，该选项主要用于调整英文间距。

字距微调和字符间距的调整均以1/1000em（全角字宽，以当前文字大小为基础的相对度量单位）度量。要为选定文本设置字距微调或字符间距，可在【字符】面板中的【字距】或【字符间距】下拉列表中进行设置。图6-104所示为设置字距为0和300时的效果；图6-105所示为设置字符间距为0和200时的效果。

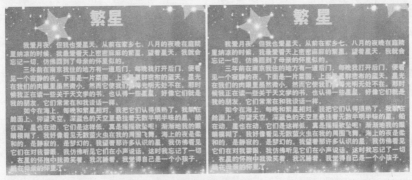

图6-104　设置字距

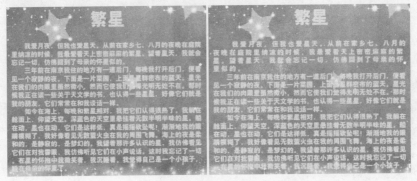

图6-105　设置字符间距

6.3.6 旋转文字

在Illustrator中,还可以对字符的旋转角度进行设置,具体操作步骤如下。

STEP 01 打开素材文件【009.ai】,使用【文字工具】 T 选择需要进行旋转的文字,如图6-106所示。

STEP 02 打开【字符】面板,在【字符旋转】下拉列表中选择旋转角度,这里选择30°,如图6-107所示。

STEP 03 设置旋转角度后的效果如图6-108所示。

图6-106 选择文字　　　　图6-107 选择旋转角度　　　　图6-108 设置旋转角度后的效果

提示 若要设置文字对象中所有字符的旋转角度,可以先选择文字对象,然后在【字符旋转】下拉列表中选择旋转角度。

6.3.7 下划线与删除线

单击【字符】面板中的【下划线】按钮 T 或【删除线】按钮 T,可为文本添加下划线或删除线,效果如图6-109、图6-110所示。

图6-109 下划线效果　　　　　　　　图6-110 删除线效果

6.4 设置段落格式

　　段落是基本的文字排版单元。在创建文本时，每次按Enter键就会产生新的段落，并自动应用前面的段落格式，段落格式包括段落文本对齐、段落缩进、段间距等，设置好文档中的段落格式，同样可以美化图稿。使用控制面板或【段落】面板可以方便地进行段落格式设置，也可以使用【文字】菜单中的命令进行段落格式设置。

　　在菜单栏中选择【窗口】|【文字】|【段落】命令，如图6-111所示，即可打开【段落】面板，如图6-112所示。

　　单击面板右上角的 ▤ 按钮，在弹出的下拉菜单中可以显示【段落】面板中的其他命令和选项，如图6-113所示。

图6-111　选择【段落】命令

图6-112　【段落】面板

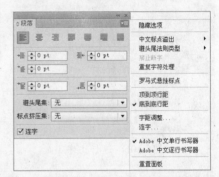
图6-113　【段落】面板下拉菜单

6.4.1 文本对齐

　　在Illustrator CS6中提供了多种文本对齐方式，包括左对齐、右对齐、居中对齐、两端对齐、末行左对齐、两端对齐，末行居中对齐、两端对齐，末行右对齐和全部两端对齐，从而适应多种多样的排版需要。要设置文本对齐，首先选择要设置的文本段或将光标定位到要设置的文本段中，然后在【段落】面板中执行下列操作之一。

● 单击【左对齐】按钮▤：左对齐是将段落中的每行文本对准左边界，如图6-114所示。
● 单击【居中对齐】按钮▤：居中对齐是将段落中的每行文本对准页的中间，如图6-115所示。

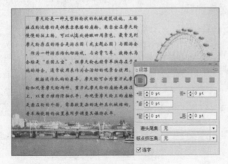
图6-114　左对齐

图6-115　居中对齐

- 单击【右对齐】按钮▤：右对齐是将段落中的每行文本对准右边界，如图6-116所示。
- 单击【两端对齐，末行左对齐】按钮▤：两端对齐，末行左对齐是将段落中最后一行文本左对齐，其余文本行左右两端分别对齐文档的左右边界，如图6-117所示。

图6-116　右对齐　　　　　　　　　　　图6-117　两端对齐，末行左对齐

- 单击【两端对齐，末行居中对齐】按钮▤：两端对齐，末行居中对齐是将段落中最后一行文本居中对齐，其余文本行左右两端分别对齐文档的左右边界，如图6-118所示。
- 单击【两端对齐，末行右对齐】按钮▤：两端对齐，末行右对齐是将段落中最后一行文本右对齐，其余文本行左右两端分别对齐文档的左右边界，如图6-119所示。

图6-118　两端对齐，末行居中对齐　　　　图6-119　两端对齐，末行右对齐

- 单击【全部两端对齐】按钮▤：全部两端对齐是将段落中的所有文本行左右两端分别对齐文档的左右边界，如图6-120所示。

图6-120　全部两端对齐

6.4.2 段落缩进

段落缩进是指页边界到文本的距离，段落缩进包括左缩进、右缩进和首行左缩进。使用【段落】面板来设置段落缩进的操作步骤如下。

STEP 01 打开素材文件【010.ai】，使用【选择工具】 选中文字，或使用【文字工具】 在要更改的段落中单击插入光标，如图6-121所示。

STEP 02 在【段落】面板中设置适当的缩进值，可以执行下列操作之一。

● 在【左缩进】文本框中输入16pt，效果如图6-122所示。

图6-121　插入光标　　　　　　　　　　　　图6-122　设置左缩进

● 在【右缩进】文本框中输入18pt，效果如图6-123所示。

● 在【首行左缩进】文本框中输入18pt，效果如图6-124所示。

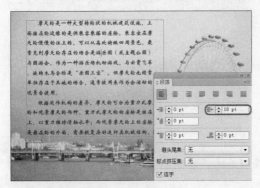

图6-123　设置右缩进　　　　　　　　　　　图6-124　设置首行左缩进

6.4.3 段前与段后间距

段间距是指段落前面和段落后面的距离。如果要在【段落】面板中设置插入点或选定文本所在段的段前或段后间距，可以执行下列操作之一。

● 在【段前间距】文本框中输入一个值，例如输入20pt，即可产生段落前间距，如图6-125所示。

● 在【段后间距】文本框中输入一个值，例如输入20pt，即可产生段落后间距，如图6-126所示。

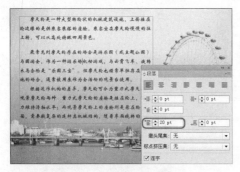
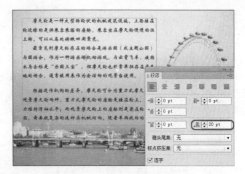

图6-125　设置段落前间距　　　　　　　　图6-126　设置段落后间距

6.4.4　使用【制表符】面板设置段落缩进

在菜单栏中选择【窗口】|【文字】|【制表符】命令，如图6-127所示，即可弹出【制表符】面板，如图6-128所示。要使用【制表符】面板设置段落缩进，可以执行下列操作之一。

图6-127　选择【制表符】命令

图6-128　【制表符】面板

- 拖动左上方的标志符，可缩进文本的首行，如图6-129所示。
- 拖动左下方的标志符，可以缩进整个段落，但是不会缩进每个段落的第一行文本，如图6-130所示。

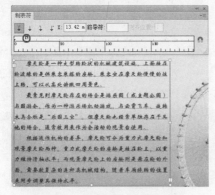
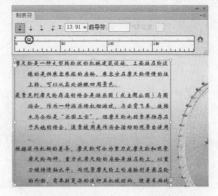

图6-129　拖动左上方的标志符　　　　　　图6-130　拖动左下方的标志符

- 选中左上方的标志符，然后在【X】文本框中输入数值，即可缩进文本的第一行，如图6-131所示为输入10mm时的效果。
- 选中左下方的标志符，然后在【X】文本框中输入数值，即可缩进整个段落，但是不会缩进每个段落的第一行文本，如图6-132所示为输入15mm时的效果。

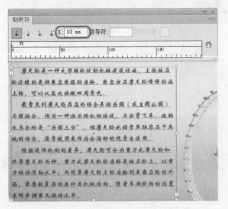

图6-131　左缩进10mm时的效果

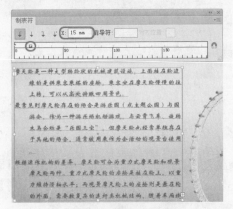

图6-132　左缩进15mm时的效果

6.4.5　使用吸管工具复制文本属性

使用【吸管工具】 可以复制文本的属性，包括字符、段落、填色及描边属性，然后对其他文本应用这些属性。默认情况下，使用【吸管工具】 可以复制所有的文字属性。

如果要更改【吸管工具】 的复制属性，可以在工具箱中双击【吸管工具】 ，弹出【吸管选项】对话框，如图6-133所示，在该对话框中对复制属性进行设置。

图6-133　【吸管选项】对话框

使用【吸管工具】 复制文字属性的操作步骤如下。

STEP 01 按Ctrl+O组合键弹出【打开】对话框，在该对话框中选择随书附带光盘中的【素材】\【第6章】\【011.ai】文件，单击【打开】按钮，如图6-134所示。

STEP 02 使用【文字工具】 选择需要复制属性的目标文本，如图6-135所示。

图6-134　打开的素材文件

图6-135　选择文本

STEP 03 在工具箱中选择【吸管工具】 ，然后将光标移至绿色文字上，此时光标会变为 形状，如图6-136所示。

STEP 04 单击鼠标左键，即可自动将吸取的属性复制到目标文本上，如图6-137所示。

图6-136　选择【吸管工具】

图6-137　将吸取的属性复制到目标文本上

6.5 查找与替换文本

　　查找与替换文本也是常用的编辑操作，使用查找可以快速定位，使用替换可以一次性替换文档中的全部单词或词组。

　　在菜单栏中选择【编辑】|【查找和替换】命令，如图6-138所示，即可弹出【查找和替换】对话框，如图6-139所示。

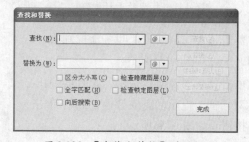

图6-138　选择【查找和替换】命令

图6-139　【查找和替换】对话框

　　在【查找】文本框中，输入或粘贴要查找的文本；在【替换为】文本框中，输入或粘贴要替换的文本。

- 若搜索或更改包括制表符、空格和其他特殊字符的文本，或搜索未指定的字符或通配

符，可单击【查找】或【替换为】列表框右侧的
⚙️▾按钮，在弹出的下拉列表中选择Illustrator中的
字符或符号，如图6-140所示。

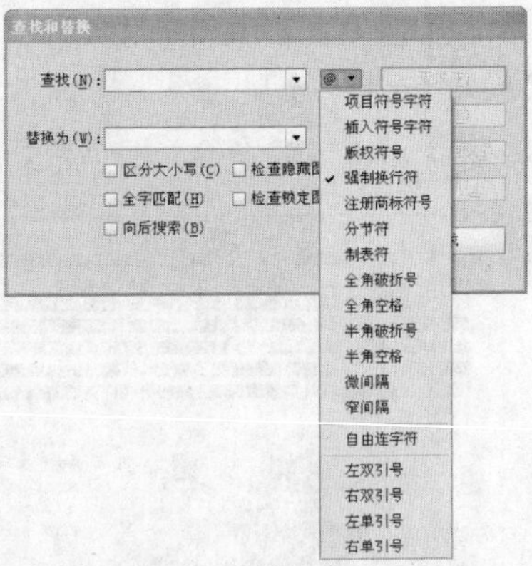

- 若选中【区分大小写】复选框，将区分字符的大
  小写；若选中【全字匹配】复选框，将按全字匹
  配规则进行查找与替换；若选中【向后搜索】复
  选框，将向后搜索文字的内容；若选中【检查隐
  藏图层】复选框，则查找/替换范围将包含隐藏图
  层中的内容；若选中【检查锁定图层】复选框，
  则查找/替换范围将包含锁定图层中的内容。

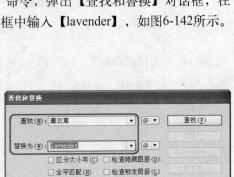
图6-140　选择字符或符号

- 若单击【查找】按钮，则开始搜索下一个匹配的
  文字串；若单击【替换】按钮，将替换文字串；若单击【替换和查找】按钮，将替换
  文字串并搜索下一个匹配的文字串；若单击【全部替换】按钮，将替换全部文字串。
  更改完成时单击【完成】按钮结束替换。

查找与替换文本的具体操作步骤如下。

STEP 01 按Ctrl+O组合键弹出【打开】对话框，在该对话框中选择随书附带光盘中的【素材】\
【第6章】\【011.ai】文件，单击【打开】按钮，如图6-141所示。

STEP 02 在菜单栏中选择【编辑】|【查找和替换】命令，弹出【查找和替换】对话框，在【查
找】文本框中输入【薰衣草】，在【替换为】文本框中输入【lavender】，如图6-142所示。

图6-141　打开的素材文件

图6-142　【查找和替换】对话框

STEP 03 单击【查找】按钮，即可查找到第一
个匹配的文字，如图6-143所示。

STEP 04 单击【全部替换】按钮，此时会弹出
信息提示对话框，提示已完成替换，然后单击
【确定】按钮，如图6-144所示。

STEP 05 返回到【查找和替换】文本框中，单
击【完成】按钮，即可将文档中所有的【薰
衣草】替换为【lavender】，效果如图6-145
所示。

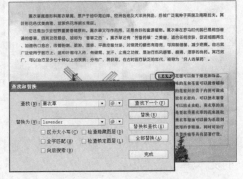
图6-143　查找到的文本

图6-144　信息提示对话框　　　　　　　　　图6-145　替换效果

6.6　查找和替换字体

在Illustrator中还可以查找和替换文档中的字体。在菜单栏中选择【文字】|【查找字体】命令，如图6-146所示，即可弹出【查找字体】对话框，如图6-147所示。

- 在【文档中的字体】列表中，选择一种字体。
- 在【替换字体来自】下拉列表中，若选择【文档】选项，列表中将显示文档中的所有字体；若选择【系统】选项，列表中将显示系统中的所有字体，如图6-148所示；在列表中选择一种要替换的字体。

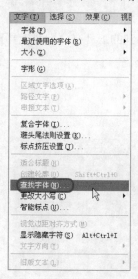

图6-146　选择【查找字体】命令　　图6-147　【查找字体】对话框　　图6-148　选择【系统】选项

- 在【包含在列表中】选项组中，可以选择的字体包括Open Type、罗马字、标准、Type l、CID、True Type或Multiple Master。
- 若单击【查找】按钮，则开始搜索下一个匹配的格式字体。
- 若单击【更改】按钮，将更改搜索到的字体；若单击【全部更改】按钮，将更改全部匹配的字体。更改完成时，单击【完成】按钮。

查找和替换字体的具体操作步骤如下。

01 打开素材文件【011.ai】，在菜单栏中选择【文字】|【查找字体】命令，弹出【查找字体】对话框，在【文档中的字体】列表中选择【汉仪超粗宋简】，在【替换字体来自】下拉列表中选择【文档】选项，并选择【方正粗圆简体】，如图6-149所示。

02 单击【全部更改】按钮，即可更改全部匹配的字体，然后单击【完成】按钮，效果如图6-150所示。

图6-149 【查找字体】对话框

图6-150 更改字体后的效果

6.7 拓展练习——制作商场特价吊牌

下面来介绍一下商场特价吊牌的制作，方法比较简单，主要用到的工具有【椭圆工具】⬭、【矩形工具】▢和【文字工具】T等，效果如图6-151所示。

图6-151 商场特价吊牌

1. 制作吊牌正面

下面先来介绍一下制作吊牌正面的方法，具体操作步骤如下。

01 按Ctrl+N组合键弹出【新建文档】对话框，在该对话框中的【名称】文本框中输入【制作商场特价吊牌】，将【宽度】和【高度】设置为220mm和330mm，如图6-152所示。

STEP 02 单击【确定】按钮，即可新建一个空白的文档，然后在工具箱中选择【椭圆工具】 ，在画板中按住Shift键绘制正圆，如图6-153所示。

STEP 03 确定新绘制的正圆处于选择状态，然后在控制面板中将描边设置为无，将填充颜色设置为如图6-154所示的颜色。

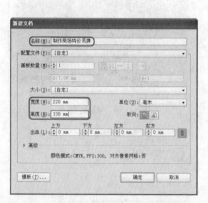

图6-152 【新建文档】对话框　　　　图6-153 绘制正圆　　　　图6-154 为正圆设置颜色

STEP 04 继续使用【椭圆工具】 在画板中绘制正圆，然后在工具箱中双击【填色】图标，在弹出的【拾色器】对话框中将CMYK值设置为65%、12%、100%、0%，如图6-155所示。

STEP 05 单击【确定】按钮，然后在控制面板中将描边设置为无，效果如图6-156所示。

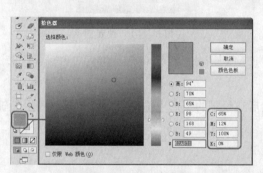

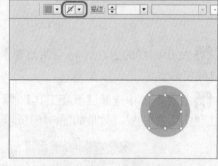

图6-155 设置填充颜色　　　　　　　图6-156 设置描边

STEP 06 继续使用【椭圆工具】 在画板中绘制正圆，然后将正圆填充颜色的CMYK值设置为85%、10%、100%、10%，将描边设置为无，如图6-157所示。

STEP 07 使用同样的方法，绘制其他正圆，并为绘制的正圆设置不同的填充颜色，效果如图6-158所示。

STEP 08 在工具箱中选择【矩形工具】 ，然后在画板中绘制矩形，如图6-159所示。

STEP 09 按Ctrl+F9组合键弹出【渐变】面板，在该面板中将【类型】设置为【径向】，然后在渐变条上双击左侧的渐变滑块，在弹出的面板中单击 按钮，在弹出的下拉菜单中选择【CMYK】命令，如图6-160所示。

STEP 10 在面板中设置CMYK值为50%、0%、100%、0%，如图6-161所示。

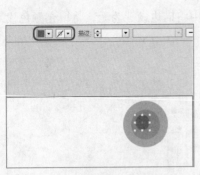

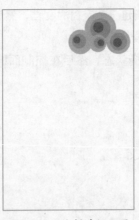

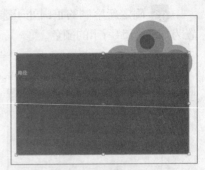

图6-157　绘制正圆并设置颜色　　图6-158　绘制其他正圆　　图6-159　绘制矩形

图11-160　【渐变】面板　　　　　　图11-161　设置颜色

STEP 11 使用同样的方法，将右侧渐变滑块的CMYK值设置为100%、0%、100%、0%，如图6-162所示。

STEP 12 在工具箱中选择【渐变工具】　，然后在绘制的矩形上拖动鼠标填充渐变，并在渐变条上调整滑块的位置，效果如图6-163所示。

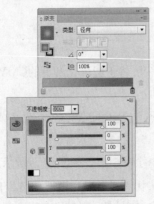

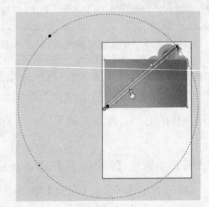

图6-162　为右侧滑块设置颜色　　　　图6-163　填充渐变

STEP 13 使用【选择工具】　选择填充渐变颜色的矩形，并单击鼠标右键，在弹出的快捷菜单中选择【排列】|【置于底层】命令，如图6-164所示。

STEP **14** 将选择的矩形置于底层，效果如图6-165所示。

图6-164　选择【置于底层】命令

图6-165　将矩形置于底层

STEP **15** 在工具箱中选择【文字工具】 T ，然后在画板中输入文字，并选择输入的文字对象，在【字符】面板中将【字体】设置为【汉仪圆叠体简】，将【字号】设置为65pt，如图6-166所示。

STEP **16** 在控制面板中将文字的填充颜色设置为洋红色，将描边设置为白色，将描边粗细设置为2.5pt，如图6-167所示。

图6-166　输入并设置文字

图6-167　设置文字颜色

STEP **17** 使用同样的方法，输入文字【产品】，将【字号】设置为40pt，如图6-168所示。

STEP **18** 在菜单栏中选择【文件】|【置入】命令，如图6-169所示。

图6-168　输入并设置文字

图6-169　选择【置入】命令

STEP 19 弹出【置入】对话框，在该对话框中选择随书附带光盘中的【素材】\【第6章】\【床上用品.psd】文件，如图6-170所示。

STEP 20 单击【置入】按钮，即可将选择的素材文件置入画板中，然后在画板中使用【选择工具】调整素材文件的大小和位置，如图6-171所示。

图6-170　选择素材文件

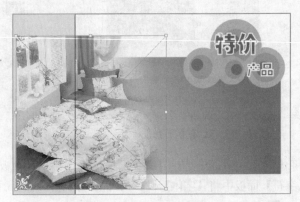

图6-171　调整素材文件

STEP 21 在工具箱中选择【矩形工具】□，然后在画板中绘制矩形，如图6-172所示。

STEP 22 在画板中选择新绘制的矩形和置入的素材文件，并单击鼠标右键，在弹出的快捷菜单中选择【建立剪切蒙版】命令，如图6-173所示。

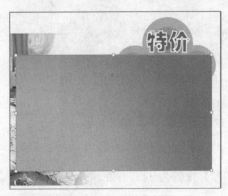

图6-172　绘制矩形

图6-173　选择【建立剪切蒙版】命令

STEP 23 建立剪切蒙版，效果如图6-174所示。

STEP 24 在工具箱中选择【文字工具】T，在画板中输入文字【梦】，然后选择输入的文字，在【字符】面板中将【字体】设置为【汉仪粗宋简】，将【字号】设置为80pt，并在控制面板中将填充颜色设置为白色，如图6-175所示。

STEP 25 按Shift+F8组合键弹出【变换】面板，在该面板中将文字的倾斜角度设置为20°，如图6-176所示。

图6-174　建立剪切蒙版

STEP **26** 使用同样的方法输入文字，并为输入的文字设置字体、字号和倾斜角度，效果如图6-177所示。

图6-175　输入并设置文字　　　　图6-176　设置倾斜角度　　　　图6-177　输入并设置文字

STEP **27** 在工具箱中选择【文字工具】 T ，在画板中输入文字，然后选择输入的文字对象，在【字符】面板中将【字体】设置为【汉仪行楷简】，将【字号】设置为24pt，并在控制面板中将填充颜色设置为白色，如图6-178所示。

STEP **28** 确定文字对象处于选择状态，将光标移至右上方控制点上，当光标变为 形状时，单击鼠标左键并拖动，调整文字对象的旋转角度，效果如图6-179所示。

图6-178　输入并设置文字　　　　　图6-179　设置文字的旋转角度

STEP **29** 使用同样的方法输入其他文字，并对文字的旋转角度进行调整，如图6-180所示。

STEP **30** 在工具箱中选择【画笔工具】 ，在控制面板中将填充颜色设置为无，将描边设置为白色，将描边粗细设置为0.75pt，将画笔定义为【炭笔-羽毛】，如图6-181所示。

STEP **31** 在画板中绘制图形，效果如图6-182所示。

图6-180　输入并调整文字

图6-181　设置画笔属性

图6-182　绘制图形

2. 制作吊牌背面

吊牌正面制作完成后，再来介绍一下制作吊牌背面的方法，具体操作步骤如下。

STEP 01 在画板中选择所有的正圆和矩形对象，并单击鼠标右键，在弹出的快捷菜单中选择【变换】|【对称】命令，如图6-183所示。

STEP 02 弹出【镜像】对话框，在该对话框中选中【垂直】单选按钮，然后单击【复制】按钮，如图6-184所示。

STEP 03 镜像复制选择的对象，然后调整复制后的对象的位置，效果如图6-185所示。

图6-183　选择【对称】命令

图6-184　【镜像】对话框

图6-185　调整复制后的对象位置

STEP 04 在画板中选择如图6-186所示的正圆对象。

STEP 05 按键盘上的Delete键将其删除，然后选择矩形对象，在控制面板中将填充颜色设置为如图6-187所示的颜色。

STEP 06 在画板中选择【特价】和【产品】对象，然后在按住Alt键的同时单击并拖动选择的对象，拖动至适当位置处释放鼠标左键，即可复制选择的对象，效果如图6-188所示。

图6-186　选择正圆对象

图6-187　设置填充颜色

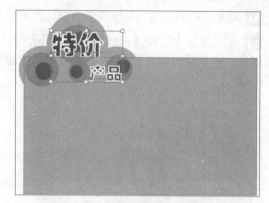

图6-188　复制文字对象

STEP 07 在工具箱中选择【文字工具】 T ，在画板中输入文字，然后选择输入的文字对象，在【字符】面板中将【字体】设置为【汉仪粗黑简】，将【字号】设置为28pt，并在控制面板中将填充颜色设置为白色，如图6-189所示。

STEP 08 在工具箱中选择【圆角矩形工具】 ，在控制面板中将填充颜色设置为白色，将描边设置为无，然后在画板中绘制圆角矩形，效果如图6-190所示。

图6-189　输入并设置文字

图6-190　绘制圆角矩形

STEP 09 在工具箱中选择【文字工具】 T ，在画板中输入文字，然后选择输入的文字对象，在【字符】面板中将【字体】设置为【DigifaceWide Regular】，将【字号】设置为40pt，如图6-191所示。

STEP 10 在【变换】面板中将文字的倾斜角度设置为10°，如图6-192所示。

图6-191　输入并设置文字

图6-192　设置倾斜角度

11 使用同样的方法，制作现价内容，效果如图6-193所示。

12 在工具箱中选择【直线段工具】 ，在控制面板中将填充颜色设置为无，将描边设置为红色，将描边粗细设置为5pt，将【不透明度】设置为80%，然后在画板中绘制直线，如图6-194所示。

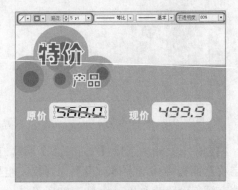

图6-193　制作现价内容 　　　　　　　　　　图6-194　绘制并设置直线

13 使用同样的方法，绘制另外一条直线，效果如图6-195所示。

14 在工具箱中选择【文字工具】 ，在画板中输入文字，然后选择输入的文字对象，在【字符】面板中将【字体】设置为【黑体】，将【字号】设置为14pt，并在控制面板中将填充颜色设置为白色，如图6-196所示。

15 使用同样的方法输入其他文字，并将【字号】设置为10pt，如图6-197所示。

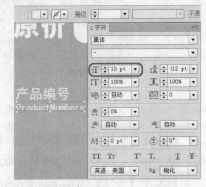

图6-195　绘制其他直线 　　　图6-196　输入并设置文字 　　　图6-197　输入其他文字

16 在工具箱中选择【直线段工具】 ，在控制面板中将填充颜色设置为无，将描边设置为白色，将描边粗细设置为1pt，然后在画板中绘制直线，如图6-198所示。

17 在工具箱中选择【文字工具】 ，在画板中输入文字，然后选择输入的文字对象，在【字符】面板中将【字体】设置为【黑体】，将【字号】设置为21pt，如图6-199所示。

图6-198　绘制直线

STEP 18 使用同样的方法，输入其他文字和绘制直线，效果如图6-200所示。

图6-199　输入并设置文字

图6-200　输入文字和绘制直线

3. 导出文件

吊牌制作完成后，再来介绍一下导出文件的方法，具体操作步骤如下。

STEP 01 在菜单栏中选择【文件】|【存储为】命令，打开【存储为】对话框，在该对话框中选择存储路径，将【保存类型】设置为【Adobe Illustrator（*.AI）】，单击【保存】按钮，如图6-201所示。

STEP 02 弹出【Illustrator 选项】对话框，保持默认设置，单击【确定】按钮，如图6-202所示。

图6-201　【存储为】对话框

图6-202　【Illustrator 选项】对话框

STEP 03 保存场景后，在菜单栏中选择【文件】|【导出】命令，弹出【导出】对话框，在该对话框中选择导出路径，并将【保存类型】设置为【TIFF（*.TIF）】，如图6-203所示。

STEP 04 单击【保存】按钮，弹出【TIFF 选项】对话框，保持默认设置，单击【确定】按钮，如图6-204所示。

图6-203 【导出】对话框　　　　　　　　　图6-204 【TIFF 选项】对话框

6.8 习题

一、填空题

(1) 在Illustrator中提供了6种文字工具,分别是(　　　)、(　　　)、(　　　)、(　　　)、(　　　)和(　　　)。

(2) 在菜单栏中选择(　　　)|(　　　)|(　　　) 命令,可以弹出【路径文字选项】对话框。

二、简答题

(1) 简述选择文字对象的3种方法。

(2) 简述设置段落缩进的方法。

第 **7** 章 Chapter

外观、图形样式 和图层

07

本章要点:

本章主要讲解Illustrator CS6中图形的外观、样式和图层的编辑技巧和方法,重点介绍【外观】面板、【图层样式】面板和【图层】面板。读者需熟练掌握本章所讲的内容,才能制作出更加丰富多彩的图像效果。

主要内容:

- 认识外观对象
- 认识与应用图形样式
- 编辑图形样式
- 创建与编辑图层
- 管理图层

7.1 认识外观对象

> 外观属性是一组在不改变对象基础结构的前提下影响对象外观的属性。外观属性包括填色、描边、透明度和效果。

【外观】面板是使用外观属性的入口，因为可以把外观属性应用于层、组和对象，所以图稿中的属性层次可能会变得十分复杂。如果用户对整个图层应用了一种效果，而对该图层中的某个对象应用了另一种效果，就可能很难分清到底是哪种效果导致了图稿的更改。【外观】面板可显示已应用于对象、组或图层的填充、描边、图形样式和效果。

7.1.1 【外观】面板

在菜单栏中选择【窗口】|【外观】命令或按Shift+F6组合键，打开【外观】面板，如图7-1所示，通过该面板来查看和调整对象、组或图层的外观属性，各种效果会按其在图稿中的应用顺序从上到下排列。

在【外观】面板中，上方所示为对象的名称，下方列出对象属性的序列，如描边、填充、圆角矩形等效果。若单击项目左边的 ▶ 和 ▼ 按钮，可以展开或折叠项目。

图7-1 【外观】面板

- 对象缩览图：【外观】面板顶部的缩览图为当前选择对象的缩览图，其右侧的名称为选择对象的类别，如路径、文字、群组、位图图像等。
- 描边：显示对象的描边属性。
- 填色：显示对象的填充属性。
- 不透明度：用来显示对象整体的不透明度和混合模式。当对这两种属性进行修改后，可在该选项中显示。设置【不透明度】面板，如图7-2所示；显示在【外观】面板中的效果，如图7-3所示。

图7-2 设置【不透明度】面板

图7-3 设置不透明度后的【外观】面板

【外观】面板中各个按钮的作用如下。

- 【添加新描边】□：可以新添加一个描边颜色。
- 【添加新填色】▣：可以新添加一个填色颜色。
- 【添加效果图】*fx*：若要为对象设置效果，如径向模糊，将打开相应的对话框，如图7-4所示，设置选项后，单击【确定】按钮，如图7-5所示为设置径向模糊后的【外观】面板。
- 【清除外观按钮】◎：单击该按钮，可清除当前对象的效果，使对象无填充、无描边。
- 【复制所选项目按钮】▣：用来复制外观属性。
- 【删除所选项目按钮】🗑：用来删除外观属性。

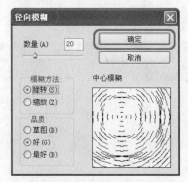

图7-4 【径向模糊】对话框

图7-5 设置径向模糊后的【外观】面板

7.1.2 编辑图形的外观属性

在新建对象后，若希望继承外观属性或者具有基本外观，可以单击【外观】面板右上方的按钮，在弹出的下拉菜单中选择【新建图稿具有基本外观】命令，如图7-6所示。

提示　若要清除当前对象的所有外观属性，单击【外观】面板下方的◎按钮即可。

要通过拖动复制或移动外观属性，可以在【外观】面板中选择要复制外观的对象或组，也可以在【图层】面板中定位到相应的图层，执行下列操作。

STEP 01 将【外观】面板顶部的缩览图拖曳到要复制外观属性的对象上。若没有显示缩览图，可单击【外观】面板右上方的按钮，在弹出的下拉菜单中选择【显示缩览图】命令，如图7-7所示。

STEP 02 按住Alt键，将【图层】面板中要复制外观属性的对象的定位图标◎ 或◎，拖动到要复制的项目按钮◎ 或◎上，可复制外观属性。

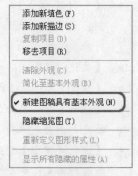

添加新填色(F)
添加新描边(S)
复制项目(D)
移去项目(R)

清除外观(C)
简化至基本外观(B)

✓新建图稿具有基本外观(N)

隐藏缩览图(T)

重新定义图形样式(L)

显示所有隐藏的属性(A)

图7-6 【新建图稿具有基本外观】命令

STEP 03 若要移动外观属性，可将【图层】面板中要移动外观属性的对象的定位图标◎ 或◎，拖动到要移到的项目按钮◎ 或◎上，如图7-8所示。

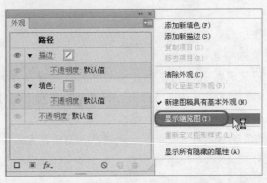

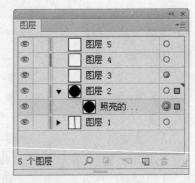

图7-7　选择【显示缩览图】命令　　　　　　　　图7-8　移动外观属性

7.2 认识与应用图形样式

图形样式是一系列外观属性的集合，这些集合存储在【图形样式】面板中，将图形样式应用于对象时可以快速改变对象的外观。

7.2.1 【图形样式】面板和图形样式库

【图形样式】面板用来创建、命名和应用外观属性。在菜单栏中选择【窗口】|【图形样式】命令，打开【图形样式】面板，如图7-9所示。

图7-9　【图形样式】面板

- 【默认图形样式】：单击该样式后，可以将当前选择的对象设置为默认的基本样式，即黑色描边和白色填充。

- 【投影】：单击该样式并设置填色，可以将当前选择的对象以该样式显示，为其添加阴影。

- 【圆角2pt】：单击该样式后，可以将当前选择的对象的边角圆滑2个像素。

- 【实时对称 X】：单击该样式并设置填色，可以将当前选择的对象以X轴为轴向复制；使用该样式后，单击两个对象中的一个，只有原始对象显示选中状态；修改原始对象，复制出的对象也会做出相应的变化。

- 【柔化斜面】：单击该样式后，可以将当前选择的对象的斜面进行柔化。

- 【黄昏】：单击该样式后，可以将当前选择的对象设置为该样式。

- 【植物】：单击该样式后，可以将当前选择的对象设置为该样式，以该样式图案进行填充；调整对象时，该图案不会受影响，以原大小比例进行填充。

- 【高卷式发型】：单击该样式后，可以将当前选择的对象设置为该样式，以该样式图案进行填充；调整对象时，该图案不会受影响，以原大小比例进行填充。

- 【图形样式库菜单】：单击该按钮，可在弹出的下拉菜单中选择一个图形样式库。

- 【断开图形样式链接】：用来断开当前对象使用的样式与面板中样式的链接。断开链接后，可单独修改应用于对象的样式，而不会影响面板中的样式。

- 【新建图形样式】|■|：可以将当前对象的样式保存到【图形样式】面板中。
- 【删除图形样式】|🗑|：选择面板中的图形样式后，单击该按钮，可将选中的图形样式删除。

提示 选择对象，单击【图形样式】面板中的|■|按钮，即可将该对象的外观保存为一个图形样式。

图形样式库是一组预设的图形样式集合。Illustrator提供了一定数量的样式库，用户可以使用预设的样式库，也可以将多个图形样式创建为自定义的样式库。

在【窗口】|【图形样式库】子菜单中，选择一个命令，即可打开选择的库，如图7-10所示。当打开一个图形样式库时，这个库将打开在一个新的面板中，如图7-11所示。

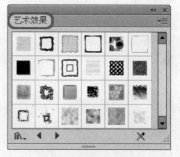

图7-10　打开图形样式库

图7-11　【艺术效果】面板

7.2.2　从其他文档中导入图形样式

将其他文档的图形样式导入到当前文档中使用，操作步骤如下。

STEP 01 在菜单栏中选择【窗口】|【图形样式库】|【其他库】命令，或单击【图形样式】面板中的【图形样式库菜单】按钮|▮▾|，在弹出的下拉菜单中选择【其他库】命令，在弹出的【选择要打开的库】对话框中选择要从中导入图形样式的文件，如图7-12所示。

STEP 02 单击【打开】按钮，该文件的图形样式将导入到当前文档中，并出现在一个单独的面板中，如图7-13所示。

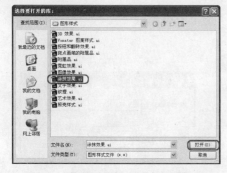

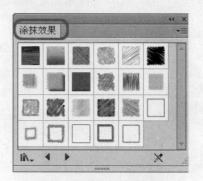

图7-12　【选择要打开的库】对话框

图7-13　【涂抹效果】面板

7.3 编辑图形样式

图形样式是一组可以反复使用的外观属性，使用图形样式可以快速更改对象的外观，包括填色、描边、透明度和效果。应用图形样式可以明显地提高绘图效率，使用【图形样式】面板，可以方便地对图形样式进行编辑。

7.3.1 新建图形样式

在【图形样式】面板中，提供了一些默认的图形样式，用户也可以自己创建图形样式。

新建图形样式，可以选择一个对象并对其应用任意外观属性组合，包括填色、描边、不透明度或效果，在【外观】面板中调整和排列外观属性，并创建多种填充和描边。例如，在一种图形样式中包含有多种填充，每种填充均带有不同的不透明度和混合模式，可以执行下列任一操作。

选择绘制的图形，单击【图形样式】面板中的【新建图形样式】按钮 🔲，如图7-14所示，将该样式存储到【图形样式】面板中，如图7-15所示。

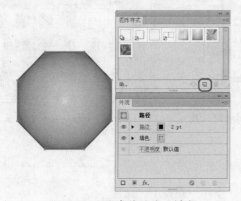

图7-14 需要存储的外观样式

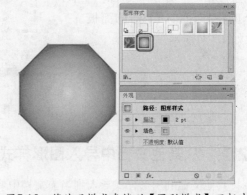

图7-15 将外观样式存储到【图形样式】面板中

单击【图形样式】面板右上方的 按钮，在弹出的下拉菜单中选择【新建图形样式】命令，如图7-16所示，或按住Alt键单击【图形样式】面板中的 🔲 按钮，打开【图形样式选项】对话框，如图7-17所示，设置样式名称，单击【确定】按钮，将该样式添加到【图形样式】面板中。

图7-16 选择【新建图形样式】命令

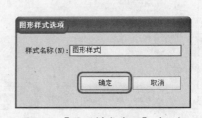

图7-17 【图形样式选项】对话框

将【外观】面板中的对象缩览图拖动到【图形样式】面板中，如图7-18所示；将该样式存储到【图形样式】面板中，如图7-19所示。

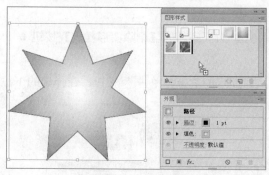
图7-18　拖动外观样式

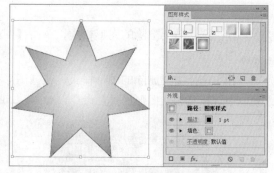
图7-19　将外观样式存储到【图形样式】面板中

7.3.2　复制和删除图形样式

1.复制图形样式

STEP 01 在【图形样式】面板中选择需要复制的图形样式，并将其拖曳到【新建图形样式】按钮 上，如图7-20所示；复制出图形样式，如图7-21所示。

图7-20　拖动图形样式

图7-21　复制出图形样式

STEP 02 在【图形样式】面板中选择需要复制的图形样式，在面板的右上角单击 按钮，在弹出的下拉菜单中选择【复制图形样式】命令，如图7-22所示；复制出图形样式，如图7-23所示。

图7-22　选择【复制图形样式】命令

图7-23　复制出图形样式

2. 删除图形样式

01 拖曳需要删除的图形样式至【删除图形样式】按钮 🗑 上，删除图形样式，如图7-24所示。

02 选择需要删除的图形样式，单击【图形样式】面板底部的【删除图形样式】按钮 🗑 ，删除图形样式。

03 选择需要删除的图形样式，在【图形样式】面板的右上角单击 ▤ 按钮，在弹出的下拉菜单中选择【删除图形样式】命令，如图7-25所示。

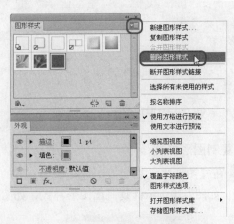

图7-24 拖曳图形样式删除   图7-25 选择【删除图形样式】命令

7.3.3 合并图形样式

合并两种或者更多的图形样式，创建出新的图形样式，操作步骤如下。

01 在【图形样式】面板中，按住Ctrl键选择要合并的图形样式，然后单击面板右上方的 ▤ 按钮，在弹出的下拉菜单中选择【合并图形样式】命令，如图7-26所示。

02 弹出【图形样式选项】对话框，在【样式名称】文本框中为合并后的图形样式命名，单击【确定】按钮，如图7-27所示。

03 设置完成后，【图形样式】面板中就会出现合并后的图形样式，如图7-28所示。

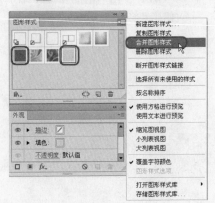

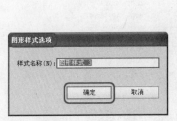

图7-26 选择【合并图形样式】命令   图7-27 【图形样式选项】对话框   图7-28 【图形样式】面板

7.3.4 存储并应用图形样式

下面详细介绍如何存储并应用图形样式。

STEP 01 打开随书附带光盘中的【素材】\【第7章】\【应用图形样式.ai】文件，如图7-29所示。

STEP 02 在工具箱中选择【直排文字工具】 IT ，在画板中输入【执子之手 与子偕老】，在【字符】面板中将【字体】设置为【方正行楷简体】，将【字号】设置为36pt，如图7-30所示。

STEP 03 在画板中选择打开的素材文件中的绿色星星，单击【图形样式】面板下方的【新建图形样式】按钮 ，新建图形样式，如图7-31所示。

图7-29 打开的素材文件

STEP 04 在工具箱中选择【选择工具】 ，在画板中选择文本，在【图形样式】面板中单击新建的样式，将其施加给文本，效果如图7-32所示。

图7-30 输入文本

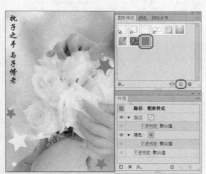
图7-31 存储图形样式

图7-32 为文本施加样式

7.4 创建与编辑图层

在【图层】面板中可以创建新的图层，然后将图形的各个部分放置不同的图层上，每个图层上的对象都可以单独编辑和修改，所有的图层相互堆叠，如图7-33所示为图稿效果，如图7-34所示为【图层】面板。

图7-33 原图稿

图7-34 【图层】面板

7.4.1 【图层】面板

在【图层】面板中可以选择、隐藏、锁定对象，以及修改图稿的外观，通过【图层】面板可以有效地管理复杂的图形对象，简化制作流程，提高工作效率。在菜单栏中选择【窗口】|【图层】命令，可以打开【图层】面板，面板中列出了当前文档中所有的图层，如图7-35所示。

- 图层颜色：默认情况下，Illustrator会为每一个图层指定一个颜色，最多可指定9种颜色。此颜色会显示在图层名称的旁边，当选择一个对象后，它的定界框、路径、锚点及中心点也会显示相同的颜色，如图7-36所示为选择的图形效果和【图层】面板。
- 图层名称：显示图层的名称，当图层中包含子图层或者其他项目时，图层名称的左侧会出现一个▶三角形，单击▶三角形可展开列表，显示出图层中包含的项目，再次单击▼三角形可隐藏项目，如果没有出现三角形，则表示图层中不包含其他的任何项目。
- 【建立/释放剪切蒙版】|▣|：用来创建剪切蒙版。
- 【创建新子图层】|▾|：单击该按钮，可以新建一个子图层。
- 【创建新图层】|▣|：单击该按钮，可以新建一个图层。
- 【删除图层】|▥|：用来删除当前选择的图层，如果当前图层中包含子图层，则子图层也会被同时删除。

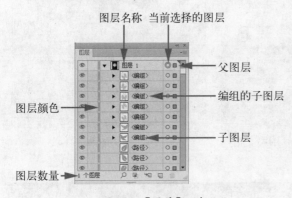

图7-35 【图层】面板

图7-36 选择的图形效果与【图层】面板

7.4.2 新建图层

在创建一个新的Illustrator文件后，Illustrator会自动创建一个图层，即【图层1】，在绘制图形后，便会添加一个子图层，即子图层包含在图层之内。对图层进行隐藏、锁定等操作时，子图层也会同时被隐藏和锁定，将图层删除时，子图层也会被删除。单击图层前面的▶图标可以展开图层，查看该图层所包含的子图层以及子图层的内容。

01 在菜单栏中选择【文件】|【打开】命令，打开随书附带光盘中的【素材】\【第7章】\【新建图层.ai】文件，如图7-37所示。

02 在菜单栏中选择【窗口】|【图层】命令，打开【图层】面板，如图7-38所示。

03 如果要在当前选择的图层之上添加新图层，单击【图层】面板上的【创建新图层】按钮|▣|，即可创建一个新的图层，如图7-39所示。

04 如果要在当前选择的图层内创建新子图层，可以单击【图层】面板上的【创建新子图

【层】按钮|╗,完成后的【图层】面板如图7-40所示。

图7-37 打开的素材文件

图7-38 【图层】面板

图7-39 创建新图层

图7-40 创建新子图层

提示

如果按住Ctrl键单击【创建新图层】按钮|╗,则可以在【图层】面板的顶部新建一个图层;如果按住Alt键单击【创建新图层】按钮|╗,则弹出【图层选项】对话框,在该对话框中可以修改图层的名称、设置图层的颜色等。

7.4.3 设置图层选项

如果在输出打印时,不希望将某个图层的内容打印出来,可以通过设置【图层选项】对话框,从而指定某个图层。

STEP 01 在菜单栏中选择【文件】|【打开】命令,打开随书附带光盘中的【素材】\【第7章】\【设置图层属性.ai】文件,如图7-41所示。

STEP 02 在菜单栏中选择【窗口】|【图层】命令,打开【图层】面板,选择【图层1】,然后单击面板右上角的|┋按钮,在弹出的下拉菜单中选择【所选图层的选项】命令,弹出【图层选项】对话框,如图7-42所示。

图7-41 打开的素材文件

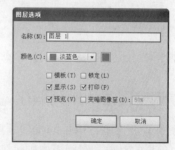
图7-42 【图层选项】对话框

在【图层选项】对话框中,可以修改图层名称、颜色和其他选项,各选项介绍如下。

- 名称:可输入图层的名称。在图层数量较多的情况下,为图层命名可以更加方便地查找和管理对象。

- 颜色:在该下拉列表中可以为图层选择一种颜色,也可以双击右侧的颜色块,在弹出的【颜色】对话框中设置颜色。

- 模板:选择该选项,可以将当前图层创建为模板图层。模板图层前会显示▣图标,图层的名称为倾斜的字体,并自动处于锁定状态,如图7-43所示,模板能被打印和导出。取消选择该选项时,可以将模板图层转换为普通图层。

- 显示:选择该选项时,当前图层为可见图层;取消选择时,则隐藏图层。

- 预览：选择该选项时，当前图层中的对象为预览模式，图层前会显示出 ◉ 图标；取消选择时，图层中的对象为轮廓模式，图层前会显示出 ◯ 图标。
- 锁定：选择该选项，可将当前图层锁定。
- 打印：选择该选项，可打印当前图层。如果取消选择，则该图层中的对象不能被打印，图层的名称也会变为斜体，如图7-44所示。

　　　图7-43　模板效果图　　　　　　　　　　　图7-44　取消打印效果图

- 变暗图像至：选择该选项，然后再输入一个百分比值，可以淡化当前图层中图像和链接图像的显示效果。该选项只对位图有效，矢量图形不会发生任何变化。这一功能在描摹位图图像时十分有用。在【图层1】上双击，在弹出的【图层选项】对话框中，选中【变暗图像至】复选框，并在右侧的文本框中输入数值（默认值为50%），单击【确定】按钮，如图7-45所示。效果如图7-46所示。

　　　图7-45　设置【变暗图像至】选项　　　　　　图7-46　效果图

7.4.4　调整图层的排列顺序

　　在【图层】面板中，图层的排列顺序与在画板中创建图像的排列顺序是一致的，在【图层】面板中顶层的对象，在画板中则排列在最上方，在最底层的对象，在画板中则排列在最底层，同一图层中的对象也是按照该顺序进行排列的。

　　01 在菜单栏中选择【文件】|【打开】命令，打开随书附带光盘中的【素材】\【第7章】\【调整图层的顺序.ai】文件，如图7-47所示。

　　02 在【图层】面板中单击拖动一个图层的名称至所要移动的位置，当出现黑色插入标记时释放鼠标，即可调整图层的位置，调整后的画板效果和【图层】面板效果如图7-48所示；如果将图层拖至另外的图层内，则可将该图层设置为目标图层的子图层。

　　03 如果要反转图层的排列顺序，选择需要调整排列顺序的图层，单击【图层】面板右上角的 ▾≡ 按钮，在弹出的下拉菜单中选择【反向顺序】命令，如图7-49所示，完成后的画板效果和【图层】面板效果如图7-50所示。

图7-47　打开的素材文件

图7-48　调整图层顺序后的效果

图7-49　选择【反向顺序】命令

图7-50　反转图层顺序的效果

 提示

不能将路径、群组或者元素集体移动到【图层】面板中的顶层位置，只有图层才可以位于【图层】面板的层次结构的顶层。

7.4.5　复制、删除和合并图层

在绘制图像时会遇到绘制多个相同图形的情况，这时可以通过复制操作，复制出多个相同的图形。用户可以通过在【图层】面板中，选择该图形所在的图层，复制出多个图层，也可以在该面板中将图层合并或者删除。

1.复制图层

01 在菜单栏中选择【文件】|【打开】命令，打开随书附带光盘中的【素材】\【第7章】\【复制、删除、合并图层.ai】文件，如图7-51所示。

02 在【图层】面板中，将需要复制的图层拖动到【创建新图层】按钮上，如图7-52所示，即可复制该图层，复制后得到的图层将位于原图层之上，如图7-53所示。

 提示

如果在拖动调整图层的排列顺序时，按住键盘上的Alt键，光标会显示为状，如图7-54所示。当光标到达需要的位置后，释放鼠标，可以复制图层并将复制所得到的图层调整到指定的位置，如图7-55所示。

图7-51　打开的素材文件

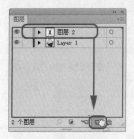   

图7-52　拖动图层　　图7-53　复制图层后的效果　　图7-54　拖动图层　　图7-55　复制图层后的效果

2. 删除图层

在删除图层时，会同时删除图层中的所有对象，例如，如果删除了一个包含子图层、组、路径和剪切组的图层，那么所有这些对象会随图层一起被删除。删除子图层时，不会影响图层和图层中的其他子图层。

如果要删除某个图层或组，首先在【图层】面板中选择要删除的图层或组，如图7-56所示，然后单击【删除图层】按钮　，即可删除选择的图层，也可以将图层拖至【删除图层】按钮　上进行删除，删除后的【图层】面板效果如图7-57所示。

图7-56　选中要删除的图层　　　　　图7-57　删除图层后的效果

3. 合并图层

合并图层的功能与拼合图层的功能类似，二者都可以将对象、群组和子图层合并到同一图层或群组中。而使用拼合功能，则只能将图层中的所有可见对象合并到同一图层中。无论使用哪种功能，图层的排列顺序都保持不变，但其他的图层级属性将不会保留，例如剪切蒙版。

在合并图层时，图层只能与【图层】面板中相同层级的其他图层合并，同样，子图层也只能与相同层级的其他子图层合并，对象无法与其他对象合并。

STEP 01 在菜单栏中选择【文件】|【打开】命令，打开随书附带光盘中的【素材】\【第7章】\【复制、删除、合并图层.ai】文件，如图7-58所示。如果要将对象合并到一个图层或组中，可在【图层】面板中选择要合并的图层或组，如图7-59所示。

STEP 02 单击【图层】面板右上角的　按钮，在弹出的下拉菜单中选择【合并所选图层】命令，如图7-60所示，完成后的【图层】面板效果如图7-61所示。

图7-58　打开的素材文件

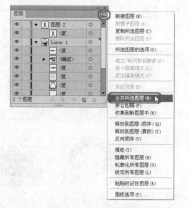

图7-59　选择需要合并的图层　　图7-60　选择【合并所选图层】命令　　图7-61　合并后的效果

 提示　在【图层】面板中单击一个图层即可选择该图层。在选择图层时，按住Ctrl键单击可以添加或取消不连续的图层，按住Shift键单击两个不连续的图层，可以选择这两个图层及之间的所有图层。

STEP 03　拼合图层是将所有的图层全部拼合成一个图层。首先选择一个图层，然后单击【图层】面板右上角的 按钮，在弹出的下拉菜单中选择【拼合图稿】命令，如图7-62所示。

STEP 04　拼合图层后，【图层】面板效果如图7-63所示。

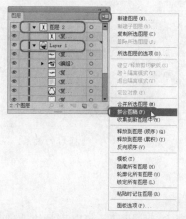

图7-62　选择【拼合图稿】命令　　　　图7-63　拼合图层后的效果

7.5　管理图层

　　图层用来管理组成图稿的所有对象，图层就像是结构清晰的文件夹，在这个文件夹中，包含了所有的图稿内容，可以在图层间移动对象，也可以在图层中创建子图层，如果重新调整了图层的顺序，就会改变对象的排列顺序，影响到对象的最终显示效果。

7.5.1　选择图层及图层中的对象

　　通过图层可以快速、准确地选择比较难选择的对象，减少了选择对象的难度。

STEP 01 在菜单栏中选择【文件】|【打开】命令，打开随书附带光盘中的【素材】\【第7章】\【管理图层.ai】文件，如图7-64所示。如果要选择单一的对象，可在【图层】面板中单击 ◎ 图标，当该图标变为 ◎ 时，表示该图层被选中，如图7-65所示。

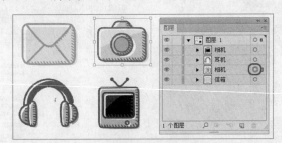

图7-64　打开的素材文件　　　　　　图7-65　选择单一对象

STEP 02 按住Shift键并单击其他子图层，可以添加选择或取消选择对象，如果要选择图层或群组中的所有对象，可单击该图层或群组上的 ◎ 图标，当图标变为 ◎ 时，表示该图层中的所有对象都被选中，如图7-66所示。

如果要在当前所选择对象的基础上，再选择其所在图层中的其他对象，在菜单栏中选择【选择】|【对象】|【同一图层上的所有对象】命令，即可选择该图层上的所有对象，如图7-67所示。

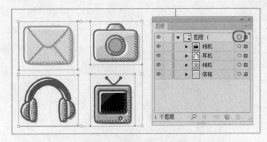
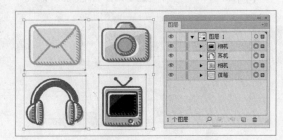

图7-66　选择所有对象　　　　　　图7-67　选择后的效果

7.5.2　显示、隐藏与锁定图层

在【图层】面板中通过对图层的显示、隐藏与锁定，使设计师可以更加快速地绘制复杂图形以及选取某个对象。

1. 显示图层

在菜单栏中选择【文件】|【打开】命令，打开随书附带光盘中的【素材】\【第7章】\【显示、隐藏、锁定图层.ai】文件，如图7-68所示。当画板中的对象呈显示状态时，【图层】面板中该对象所在的图层缩览图前面会显示一个眼睛图标 ◉，如图7-69所示为【图层】面板效果。

2. 隐藏图层

如果要隐藏图层，单击眼睛图标 ◉ 即可；如果隐藏了图层或者群组，则图层或群组中所有的对象都会被隐藏，并且这些对象的缩览图前面的眼睛图标会显示为灰色，如图7-70所示为隐藏图层后的【图层】面板效果，如图7-71所示为隐藏图层后的画板效果。

图7-68　打开的素材文件

图7-69　【图层】面板

图7-70　隐藏图层

图7-71　隐藏图层后的画板效果

在处理复杂的图像时，将暂时不用的对象隐藏，可以减少不用图像的干扰，同时还可以加快屏幕的刷新速度，如果要显示图层，在原 ◉ 图标的位置再次单击即可。

提示

选择对象后，在菜单栏中选择【对象】|【隐藏】|【所选对象】命令，可以隐藏当前选择的对象；选择对象后，在菜单栏中选择【对象】|【隐藏】|【上方所有图稿】命令，可以隐藏位于该对象上方的所有对象；选择对象后，在菜单栏中选择【对象】|【隐藏】|【其他对象】命令，可以隐藏所有未选择的对象；隐藏对象后，在菜单栏中选择【对象】|【显示全部】命令，可以显示所有被隐藏的对象。

3. 锁定图层

在【图层】面板中，单击某图层 ◉ 图标右侧的方块，可以锁定图层。锁定图层后，该方块中会显示一个 🔒 图标，当锁定父图层时，可同时锁定其中的路径、群组和子图层，如图7-72所示为未锁定的【图层】面板效果，如图7-73所示为锁定后的【图层】面板效果。如果要解除锁定，单击 🔒 图标即可。

在Illustrator中，被锁定的对象不能被选择和修改，但锁定的图层是可见的，并且能被打印出来。

提示

如果要锁定当前选择的对象，在菜单栏中选择【对象】|【锁定】|【所选对象】命令即可；如果要锁定与所选对象重叠且位于同一图层中的所有对象，在菜单栏中选择【对象】|【锁定】|【其他图层】命令即可；如果要锁定所有图层，在【图层】面板中选择所有的图层，单击【图层】面板右上角的 按钮，在弹出的下拉菜单中选择【锁定所有图层】命令即可。

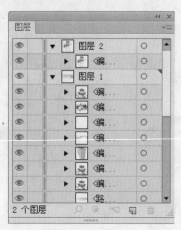

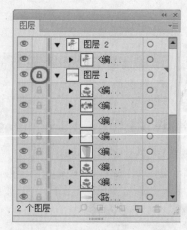

图7-72　未锁定【图层】面板效果　　　　图7-73　锁定【图层】面板效果

7.5.3　更改图层的显示模式

更改图层的显示模式，便于在处理复杂图像时，更加方便地选择对象。在实际操作中往往只需切换个别对象的显示模式，因此可以通过【图层】面板进行设置。

更改图层显示模式的操作步骤如下。

01 在菜单栏中选择【文件】|【打开】命令，打开随书附带光盘中的【素材】\【第7章】\【更改图层的显示模式.ai】文件，如图7-74所示。

02 单击【图层】面板右上角的▼≡按钮，在弹出的下拉菜单中选择【轮廓化所有图层】命令，如图7-75所示。

图7-74　打开的素材文件

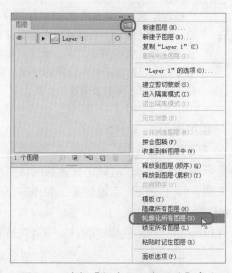

图7-75　选择【轮廓化所有图层】命令

03 切换为轮廓模式的图层前的眼睛图标将变为⊙状，如图7-76所示。

04 将图层转换为轮廓模式的画板效果如图7-77所示。按住Ctrl键单击眼睛图标⊙可将对象切换为预览模式。

图7-76 切换为轮廓模式

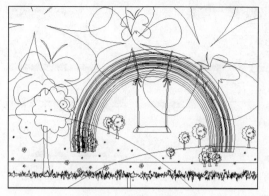

图7-77 画板效果

7.6 拓展练习——绘制人物画报

下面通过绘制人物画报来介绍【图层】面板的应用，最终效果如图7-78所示。

STEP 01 运行Illustrator CS6，在菜单栏中选择【文件】|【新建】命令，在弹出的【新建文档】对话框中设置【名称】为【人物画报】，将【宽度】设置为215mm，将【高度】设置为300mm，单击【确定】按钮，如图7-79所示。

STEP 02 在工具箱中选择【矩形工具】 🔲，在场景中绘制一个与画框一样大小的矩形，如图7-80所示。

图7-78 人物画报效果

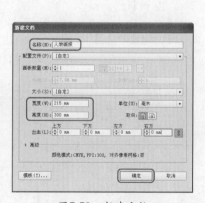

图7-79 新建文档

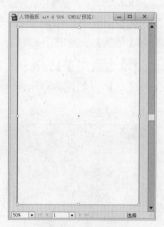

图7-80 绘制矩形

STEP 03 选择该矩形，在菜单栏中选择【窗口】|【渐变】命令，打开【渐变】面板，双击左侧滑块，在弹出的面板中，单击右上角的 ▾≡ 按钮，将颜色模式设置为CMYK，如图7-81所示。

STEP 04 将颜色的CMYK值设置为40%、100%、100%、7%，如图7-82所示。

STEP 05 双击右侧滑块，使用同样的方法将颜色模式设置为CMYK，将颜色的CMYK值设置为4%、45%、0%、0%，将【位置】设置为80%，如图7-83所示。

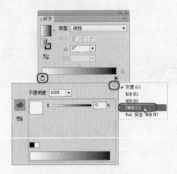
图7-81 选择CMYK模式

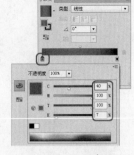
图7-82 设置颜色

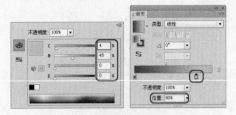
图7-83 设置颜色

STEP 06 在两个滑块之间单击，添加一个新的滑块，双击新滑块，将其CMYK值设置为25%、60%、0%、0%，将【位置】设置为38%，将【角度】设置为124°，如图7-84所示。

STEP 07 使用相同的方法制作第4个滑块，将CMYK值设置为39%、25%、0%、0%，将【位置】设置为66%，如图7-85所示。

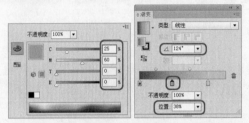
图7-84 设置颜色

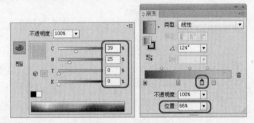
图7-85 设置颜色

STEP 08 设置完成后，场景效果如图7-86所示。

STEP 09 在菜单栏中选择【窗口】|【图层】命令，打开【图层】面板，双击【图层1】，将其命名为【背景】，如图7-87所示。

STEP 10 在【图层】面板中，单击【创建新图层】按钮 ，创建【图层2】，然后将其名称更改为【花】，如图7-88所示。

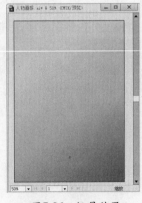
图7-86 场景效果

图7-87 更改图层名称

图7-88 新建并命名图层

STEP 11 在菜单栏中选择【文件】|【置入】命令，弹出【置入】对话框，选择随书附带光盘中的【素材】\【第7章】\【花.psd】文件，单击【置入】按钮，如图7-89所示。

STEP 12 在工具箱中选择【选择工具】 ，选择置入的花，然后单击鼠标右键，在弹出的快捷菜单中选择【变换】|【对称】命令，如图7-90所示。

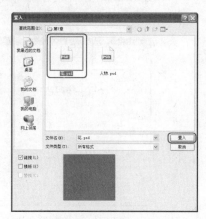

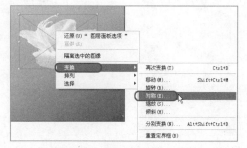

图7-89　选择素材文件　　　　　　　　　图7-90　选择【对称】命令

STEP 13 弹出【镜像】对话框，保持默认设置，并选中【预览】复选框，单击【确定】按钮，如图7-91所示。

STEP 14 置入文件后，当光标变为 时，按住Shift键并按住鼠标左键进行拖动，调整素材的大小；当光标变为 时，按住鼠标左键拖动，旋转素材并调整其位置，如图7-92所示。

STEP 15 继续选择花素材，按住Alt键并拖动鼠标，复制一个新的图形，并对其进行调整，如图7-93所示。

图7-91　【镜像】对话框　　　　　图7-92　调整图形　　　　图7-93　调整图形

STEP 16 使用相同的方法制作两个图形，效果如图7-94所示。

STEP 17 在【图层】面板中，单击【创建新图层】按钮 ，新建【图层3】，并将其命名为【人物】，如图7-95所示。

STEP 18 在菜单栏中选择【文件】|【置入】命令，在弹出的【置入】对话框中，选择随书附带光盘中的【素材】\【第7章】\【人物.psd】文件，单击【置入】按钮，如图7-96所示。

STEP 19 在工具箱中选择【选择工具】 ，选择置入的人物，调整其在画框中的位置，如图7-97所示。

STEP 20 在【图层】面板中，在【人物】、【花】、【背景】图层前的空白处单击，将图层锁定，如图7-98所示。

21 在【图层】面板中，单击【创建新图层】按钮 ，创建【图层4】，选择该图层并按住鼠标左键将其拖动至【花】图层下方，如图7-99所示。

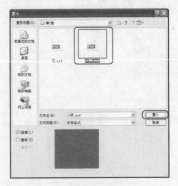

图7-94　场景效果　　　　图7-95　创建新图层　　　　图7-96　选择素材文件

图7-97　调整图形位置　　　　图7-98　锁定图层　　　　图7-99　创建新图层

22 在菜单栏中选择【文件】|【打开】命令，弹出【打开】对话框，选择随书附带光盘中的【素材】\【第7章】\【背景素材.ai】文件，单击【打开】按钮，如图7-100所示。

23 打开的场景如图7-101所示。

24 在工具箱中选择【选择工具】 ，在场景中选择第一个图形，按Ctrl+C组合键，复制图形；回到【人物画报】场景中，按Ctrl+V组合键，将图形粘贴至场景中，并调整其在画框中的位置，如图7-102所示。

图7-100　选择素材文件　　　　图7-101　打开的场景　　　　图7-102　粘贴图形并调整

STEP 25 继续选择该图形，按住Alt键复制一个图形，并调整其在画框中的位置，如图7-103所示。

STEP 26 在【背景素材】场景中，选择第二个图形，使用相同的方法将其复制到【人物画报】场景中，并调整至合适的位置，如图7-104所示。

图7-103　复制图形

图7-104　调整图层位置

STEP 27 按Ctrl+【组合键，将该子图层向下移动，如图7-105所示。

STEP 28 使用相同的方法，将【背景素材】场景中的其他图形复制到该场景中，并进行调整，如图7-106所示。

图7-105　调整图层

图7-106　粘贴并调整图形后的效果

STEP 29 在【图层】面板中，选择【人物】图层，然后单击【创建新图层】按钮 ，新建【图层5】，双击该图层名称，将其命名为【装饰】，如图7-107所示。

STEP 30 在菜单栏中选择【文件】|【打开】命令，弹出【打开】对话框，选择随书附带光盘中的【素材】\【第7章】\【装饰素材.ai】文件，单击【打开】按钮，如图7-108所示。

STEP 31 在【装饰素材】场景中，在工具箱中选择【选择工具】 ，选择一个图形并按Ctrl+C组合键，复制该图形；在【人物画报】场景中，按Ctrl+V组合键粘贴该图形，并调整至合适的位置，如图7-109所示。

STEP 32 使用相同的方法，将其他的图形复制到该场景中，并进行调整，最终效果如图7-110所示。

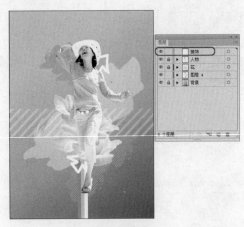

图7-107　创建新图层

图7-108　选择素材文件

图7-109　粘贴并调整图形

图7-110　最终效果

33 在菜单栏中选择【文件】|【存储为】命令，打开【存储为】对话框，将【文件名】设置为【人物画报】，将【保存类型】设置为【Adobe Illustrator（*.AI）】，单击【保存】按钮，如图7-111所示。

34 弹出【Illustrator 选项】对话框，保持默认设置，单击【确定】按钮，如图7-112所示。

图7-111　保存场景

图7-112　【Illustrator 选项】对话框

STEP 35 在菜单栏中选择【文件】|【导出】命令，弹出【导出】对话框，将【保存类型】设置为【TIFF（*.TIF）】，选中【使用画板】复选框，单击【保存】按钮，如图7-113所示。

STEP 36 弹出【TIFF 选项】对话框，保持默认设置，单击【确定】按钮，如图7-114所示，导出图片完成。

图7-113　导出图片

图7-114　【TIFF 选项】对话框

7.7　习题

一、填空题

（1）外观属性包括（　　　　　）、（　　　　　）、（　　　　　）和（　　　　　）。

（2）在菜单栏中选择（　　　　　）|（　　　　　）命令，可以打开【图层】面板。

二、简答题

如何更改图层的显示模式？

Chapter
08

第 8 章
应用效果和滤镜

本章要点:

　　Illustrator包含各种效果,用户可以对某个对象、组或图层应用效果,以更改其特征。使用Illustrator中提供的滤镜功能,可以为图形制作出绚丽的效果。本章主要向读者介绍Illustrator CS6中效果和滤镜的应用。完成本章的学习,读者能够轻松掌握Illustrator CS6中各种效果和滤镜的使用和设置,能够设计出更加炫酷的作品。

主要内容:

- 效果的基本知识
- 3D效果
- SVG滤镜
- 变形
- 扭曲和变换
- 栅格化
- 裁切标记
- 路径
- 路径查找器
- 转换为形状
- 风格化
- 滤镜的工作原理
- 效果画廊
- 滤镜组

8.1 效果的基本知识

【效果】菜单上半部分的效果是矢量效果，在【外观】面板中，只能将这些效果应用于矢量对象，或者某个位图对象的填色或者描边，但是下列效果例外，这些效果可以同时应用于矢量和位图对象：3D、SVG滤镜、变形、变换、投影、羽化、内发光以及外发光。

【效果】菜单下半部分的效果是栅格效果，可以将它们应用于矢量对象或位图对象。

效果是实时的，即向对象应用一个效果命令后，【外观】面板中便会列出该效果，可以继续使用【外观】面板随时修改效果选项或删除该效果，可以对该效果进行编辑、移动、复制、删除，或将其存储为图形样式的一部分。在菜单栏中选择【效果】命令，查看【效果】菜单的内容，如图8-1所示。

- 应用上一个效果：应用上次使用的效果和设置。
- 上一个效果：继续应用上次使用的效果命令，再次弹出该效果的对话框，可以更改其中的设置。

图8-1 【效果】菜单

8.2 3D效果

3D效果可以从二维图稿创建三维对象，可以通过高光、阴影、旋转及其他属性来控制3D对象的外观，还可以将图稿贴到3D对象中的每一个表面上。

8.2.1 凸出和斜角

在Illustrator中的【凸出和斜角】命令，可以通过挤压平面对象的方法，为平面对象增加厚度来创建立体对象。在【3D凸出和斜角选项】对话框中，用户可以通过设置位置、透视、凸出厚度、端点、斜角/高度等选项，来创建具有凸出和斜角效果的逼真立体图形。

在场景中绘制一个图形，并将其填充颜色与背景色区分开，在菜单栏中选择【效果】|【3D】|【凸出和斜角】命令，打开【3D 凸出和斜角选项】对话框，单击对话框中的【更多选项】按钮，可以查看完整的选项列表，如图8-2所示。

- 位置：设置对象如何旋转以及观看对象的透视角度。将鼠标指针放置在【位置】选项的预览视图位置，按住鼠标左键不放进行拖曳，可使图案进

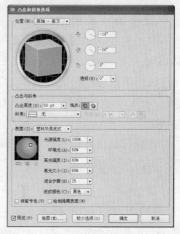

图8-2 【3D凸出和斜角选项】对话框

行360°的旋转。

- 凸出与斜角：确定对象的深度以及向对象添加或从对象剪切的任何斜角的延伸。
- 表面：创建各种形式的表面，从黯淡、不加底纹的不光滑表面到平滑、光亮、看起来类似塑料的表面。
- 光照：添加一个或多个光源，调整光源强度，改变对象的底纹颜色，以及围绕对象移动光源以实现生动的效果。

8.2.2 绕转

围绕全局Y轴（绕转轴）绕转一条路径或剖面，使其做圆周运动。在菜单栏中选择【效果】|【3D】|【绕转】命令，打开【3D 绕转选项】对话框，单击对话框中的【更多选项】按钮，可以查看完整的选项列表，如图8-3所示。

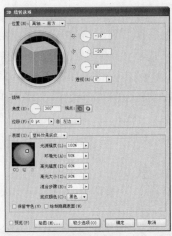

- 位置：设置对象如何旋转以及观看对象的透视角度。将鼠标指针放置在【位置】选项的预览视图位置，按住鼠标左键不放进行拖曳，可使图案进行360°的旋转。
- 绕转：设置对象的角度和偏移位置，使其转入三维之中。
- 表面：创建各种形式的表面，从黯淡、不加底纹的不光滑表面到平滑、光亮、看起来类似塑料的表面。

图8-3 【3D 绕转选项】对话框

8.3 SVG 滤镜

SVG是Scalable Vector Graphics的首字母缩写，即可缩放的矢量图形。它是一种开放、标准的矢量图形语言，用于为Web提供非栅格的图像标准，是将图像描述为形状、路径、文本和滤镜效果的矢量格式。

1. 应用SVG 滤镜

在菜单栏中选择【效果】|【SVG 滤镜】|【应用SVG 滤镜】命令，打开【应用SVG 滤镜】对话框，在该对话框中选择需要的SVG滤镜效果，其中的滤镜与SVG 滤镜快捷菜单中的滤镜是相同的，其各项效果如图8-4所示。以下效果均以默认值设置，设计师可以自己调整数值找到最合适的效果。

2. 导入SVG 滤镜

在菜单栏中选择【效果】|【SVG 滤镜】|【导入SVG 滤镜】命令，弹出【选择 SVG 文件】对话框，在该对话框中用户可以选择自己下载的SVG滤镜。

图8-4 SVG各项滤镜效果

8.4　变形

通过该命令，对矢量图形内容进行改变，但是其基本形状不会改变，在菜单栏中选择
【效果】|【变形】命令，在弹出的子菜单中查看变形方式，选择任意一项打开【变形选项】
对话框，如图8-5所示。

- 样式：设置图形变形的样式，其中包括弧形、下弧形、上弧形等15种变形方式。
- 弯曲：设置图形的弯曲程度，滑块越往两端，图形的弯曲程度就越大。
- 扭曲：设置图形水平、垂直方向的扭曲程度，滑块越往两端，图形的扭曲程度就越大。

变形各种样式效果如图8-6所示。

图8-5　【变形选项】对话框

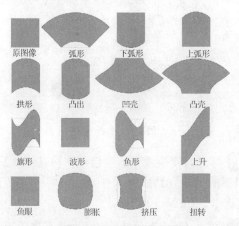

图8-6　变形各种样式效果

8.5　扭曲和变换

在菜单栏中选择【效果】|【扭曲和变换】命令，可以查看【扭曲和变换】子菜单中包含
的命令，如图8-7所示。

图8-7　【扭曲和变换】子菜单

8.5.1 变换

利用【变换】命令可以更改选择对象的大小、位置、角度、数量等。

STEP 01 打开随书附带光盘中的【素材】\【第8章】\【变换.ai】文件，在工具箱中选择【选择工具】 ，在场景中选择需要变换的图形，如图8-8所示。

STEP 02 在菜单栏中选择【效果】|【扭曲和变换】|【变换】命令，如图8-9所示。

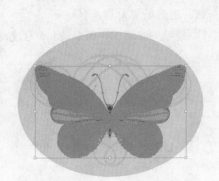

图8-8 选择图形　　　　　　　　　图8-9 选择【变换】命令

STEP 03 打开【变换效果】对话框，将【缩放】选项组下的【水平】设置为75%，将【移动】选项组下的【垂直】设置为-10mm，将【旋转】选项组下的【角度】设置为90°，选中【预览】复选框，如图8-10所示。

STEP 04 单击【确定】按钮，效果如图8-11所示。

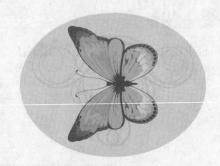

图8-10 【变换效果】对话框　　　　　　图8-11 最终效果

8.5.2 扭拧

扭拧效果将选择的图形随机地向内或向外弯曲和扭曲路径段。

STEP 01 运行Illustrator CS6，打开随书附带光盘中的【素材】\【第8章】\【扭曲和变换.ai】文件，在工具箱中选择【选择工具】 ，在场景中选择需要扭拧的图形，如图8-12所示。

STEP 02 在菜单栏中选择【效果】|【扭曲和变换】|【扭拧】命令，如图8-13所示。

图8-12　选择图形

图8-13　选择【扭拧】命令

STEP 03 打开【扭拧】对话框，在【数量】选项组下将【水平】设置为30%，【垂直】设置为30%，选中【预览】复选框，如图8-14所示。

STEP 04 单击【确定】按钮，效果如图8-15所示。

图8-14　【扭拧】对话框

图8-15　最终效果

8.5.3　扭转

扭转效果指旋转一个对象，中心的旋转程度比边缘的旋转程度大。

STEP 01 运行Illustrator CS6，打开随书附带光盘中的【素材】\【第8章】\【扭曲和变换.ai】文件，在工具箱中选择【选择工具】，在场景中选择需要扭转的图形，如图8-16所示。

STEP 02 在菜单栏中选择【效果】|【扭曲和变换】|【扭转】命令，如图8-17所示。

图8-16　选择图形

图8-17　选择【扭转】命令

STEP 03 打开【扭转】对话框，将【角度】设置为100°，选中【预览】复选框，如图8-18所示。

STEP 04 单击【确定】按钮，效果如图8-19所示。

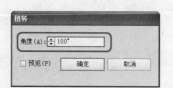

图8-18 【扭转】对话框　　　　　图8-19 最终效果

8.5.4 收缩和膨胀

收缩和膨胀滤镜是在将线段向内弯曲（收缩）时，内外拉出矢量对象的锚点，或在将线段向外弯曲（膨胀）时，向内拉入锚点。

STEP 01 新建场景后，在工具箱中选择【星形工具】☆，在场景中单击鼠标左键，弹出【星形】对话框，设置【半径1】为20mm，设置【半径2】为10mm，设置【角点数】为6，单击【确定】按钮，如图8-20所示。

STEP 02 绘制星形后，在菜单栏中选择【效果】|【扭曲和变换】|【变换】命令，弹出【变换效果】对话框，在【移动】选项组下将【水平】设置为40mm，在【选项】选项组下将【副本】设置为5，选中【预览】复选框，如图8-21所示。

STEP 03 单击【确定】按钮，绘制的图形效果如图8-22所示。

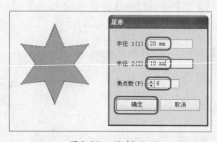

图8-20 绘制星形　　　　图8-21 【变换效果】对话框　　　　图8-22 图形效果

STEP 04 在菜单栏中再次选择【效果】|【扭曲和变换】|【变换】命令，弹出【Adobe Illustrator】对话框，单击【应用新效果】按钮，弹出【变换效果】对话框，在【移动】选项组下将【垂直】设置为45mm，在【选项】选项组下将【副本】设置为3，选中【预览】复选框，如图8-23所示。

STEP 05 单击【确定】按钮，绘制的图形效果如图8-24所示。

STEP 06 在工具箱中选择【选择工具】▶，选择绘制的图形，在菜单栏中选择【效果】|【扭曲和变换】|【收缩和膨胀】命令，如图8-25所示。

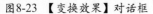

图8-23 【变换效果】对话框

图8-24 图形效果

图8-25 选择【收缩和膨胀】命令

STEP 07 弹出【收缩和膨胀】对话框，移动对话框中的滑块来调整收缩和膨胀的百分比，在调整的过程中可以得到不同的图形效果。当滑块向左滑动时，图形收缩如图8-26所示；当滑块向右滑动时，图形膨胀如图8-27所示。不同的数值会得到不同的图形效果，设计师可以根据自己的需求对数值进行调整。

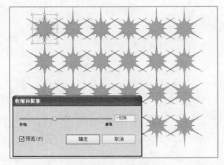

图8-26 图形收缩

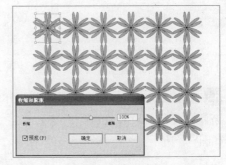

图8-27 图形膨胀

8.5.5 波纹效果

波纹效果是将对象的路径段变换为同样大小的尖峰和凹谷形成的锯齿和波形数组。绘制的图形大小不一，则相应的数值也会改变，在波纹效果设置完成后，调整图形的大小，但是波纹效果会保持设置的数值，并做出相应改变。

STEP 01 在工具箱中选择【椭圆工具】⚪，按Shift+Alt组合键并按住鼠标左键进行拖动，绘制一个圆形，如图8-28所示。

STEP 02 在工具箱中选择【选择工具】▶，选择绘制的圆形，在菜单栏中选择【窗口】|【渐变】命令，打开【渐变】面板，将【类型】设置为【径向】，双击左侧的渐变滑块，设置其CMYK值为0%、10%、10%、0%；使用同样的方法双击右侧的渐变滑块，设置其CMYK值为0%、10%、7%、0%；创建一个新的渐变滑块并双击，设置其CMYK值为0%、50%、25%、0%，如图8-29所示。

图8-28 绘制圆形

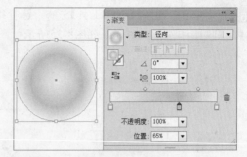

图8-29 设置渐变

STEP 03 继续选择圆形，在菜单栏中选择【效果】|【扭曲和变换】|【波纹效果】命令，打开【波纹效果】对话框，将【大小】设置为6mm，【每段的隆起数】设置为3，选中【平滑】单选按钮，选中【预览】复选框，如图8-30所示。

STEP 04 单击【确定】按钮，在工具箱中双击【旋转工具】，打开【旋转】对话框，将【角度】设置为30°，单击【复制】按钮，如图8-31所示。

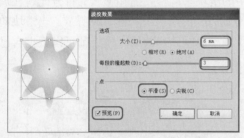

图8-30 设置波纹效果

图8-31 【旋转】对话框

STEP 05 单击【确定】按钮，图形效果如图8-32所示。

至此，使用波纹效果制作的花朵就完成了，设计师可以使用该花朵制作出更加丰富的场景，如图8-33所示。

图8-32 图形效果

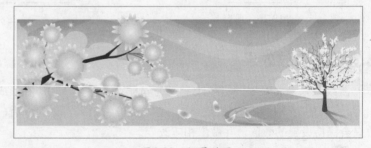

图8-33 场景效果

8.5.6 粗糙化

粗糙化滤镜可将适量对象的路径变为各种大小的尖峰和凹谷的锯齿数组。使用绝对大小或者相对大小设置路径段的最大长度。

STEP 01 运行Illustrator CS6，打开随书附带光盘中的【素材】\【第8章】\【留声机.ai】文件，在工具箱中选择【选择工具】，在场景中选择需要粗糙化的图形，如图8-34所示。

STEP 02 在菜单栏中选择【效果】|【扭曲和变换】|【粗糙化】命令，如图8-35所示。

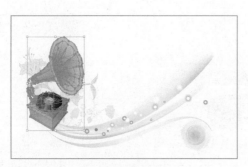

图8-34 选择图形

图8-35 选择【粗糙化】命令

STEP 03 打开【粗糙化】对话框，将【选项】选项组下的【大小】设置为7%，【细节】设置为8；在【点】选项组下，选中【平滑】单选按钮，选中【预览】复选框，如图8-36所示。

STEP 04 单击【确定】按钮，效果如图8-37所示。

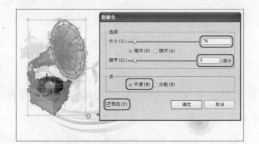

图8-36 【粗糙化】对话框

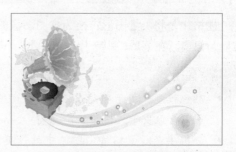

图8-37 最终效果

8.5.7 自由扭曲

自由扭曲可以通过拖动4个角落任意控制点的方式来改变矢量对象的形状。

STEP 01 运行Illustrator CS6，打开随书附带光盘中的【素材】\【第8章】\【留声机.ai】文件，在工具箱中选择【选择工具】，在场景中选择需要自由扭曲的图形，如图8-38所示。

STEP 02 在菜单栏中选择【效果】|【扭曲和变换】|【自由扭曲】命令，如图8-39所示。

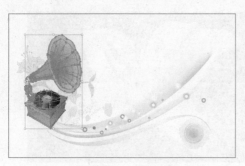

图8-38 选择图形

图8-39 选择【自由扭曲】命令

STEP 03 打开【自由扭曲】对话框，调整4个点的位置，如图8-40所示。

STEP 04 单击【确定】按钮，最终效果如图8-41所示。

图8-40 【自由扭曲】对话框

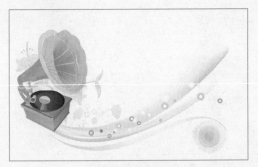

图8-41 最终效果

8.6 栅格化

栅格化是将矢量图形转换为位图图像的过程，执行栅格化后，Illustrator会将图形和路径转换为像素。在菜单栏中选择【效果】|【栅格化】命令，打开【栅格化】对话框，如图8-42所示。

- 颜色模型：用于确定在栅格化过程中所用的颜色模型。可以生成RGB或CMYK颜色的图像（取决于文档的颜色模式）、灰度图像或位图。
- 分辨率：设置栅格化图像中的每英寸像素数（ppi）。栅格化矢量对象时，可以选择"使用文档栅格效果分辨率"选项来设置全局分辨率。
- 背景：设置矢量图形栅格后是否为透明底色。当选择【白色】选项时，可以用白色像素填充透明区域；当选择【透明】选项时，可以创建一个Alpha通道（除1位图像以外的所有图像），如果图稿被导出到Photoshop中，Alpha通道将会保留。
- 消除锯齿：应用消除锯齿效果可以改善栅格化图像的锯齿边缘外观。设置文档的栅格化选项时，如果取消选择此选项，将保留细小线条和细小文本的尖锐边缘。
- 创建剪切蒙版：创建一个使栅格化图像的背景显示为透明的蒙版。
- 添加环绕对象：在栅格化图像的周围添加指定数量的像素。

STEP 01 打开随书附带光盘中的【素材】\【第8章】\【百合.ai】文件，如图8-43所示。

图8-42 【栅格化】对话框

图8-43 打开的场景文件

STEP 02 在工具箱中选择【选择工具】 ，在场景中选择百合，然后在菜单栏中选择【效果】|
【栅格化】命令，如图8-44所示。

STEP 03 打开【栅格化】对话框，保持默认设置，单击【确定】按钮，如图8-45所示。图形效
果如图8-46所示。

图8-44　选择【栅格化】命令　　　图8-45　【栅格化】对话框　　　　图8-46　图形效果

8.7 裁切标记

　　裁切标记除了可以指定其他工作区域以裁切要输出的图稿之外，也可以在图稿中建立并
使用多组裁切标记。裁切标记指出要裁切打印纸张的位置。若要在页面上围绕几个对象建立
标记，裁切标记就很有用，例如打印一张名片。若要对齐已转存至其他应用程序的 Illustrator
图稿，裁切标记也十分有用。

裁切标记与工作区域有下列几点不同。

- 工作区域指定图稿的可打印边界，而裁切标记则完全不影响打印区域。
- 一次只能启用一个工作区域，但是可以同时建立并显示多个裁切标记。
- 工作区域由可见但不会打印的标记指示，而裁切标记则用套版黑色打印出来。

提示　　裁切标记不会取代使用【打印】对话框中的【标记和出血】选项创建的裁切标记。

1. 建立裁切标记

STEP 01 在工具箱中选择【选择工具】 ，在场景中选择图形，然后在菜单栏中选择【效果】|
【裁切标记】命令，如图8-47所示。

STEP 02 选择【裁切标记】命令后，创建即时裁切标记完成，如图8-48所示。

2. 删除裁切标记

选择图形后，打开【外观】面板，在该面板中选择裁切标记，并按住鼠标左键将其拖至
 按钮上，删除裁切标记。

图8-47　选择【裁切标记】命令

图8-48　建立裁切标记

8.8　路径

在菜单栏中选择【效果】|【路径】命令，在弹出的子菜单中包含3种用于处理路径的命令，分别是【位移路径】、【轮廓化对象】和【轮廓化描边】，如图8-49所示。

- 位移路径：使用【位移路径】命令可以将图形扩展或收缩。
- 轮廓化对象：使用【轮廓化对象】命令可以将对象创建为轮廓。该菜单命令通常用于处理文字，将文字创建为轮廓。
- 轮廓化描边：使用【轮廓化描边】命令可以将对象的描边创建为轮廓。创建为轮廓后，还可以继续对描边的粗细进行调整。

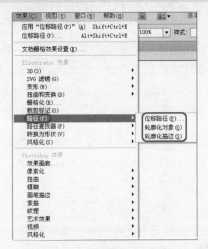

图8-49　【路径】子菜单

8.9　路径查找器

在菜单栏中选择【效果】|【路径查找器】命令，在弹出的子菜单中包含13种命令，如图8-50所示。这些效果与【路径查找器】面板中的命令作用相同，都可以在重叠的路径中创建新的形状。但是在【效果】菜单中的路径查找器效果仅可应用于组、图层与文本对象，应用后仍可以在【外观】面板中对应用的效果进行修改；而【路径查找器】面板可以应用于任何对象，但是应用后无法修改。

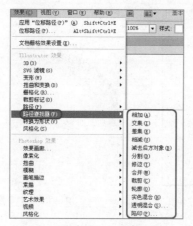

图8-50 【路径查找器】子菜单

8.10 转换为形状

在菜单栏中选择【效果】|【转换为形状】命令,在弹出的子菜单中包含3种命令,使用这些命令可以将矢量对象的形状转换为矩形、圆角矩形与椭圆形,如图8-51所示。

STEP 01 按Ctrl+O组合键弹出【打开】对话框,在该对话框中选择随书附带光盘中的【素材】\【第8章】\【001.ai】文件,单击【打开】按钮,效果如图8-52所示。

STEP 02 在工具箱中选择【选择工具】 ,在画板中选择蜻蜓对象,如图8-53所示。

STEP 03 在菜单栏中选择【效果】|【转换为形状】命令,在弹出的子菜单中执行下列操作之一。

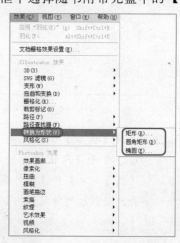

图8-51 【转换为形状】子菜单

- 选择【矩形】命令:使用该命令可以将选择对象的形状转换为矩形。选择该命令后,弹出【形状选项】对话框,在该对话框中可以对选项参数进行设置,在这里将【额外宽度】和【额外高度】都设置为2mm,如图8-54所示。单击【确定】按钮,转换为矩形后的效果如图8-55所示。

图8-52 打开的素材文件

图8-53 选择蜻蜓对象

图8-54 【形状选项】对话框　　　　　　图8-55 转换为矩形后的效果

- 选择【圆角矩形】命令：使用该命令可以将选择对象的形状转换为圆角矩形。选择该命令后，弹出【形状选项】对话框，在该对话框中可以对选项参数进行设置，在这里将【额外宽度】和【额外高度】都设置为3mm，将【圆角半径】设置为5mm，如图8-56所示。单击【确定】按钮，转换为圆角矩形后的效果如图8-57所示。

图8-56 设置参数　　　　　　　　　图8-57 转换为圆角矩形后的效果

- 选择【椭圆】命令：使用该命令可以将选择对象的形状转换为椭圆形。选择该命令后，弹出【形状选项】对话框，在该对话框中可以对选项参数进行设置，在这里将【额外宽度】和【额外高度】都设置为1mm，如图8-58所示。单击【确定】按钮，转换为椭圆形后的效果如图8-59所示。

图8-58 设置参数　　　　　　　　　图8-59 转换为椭圆形后的效果

8.11　风格化

在菜单栏中选择【效果】|【风格化】命令，在弹出的子菜单中包含6种命令，使用这些命令可以为对象添加外观样式，如图8-60所示。

图8-60　【风格化】子菜单

8.11.1　内发光

使用【内发光】效果可以为选择的对象添加内发光。

01 按Ctrl+O组合键弹出【打开】对话框，在该对话框中选择随书附带光盘中的【素材】\【第8章】\【风格化.ai】文件，单击【打开】按钮，效果如图8-61所示。

02 使用【选择工具】 在画板中选择花朵对象，如图8-62所示。

图8-61　打开的素材文件

图8-62　选择花朵对象

03 在菜单栏中选择【效果】|【风格化】|【内发光】命令，弹出【内发光】对话框，在该对话框中将【不透明度】设置为80%，将【模糊】设置为10pt，如图8-63所示。

- 模式：在该下拉列表中可以选择内发光的混合模式。单击下拉列表右侧的颜色框，弹出【拾色器】对话框，在该对话框中可以设置内发光的颜色。
- 不透明度：用来设置发光颜色的不透明度。
- 模糊：用来设置发光效果的模糊范围。
- 中心 / 边缘：选择【中心】选项时，可以从对象中心产生发散的发光效果；选择【边缘】选项时，可以从对象边缘产生发散的发光效果。

STEP 04 单击【确定】按钮，设置内发光后的效果如图8-64所示。

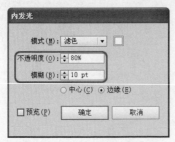

图8-63 【内发光】对话框　　　　　图8-64　内发光效果

8.11.2　圆角

使用【圆角】效果可以将对象的尖角转换为圆角。

STEP 01 按Ctrl+O组合键弹出【打开】对话框，在该对话框中选择随书附带光盘中的【素材】\
【第8章】\【风格化.ai】文件，单击【打开】按钮，效果如图8-65所示。

STEP 02 使用【选择工具】 在画板中选择三角形对象，如图8-66所示。

图8-65　打开的素材文件　　　　　图8-66　选择三角形对象

STEP 03 在菜单栏中选择【效果】|【风格化】|【圆角】命令，弹出【圆角】对话框，在该对话框中将【半径】设置为100pt，如图8-67所示。

STEP 04 单击【确定】按钮，设置圆角后的效果如图8-68所示。

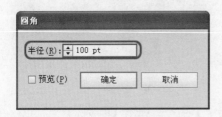

图8-67 【圆角】对话框　　　　　图8-68　圆角效果

8.11.3　外发光

使用【外发光】效果可以为选择的对象添加外发光。

STEP 01 打开素材文件【风格化.ai】，然后使用【选择工具】 在画板中选择花朵对象，如图8-69所示。

STEP 02 在菜单栏中选择【效果】|【风格化】|【外发光】命令，弹出【外发光】对话框，在该对话框中将【不透明度】设置为100%，将【模糊】设置为15pt，如图8-70所示。

STEP 03 单击【确定】按钮，设置外发光后的效果如图8-71所示。

图8-69   选择花朵对象

图8-70   【外发光】对话框

图8-71   外发光效果

8.11.4 投影

使用【投影】效果可以为选择的对象添加投影。

STEP 01 打开素材文件【风格化.ai】，然后使用【选择工具】在画板中选择如图8-72所示的对象。

STEP 02 在菜单栏中选择【效果】|【风格化】|【投影】命令，弹出【投影】对话框，在该对话框中将【不透明度】设置为75%，将【X位移】和【Y位移】设置为3pt，将【模糊】设置为2pt，如图8-73所示。

图8-72   选择对象

图8-73   【投影】对话框

- 模式：在该下拉列表中可以选择投影的混合模式。
- 不透明度：用来指定所需的投影不透明度。当该值为0%时，投影完全透明；当该值为100%时，投影完全不透明。
- X位移 / Y位移：用来指定投影偏离对象的距离。
- 模糊：用来指定投影的模糊范围。Illustrator会创建一个透明栅格对象来模拟模糊效果。
- 颜色：用来指定投影的颜色，默认为黑色。如果要修改颜色，可以单击选项右侧的颜色框，在打开的【拾色器】对话框中进行设置。

- 暗度：用来设置应用投影效果后阴影的深度。选择该选项后，将以对象自身的颜色与黑色混合。

STEP 03 单击【确定】按钮，设置投影后的效果如图8-74所示。

图8-74　投影效果

8.11.5　涂抹

使用【涂抹】效果可以将选中的对象转换为素描。

STEP 01 打开素材文件【风格化.ai】，然后使用【选择工具】 在画板中选择如图8-75所示的对象。

STEP 02 在菜单栏中选择【效果】|【风格化】|【涂抹】命令，弹出【涂抹选项】对话框，在该对话框中将【描边宽度】设置为2mm，将【曲度】设置为15%，如图8-76所示。

图8-75　选择对象

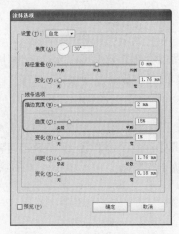

图8-76　【涂抹选项】对话框

- 设置：在该下拉列表中可以选择Illustrator中预设的涂抹效果，也可以根据需要自定义设置。
- 角度：用来控制涂抹线条的方向。
- 路径重叠：用来控制涂抹线条在路径边界内距路径边界的量，或在路径边界外距路径边界的量。
- 变化：用于控制涂抹线条彼此之间相对的长度差异。
- 描边宽度：用来控制涂抹线条的宽度。
- 曲度：用来控制涂抹曲线在改变方向之前的曲度。
- 间距：用来控制涂抹线条之间的折叠间距量。

STEP 03 单击【确定】按钮，设置涂抹后的效果如图8-77所示。

图8-77　涂抹效果

8.11.6 羽化

使用【羽化】效果可以柔化对象的边缘，使其产生从内部到边缘逐渐透明的效果。

STEP 01 打开素材文件【风格化.ai】，然后使用【选择工具】在画板中选择如图8-78所示的对象。

STEP 02 在菜单栏中选择【效果】|【风格化】|【羽化】命令，弹出【羽化】对话框，在该对话框中将【半径】设置为10pt，如图8-79所示。

STEP 03 单击【确定】按钮，设置羽化后的效果如图8-80所示。

图8-78 选择对象

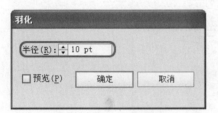

图8-79 【羽化】对话框

图8-80 羽化效果

8.12 滤镜的工作原理

由于位图图像是由像素构成的，其中每一个像素都有各自固定的位置和颜色值，滤镜可以按照一定规律调整像素的位置或者颜色值，这样便可以为图像添加各种特殊的效果。Illustrator中的滤镜是一种插件模块，能够操作图像中的像素。

选中图像后，在菜单栏中选择【效果】命令，在弹出的下拉菜单中可以查看滤镜命令，如图8-81所示。

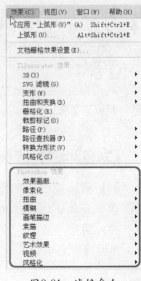

图8-81 滤镜命令

8.13 效果画廊

Illustrator将【风格化】、【画笔描边】、【扭曲】、【素描】、【纹理】和【艺术效果】滤镜组中的主要滤镜集合在【效果画廊】对话框中。通过【效果画廊】对话框可以将多个滤镜应用于图像，也可以对同一图像多次应用同一滤镜，并且可以使用其他滤镜替换原有的滤镜。

选择对象后，在菜单栏中选择【效果】|【效果画廊】命令，可以打开【效果画廊】对话框，如图8-82所示。对话框左侧区域是效果预览区，中间区域是6组滤镜，右侧区域是参数设置区和效果图层编辑区。

预览区   滤镜组

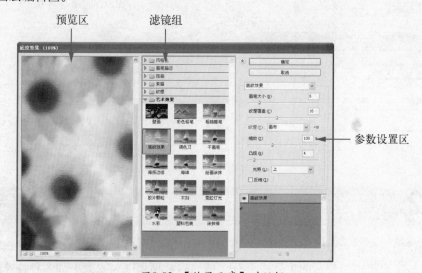

参数设置区

图8-82 【效果画廊】对话框

8.14 【像素化】滤镜组

【像素化】滤镜组中的滤镜是通过使用单元格中颜色值相近的像素结成块来应用变化的，它们可以将图像分块或平面化，然后重新组合，创建类似像素艺术的效果。【像素化】滤镜组中包含4种滤镜，下面介绍这4种滤镜的使用方法。

8.14.1 【彩色半调】滤镜

【彩色半调】滤镜模拟在图像的每个通道上使用放大的半调网屏的效果。对于每个通道，滤镜将图像划分为矩形，再用和矩形区域亮度成比例的圆形替代这些矩形，从而使图像产生一种点构成的艺术效果。选择对象后，在菜单栏中选择【效果】|【像素化】|【彩色半调】命令，弹出【彩色半调】对话框，如图8-83所示；使用【彩色半调】滤镜后的对比效果，如图8-84所示。

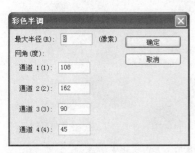

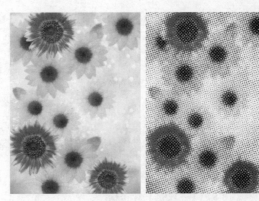

图8-83 【彩色半调】对话框　　　　　　　图8-84 【彩色半调】效果对比

- 最大半径：用来设置生成的网点的大小。
- 网角（度）：用来设置图像各个原色通道的网点角度。如果图像为灰度模式，则只能使用【通道1】；如果图像为RGB模式，可以使用三个通道；如果图像为CMYK模式，则可以使用所有通道。当各个通道中的网角设置的数值相同时，生成的网点会重叠显示出来。

8.14.2 【晶格化】滤镜

　　【晶格化】滤镜可以使相近的像素集中到一个像素的多边形网格中，使图像明朗化，其对话框中的【单元格大小】文本框用于控制多边形的网格大小。选择对象后，在菜单栏中选择【效果】|【像素化】|【晶格化】命令，弹出【晶格化】对话框，如图8-85所示；使用【晶格化】滤镜后的对比效果，如图8-86所示。

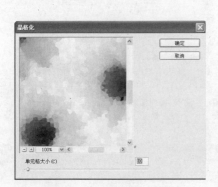

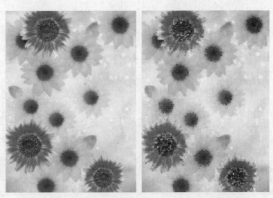

图8-85 【晶格化】对话框　　　　　　　图8-86 【晶格化】效果对比

8.14.3 【点状化】滤镜

　　【点状化】滤镜可以将图像中的颜色分散为随机分布的网点，如同点状化绘画的效果，并使用背景色作为网点之间的画布区域。使用该滤镜时，可通过【单元格大小】选项来控制网点的大小。选择对象后，在菜单栏中选择【效果】|【像素化】|【点状化】命令，弹出【点状化】对话框，如图8-87所示；使用【点状化】滤镜后的对比效果，如图8-88所示。

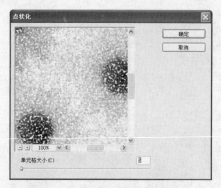

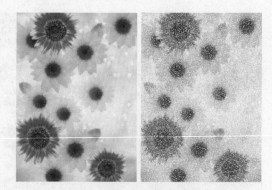

图8-87 【点状化】对话框　　　　　　　图8-88 【点状化】效果对比

8.14.4 【铜版雕刻】滤镜

【铜版雕刻】滤镜可以将图像转换为黑白区域的随机图案或彩色图像中完全饱和颜色的随机图案。选择对象后，在菜单栏中选择【效果】|【像素化】|【铜版雕刻】命令，弹出【铜版雕刻】对话框，用户可以在该对话框的【类型】下拉列表中选择一种网点图案，包括【精细点】、【中等点】、【粒状点】、【粗网点】、【短直线】、【中长直线】、【长直线】、【短描边】、【中长描边】和【长描边】，如图8-89所示。使用【铜板雕刻】滤镜后的对比效果如图8-90所示。

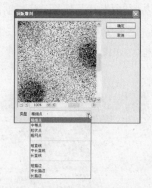

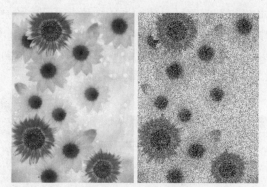

图8-89 【铜版雕刻】对话框　　　　　　图8-90 【铜板雕刻】效果对比

8.15 【扭曲】滤镜组

【扭曲】滤镜组中的滤镜可以对图像进行几何形状的扭曲及改变对象形状，在菜单栏中选择【效果】|【扭曲】命令，在弹出的子菜单中包含【扩散高光】、【海洋波纹】和【玻璃】3个滤镜。

8.15.1 【扩散亮光】滤镜

【扩散亮光】滤镜可以将图像渲染成像是透过一个柔和的扩散滤镜来观看的。此滤镜将透明的白杂色添加到图像，并从选区的中心向外渐隐亮光。使用该滤镜可以将照片处理为柔光照

效果。选择对象后,在菜单栏中选择【效果】|【扭曲】|【扩散亮光】命令,弹出【扩散亮光】
对话框,如图8-91所示。设置完成后,单击【确定】按钮,使用【扩散高光】滤镜后的对比效
果,如图8-92所示。

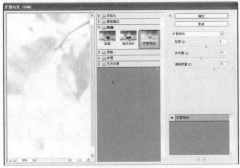

图8-91 【扩散亮光】对话框

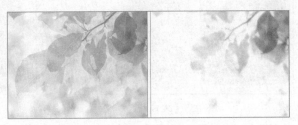

图8-92 【扩散高光】效果对比

- 粒度:用来设置在图像中添加的颗粒的密度。
- 发光量:用来设置图像中辉光的强度。
- 清除数量:用来设置限制图像中受到滤镜影响的范围,数值越高,滤镜影响的范围就越小。

8.15.2 【海洋波纹】滤镜

【海洋波纹】滤镜可以将随机分隔的波纹添加到图像表面中,使图像看起来像是在水中。
选择对象后,在菜单栏中选择【效果】|【扭曲】|【海洋波纹】命令,弹出【海洋波纹】对话
框,如图8-93所示。设置完成后,单击【确定】按钮,使用【海洋波纹】滤镜后的对比效果,
如图8-94所示。

图8-93 【海洋波纹】对话框

图8-94 【海洋波纹】效果对比

- 波纹大小:可以控制图像中生成的波纹大小。
- 波纹幅度:可以控制波纹的变形程度。

8.15.3 【玻璃】滤镜

【玻璃】滤镜可以使图像看起来像是透过不同类型的玻璃来观看的。选择对象后,在菜单
栏中选择【效果】|【扭曲】|【玻璃】命令,弹出【玻璃】对话框,如图8-95所示。设置完成

后，单击【确定】按钮，使用【玻璃】滤镜后的对比效果，如图8-96所示。

图8-95 【玻璃】对话框

图8-96 【玻璃】效果对比

- 扭曲度：用来设置扭曲效果的强度，数值越高，图像的扭曲效果越强烈。
- 平滑度：用来设置扭曲效果的平滑程度，数值越低，扭曲的纹理越细小。
- 纹理：在该下拉列表中可以选择扭曲时产生的纹理，包括【块状】、【画布】、【磨砂】和【小镜头】。单击下拉列表右侧的▼≡按钮，在弹出的下拉菜单中选择【载入纹理】命令，可以载入一个用Photoshop创建的PSD格式的文件作为纹理文件，并使用它来扭曲当前的图像。
- 缩放：用来设置纹理的缩放程度。
- 反相：选择该选项，可以反转纹理的效果。

8.16 【模糊】滤镜组

　　【模糊】滤镜组可以在图像中对指定线条和阴影区域的轮廓边线旁的像素进行平衡，从而润色图像，使过渡显得更柔和。【效果】|【模糊】子菜单中的命令是基于栅格的，无论何时对矢量对象应用这些效果，都将使用文档的栅格效果设置。

8.16.1 【径向模糊】滤镜

　　【径向模糊】滤镜可以模拟相机缩放或旋转而产生的柔和模糊效果。选择对象后，在菜单栏中选择【效果】|【模糊】|【径向模糊】命令，弹出【径向模糊】对话框，如图8-97所示。在该对话框中可以选择使用【旋转】和【缩放】两种模糊方法模糊图像。

- 数量：用来设置模糊的强度，数值越高，模糊效果越强烈。
- 模糊方法：选择【旋转】选项时，图像会沿同心圆环线产生旋转的模糊效果，如图8-98所示；选择【缩放】选项时，图像会产生放射状的模糊效果，犹如对图像进行放大或缩小，如图8-99所示。
- 中心模糊：在该设置框内单击时，可以将单击点设置为模糊的原点，原点的位置不同，模糊的效果也不相同。在【径向模糊】对话框中设置模糊的原点，如图8-100所示，效果如图8-101所示。

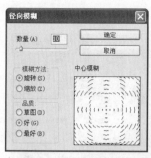
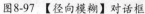

图8-97 【径向模糊】对话框

图8-98 旋转效果

图8-99 缩放效果

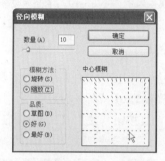

图8-100 设置模糊的原点

图8-101 调整原点后的效果

- 品质：用来设置应用模糊效果后图像的显示品质。选择【草图】选项，处理的速度最快，会产生颗粒状的效果；选择【好】和【最好】选项都可以产生较为平滑的效果，在较大的图像上应用才可以看出两者的区别。

提示 在使用【径向模糊】滤镜处理图像时，需要进行大量的计算，如果图像的尺寸较大，可以先设置较低的品质来观察效果，在确认最终效果后，再提高品质来处理。

8.16.2 【特殊模糊】滤镜

【特殊模糊】滤镜可以精确地模糊图像。选择对象后，在菜单栏中选择【效果】|【模糊】|【特殊模糊】命令，弹出【特殊模糊】对话框，如图8-102所示。

- 半径：用来设置模糊的范围，数值越高，模糊效果越明显。
- 阈值：用来确定像素应具备多大差异时，才会被模糊处理。
- 品质：用来设置图像的品质，包括【低】、【中等】和【高】三种品质。
- 模式：在此下拉列表中可以选择产生模糊效果的模式。在【正常】模式下，不会添加特殊的效果，如图8-103所示；在【仅限边缘】模式下会以黑色显示图像，以白色描出图像边缘像素亮度值变化强烈的区域，如图8-104所示；在【叠加边缘】模式下则以白色描出图像边缘像素亮度值变化强烈的区

图8-102 【特殊模糊】对话框

域，如图8-105所示。

图8-103 【正常】模式　　　　图8-104 【仅限边缘】模式　　　图8-105 【叠加边缘】模式

8.16.3 【高斯模糊】滤镜

　　【高斯模糊】滤镜以可调节的量快速模糊对象，移去高频出现的细节，并和参数产生一种朦胧的效果。选择对象后，在菜单栏中选择【效果】|【模糊】|【高斯模糊】命令，弹出【高斯模糊】对话框，如图8-106所示。设置完成后，单击【确定】按钮，使用【高斯模糊】滤镜后的效果对比如图8-107所示。

图8-106 【高斯模糊】对话框　　　　　　图8-107 【高斯模糊】效果对比

　　调整【半径】值可以设置模糊的范围，它以像素为单位，数值越高，模糊效果越强烈，

8.17 【画笔描边】滤镜组

　　【画笔描边】滤镜组是基于栅格的，无论何时对矢量对象应用这些效果，都将使用文档的栅格效果设置。该组中的一部分滤镜通过不同的油墨和画笔勾画图像来产生绘画效果。有些滤镜则可以添加颗粒、绘画、杂色、边缘细节或纹理。

8.17.1 【喷溅】滤镜

　　【喷溅】滤镜能够模拟喷枪，使图像产生笔墨喷溅的艺术效果。选择对象后，在菜单栏中选择【效果】|【画笔描边】|【喷溅】命令，弹出【喷溅】对话框，如图8-108所示。设置完成后，单击【确定】按钮，使用【喷溅】滤镜后的对比效果，如图8-109所示。

- 喷色半径：用来处理不同颜色的区域，数值越高，颜色越分散，图像越简化。
- 平滑度：用来确定喷溅效果的平滑程度。

图8-108 【喷溅】对话框

图8-109 【喷溅】效果对比

8.17.2 【喷色描边】滤镜

　　【喷色描边】滤镜可以使用图像的主导色，用成角的、喷溅的颜色线条重绘图像，产生斜纹飞溅的效果。选择对象后，在菜单栏中选择【效果】|【画笔描边】|【喷色描边】命令，弹出【喷色描边】对话框，如图8-110所示。设置完成后，单击【确定】按钮，使用【喷色描边】滤镜后的对比效果，如图8-111所示。

图8-110 【喷色描边】对话框

图8-111 【喷色描边】效果对比

- 描边长度：用来设置笔触的长度。
- 喷色半径：用来控制喷洒的范围。
- 描边方向：用来控制线条的描边方向。

8.17.3 【墨水轮廓】滤镜

　　【墨水轮廓】滤镜能够以钢笔画的风格，用纤细的线条在原细节上重绘图像。选择对象后，在菜单栏中选择【效果】|【画笔描边】|【墨水轮廓】命令，弹出【墨水轮廓】对话框，如图8-112所示。设置完成后，单击【确定】按钮，使用【墨水轮廓】滤镜后的对比效果，如图8-113所示。

- 描边长度：用来设置图像中产生线条的长度。
- 深色强度：用来设置线条阴影的强度。数值越高，图像越暗。
- 光照强度：用来设置线条高光的强度。数值越高，图像越亮。

图8-112 【墨水轮廓】对话框　　　　　　　图8-113 【墨水轮廓】效果对比

8.17.4 【强化的边缘】滤镜

　　【强化的边缘】滤镜可以强化图像的边缘。选择对象后，在菜单栏中选择【效果】|【画笔描边】|【强化的边缘】命令，弹出【强化的边缘】对话框，如图8-114所示。

- 边缘宽度：用来设置需要强化的宽度。
- 边缘亮度：用来设置边缘的亮度。设置低的边缘亮度值时，强化效果类似黑色油墨，如图8-115所示；设置高的边缘高亮值时，强化效果类似白色粉笔，如图8-116所示。
- 平滑度：用来设置边缘的平滑程度，数值越高，画面越柔和。

图8-114 【强化的边缘】对话框　　图8-115 设置低【边缘亮度】　　图8-116 设置高【边缘亮度】

8.17.5 【成角的线条】滤镜

　　【成角的线条】滤镜可以使用对角描边重新绘制图像，用一个方向的线条绘制亮部区域，再用相反方向的线条绘制暗部区域。选择对象后，在菜单栏中选择【效果】|【画笔描边】|【成角的线条】命令，弹出【成角的线条】对话框，如图8-117所示。设置完成后，单击【确定】按钮，使用【成角的线条】滤镜后的对比效果，如图8-118所示。

图8-117 【成角的线条】对话框　　　　　　图8-118 【成角的线条】效果对比

- 方向平衡：用来设置对角线条的倾斜角度。
- 描边长度：用来设置对角线条的长度。
- 锐化程度：用来设置对角线条的清晰程度。

8.17.6 【深色线条】滤镜

【深色线条】滤镜用短而紧密的深色线条绘制暗部区域，用长的白色线条绘制亮部区域。选择对象后，在菜单栏中选择【效果】|【画笔描边】|【深色线条】命令，弹出【深色线条】对话框，如图8-119所示。设置完成后，单击【确定】按钮，使用【深色线条】滤镜后的对比效果，如图8-120所示。

图8-119 【深色线条】对话框

图8-120 【深色线条】效果对比

- 平衡：用来控制绘制的黑白色调的比例。
- 黑色强度：用来设置绘制的黑色调的强度。
- 白色强度：用来设置绘制的白色调的强度。

8.17.7 【烟灰墨】滤镜

【烟灰墨】滤镜能够以日本画的风格绘画图像，它使用非常黑的油墨在图像中创建柔和的模糊边缘，使图像看起来像是用蘸满油墨的画笔在宣纸上绘画。选择对象后，在菜单栏中选择【效果】|【画笔描边】|【烟灰墨】命令，弹出【烟灰墨】对话框，如图8-121所示。设置完成后，单击【确定】按钮，使用【烟灰墨】滤镜后的对比效果，如图8-122所示。

- 描边宽度：用来设置笔触的宽度。
- 描边压力：用来设置笔触的压力。
- 对比度：用来设置颜色的对比程度。

图8-121 【烟灰墨】对话框

图8-122 【烟灰墨】效果对比

8.17.8 【阴影线】滤镜

【阴影线】滤镜可以保留原始图像的细节和特征，同时使用模拟的钢笔阴影线添加纹理，并使彩色区域的边缘变得粗糙。选择对象后，在菜单栏中选择【效果】|【画笔描边】|【阴影线】命令，弹出【阴影线】对话框，如图8-123所示。设置完成后，单击【确定】按钮，使用【阴影线】滤镜后的对比效果，如图8-124所示。

图8-123 【阴影线】对话框　　　　图8-124 【阴影线】效果对比

- 描边长度：用来设置线条的长度。
- 锐化程度：用来设置线条的清晰程度。
- 强度：用来设置生成的线条的数量和清晰程度。

8.18 【素描】滤镜组

【素描】滤镜组中的滤镜可以将纹理添加到图像上，常用来模拟素描和速写等艺术效果或手绘外观，其中大部分滤镜都使用黑白颜色来重绘图像。

8.18.1 【便条纸】滤镜

【便条纸】滤镜可以产生浮雕状的颗粒，使图像呈现出带有凹凸感的压印效果，就像是用手工制作的纸张图像一样。选择对象后，在菜单栏中选择【效果】|【素描】|【便条纸】命令，弹出【便条纸】对话框，如图8-125所示。设置完成后，单击【确定】按钮，使用【便条纸】滤镜后的效果对比，如图8-126所示。

图8-125 【便条纸】对话框　　　　图8-126 【便条纸】效果对比

- 图像平衡：用来设置高光区域和阴影区域相对面积的划分。
- 粒度：用来设置图像中产生颗粒的数量。
- 凸现：用来设置颗粒的显示程度。

8.18.2 【半调图案】滤镜

　　【半调图案】滤镜可以在保持连续色调范围的同时，模拟半调网屏的效果。选择图像后，在菜单栏中选择【效果】|【素描】|【半调图案】命令，弹出【半调图案】对话框，如图8-127所示。

图8-127 【半调图案】对话框

- 大小：用来设置生成网状图案的大小。
- 对比度：用来设置图像的对比度，即清晰程度。
- 图案类型：在该下拉列表中可以选择图案的类型，包括【圆形】、【网点】和【直线】。如图8-128所示为选择【圆形】的效果；如图8-129所示为选择【网点】的效果；如图8-130所示为选择【直线】的效果。

图8-128 选择【圆形】的效果　　　　图8-129 选择【网点】的效果　　　　图8-130 选择【直线】的效果

8.18.3 【图章】滤镜

　　【图章】滤镜可以简化图像，使之看起来就像是用橡皮或木制图章创建的一样，该滤镜用于处理黑白图像时效果最佳。选择对象后，在菜单栏中选择【效果】|【素描】|【图章】命令，弹出【图章】对话框，如图8-131所示。设置完成后，单击【确定】按钮，使用【图章】滤镜后的效果对比，如图8-132所示。

图8-131 【图章】对话框　　　　　　　　　图8-132 【图章】效果对比

- 明/暗平衡：用来设置图像中亮调与暗调区域的平衡。
- 平滑度：用来设置图像的平滑程度。

8.18.4 【基底凸现】滤镜

【基底凸现】滤镜能够变换图像，使之呈现浮雕的雕刻状和突出光照下变化各异的表面。图像中的深色区域将被处理为黑色，而较亮的颜色则被处理为白色。选择对象后，在菜单栏中选择【效果】|【素描】|【基底凸现】命令，弹出【基底凸现】对话框。如图8-133所示。设置完成后，单击【确定】按钮，使用【基底凸现】滤镜后的效果对比，如图8-134所示。

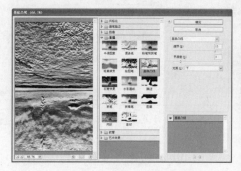  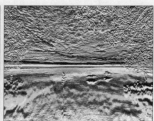

图8-133 【基底凸现】对话框　　　　图8-134 【基底凸现】效果对比

- 细节：用来设置图像细节的保留程度。
- 平滑度：用来设置浮雕效果的平滑程度。
- 光照：在该下拉列表中可以选择光照方向，包括【下】、【左下】、【左】、【左上】、【上】、【右上】、【右】和【右下】。

8.18.5 【影印】滤镜

【影印】滤镜可以模拟影印图像的效果，大的暗区趋向于只复制边缘四周，而中间色调不是纯黑色就是纯白色。选择对象后，在菜单栏中选择【效果】|【素描】|【影印】命令，弹出【影印】对话框，如图8-135所示。设置完成后，单击【确定】按钮，使用【影印】滤镜后的效果对比，如图8-136所示。

图8-135 【影印】对话框　　　　图8-136 【影印】效果对比

- 细节：用来设置图像细节的保留程度。
- 暗度：用来设置图像暗部区域的强度。

8.18.6 【撕边】滤镜

【撕边】滤镜可以重建图像，使之像是由粗糙、撕破的纸片组成的，然后使用黑色和白色为图像上色。此命令对于由文字或对比度高的对象所组成的图像尤其有用。选择对象后，在菜单栏中选择【效果】|【素描】|【撕边】命令，弹出【撕边】对话框，如图8-137所示。设置完成后，单击【确定】按钮，使用【撕边】滤镜后的效果对比，如图8-138所示。

图8-137 【撕边】对话框　　　　　　　　图8-138 【撕边】效果对比

- 图像平衡：用来设置图像前景色和背景色的平衡比例。
- 平滑度：用来设置图像边界的平滑程度。
- 对比度：用来设置图像画面效果的对比程度。

8.18.7 【水彩画纸】滤镜

【水彩画纸】滤镜可以利用有污渍的，像是画在湿润而有纹理的纸上的涂抹方式，使颜色渗出并混合，图像会产生画而浸湿颜色扩散的水彩效果。选择对象后，在菜单栏中选择【效果】|【素描】|【水彩画纸】命令，弹出【水彩画纸】对话框，如图8-139所示。设置完成后，单击【确定】按钮，使用【水彩画纸】滤镜后的效果对比，如图8-140所示。

图8-139 【水彩画纸】对话框　　　　　　图8-140 【水彩画纸】效果对比

- 纤维长度：用来设置图像中生成的纤维的长度。
- 亮度：用来设置图像的亮度。
- 对比度：用来设置图像的对比度。

8.18.8 【炭笔】滤镜

【炭笔】滤镜可以重绘图像，产生色调分离的涂抹效果，主要边缘以粗线条绘制，而中间

色调用对角描边进行素描，炭笔被处理为黑色，纸张被处理为白色。选择对象后，在菜单栏中选择【效果】|【素描】|【炭笔】命令，弹出【炭笔】对话框，如图8-141所示。设置完成后，单击【确定】按钮，使用【炭笔】滤镜后的效果对比，如图8-142所示。

图8-141 【炭笔】对话框   图8-142 【炭笔】效果对比

- 炭笔粗细：用来设置炭笔笔画的宽度。
- 细节：用来设置图像细节的保留程度。
- 明/暗平衡：用来设置图像中亮调与暗调的平衡。

8.18.9 【炭精笔】滤镜

【炭精笔】滤镜可以对暗色区域使用黑色，对亮色区域使用白色，在图像上模拟浓黑和纯白的炭精笔纹理。选择对象后，在菜单栏中选择【效果】|【素描】|【炭精笔】命令，弹出【炭精笔】对话框，如图8-143所示。设置完成后，单击【确定】按钮，使用【炭精笔】滤镜后的效果对比，如图8-144所示。

图8-143 【炭精笔】对话框   图8-144 【炭精笔】效果对比

- 前景色阶：用来调节前景色的平衡，数值越高，前景色越突出。
- 背景色阶：用来调节背景色的平衡，数值越高，背景色越突出。
- 纹理：在该下拉列表中可以选择纹理格式，包括【砖形】、【粗麻布】、【画布】和【砂岩】。
- 缩放：用来设置纹理的大小，变化范围为50%～200%，数值越高，纹理越粗糙。
- 凸现：用来设置纹理的凹凸程度。
- 光照：在该下拉列表中可以选择光照的方向。
- 反相：可反转纹理的凹凸方向。

8.18.10 【石膏效果】滤镜

【石膏效果】滤镜可以使用3D石膏为影像铸模，然后将结果使用黑白色彩加以彩色化，深色区域上升凸出，浅色区域下沉。选择对象后，在菜单栏中选择【效果】|【素描】|【石膏效果】命令，弹出【石膏效果】对话框，如图8-145所示。设置完成后，单击【确定】按钮，使用【石膏效果】滤镜后的效果对比，如图8-146所示。

图8-145 【石膏效果】对话框　　　　图8-146 【石膏效果】效果对比

8.18.11 【粉笔和炭笔】滤镜

【粉笔和炭笔】滤镜可以重绘图像的高光和中间调，其背景为粗糙粉笔绘制的纯中间调。阴影区域用对角炭笔线条替换，炭笔用黑色绘制，粉笔用白色绘制。选择对象后，在菜单栏中选择【效果】|【素描】|【粉笔和炭笔】命令，弹出【粉笔和炭笔】对话框，如图8-147所示。设置完成后，单击【确定】按钮，使用【粉笔和炭笔】滤镜后的效果对比，如图8-148所示。

图8-147 【粉笔和炭笔】对话框　　　　图8-148 【粉笔和炭笔】效果对比

- 炭笔区：用来设置炭笔区域的范围。
- 粉笔区：用来设置粉笔区域的范围。
- 描边压力：用来设置画笔的压力。

8.18.12 【绘图笔】滤镜

【绘图笔】滤镜可以用纤细的线性油墨线条捕获原始图像的细节。此滤镜使用黑色代表油墨，用白色代表纸张，以替换原始图像中的颜色，在处理扫描图像时效果十分出色。选择对象后，在菜单栏中选择【效果】|【素描】|【绘图笔】命令，弹出【绘图笔】对话框，如图8-149所示。设置完成后，单击【确定】按钮，使用【绘图笔】滤镜后的效果对比，如图8-150所示。

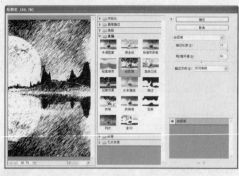

图8-149 【绘图笔】对话框　　　　图8-150 【绘图笔】效果对比

- 描边长度：用来设置图像中产生的线条的长度。
- 明/暗平衡：用来设置图像中亮调与暗调的平衡。
- 描边方向：在该下拉列表中可以选择线条的方向，包括【右对角线】、【水平】、【左对角线】和【垂直】。

8.18.13 【网状】滤镜

　　【网状】滤镜可以模拟胶片乳胶的可控收缩和扭曲来创建图像，使之在阴影处呈结块状，在高光处呈轻微的颗粒化。选择对象后，在菜单栏中选择【效果】|【素描】|【网状】命令，弹出【网状】对话框，如图8-151所示。设置完成后，单击【确定】按钮，使用【网状】滤镜后的效果对比，如图8-152所示。

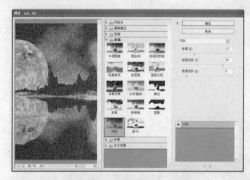

图8-151 【网状】对话框　　　　图8-152 【网状】效果对比

- 浓度：用来设置图像中产生的网纹的密度。
- 前景色阶：用来设置图像中使用的前景色的色阶数。
- 背景色阶：用来设置图像中使用的背景色的色阶数。

8.18.14 【铬黄渐变】滤镜

　　【铬黄渐变】滤镜可以渲染图像，使之具有擦亮的铬黄表面般的效果，高光在反射表面上是高点，暗调是低点。选择对象后，在菜单栏中选择【效果】|【素描】|【铬黄渐变】命令，弹出【铬黄渐变】对话框，如图8-153所示。设置完成后，单击【确定】按钮，使用【铬黄渐变】滤镜后的效果，如图8-154所示。

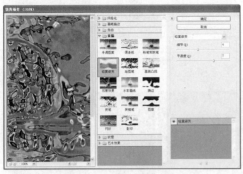

图8-153　【铬黄渐变】对话框

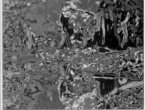

图8-154　【铬黄渐变】效果对比

- 细节：用来设置图像细节的保留程度。
- 平滑度：用来设置效果的光滑程度。

8.19　【纹理】滤镜组

【纹理】滤镜组中的滤镜可以在图像中加入各种纹理，使图像具有深度感或物质感的外观。

8.19.1　【拼缀图】滤镜

【拼缀图】滤镜可以将图像分解为由若干方形图块组成的效果。图块的颜色由该区域的主色决定。此滤镜可随机减小或增大拼贴的深度，以复现高光和暗调。选择对象后，在菜单栏中选择【效果】|【纹理】|【拼缀图】命令，弹出【拼缀图】对话框，如图8-155所示。设置完成后，单击【确定】按钮，使用【拼缀图】滤镜后的效果对比，如图8-156所示。

图8-155　【拼缀图】对话框

图8-156　【拼缀图】效果对比

- 方形大小：用来设置生成的方块的大小。
- 凸现：用来设置方块的凸出程度。

8.19.2　【染色玻璃】滤镜

【染色玻璃】滤镜可以将图像重新绘制成许多相邻的单色单元格，边框由前景色填充，使图像产生彩色玻璃的效果。选择对象后，在菜单栏中选择【效果】|【纹理】|【染色玻璃】命

令，弹出【染色玻璃】对话框，如图8-157所示。设置完成后，单击【确定】按钮，使用【染色玻璃】滤镜后的效果对比，如图8-158所示。

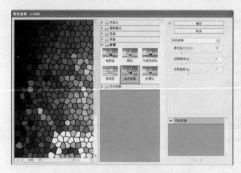

图8-157 【染色玻璃】对话框　　　　　　　　图8-158 【染色玻璃】效果对比

- 单元格大小：用来设置图像中生成的色块的大小。
- 边框粗细：用来设置色块边界的宽度。
- 光照强度：用来设置图像中心的光照强度。

8.19.3 【纹理化】滤镜

　　【纹理化】滤镜可以在图像中加入各种纹理，使图像呈现纹理质感。选择对象后，在菜单栏中选择【效果】|【纹理】|【纹理化】命令，弹出【纹理化】对话框，如图8-159所示。设置完成后，单击【确定】按钮，使用【纹理化】滤镜后的效果对比，如图8-160所示。

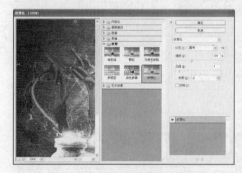

图8-159 【纹理化】对话框　　　　　　　　图8-160 【纹理化】效果对比

- 纹理：在该下拉列表中可选择一种纹理，将其添加到图像中，包括【砖形】、【粗麻布】、【画布】和【砂岩】。
- 缩放：用来设置纹理的凸出程度。
- 光照：在该下拉列表中可以选择光线照射的方向。
- 反相：可反转光线照射的方向。

8.19.4 【颗粒】滤镜

　　【颗粒】滤镜可通过模拟不同种类的颗粒在图像中添加纹理。选择对象后，在菜单栏中选择【效果】|【纹理】|【颗粒】命令，弹出【颗粒】对话框，如图8-161所示。设置完成后，单击【确定】按钮，使用【颗粒】滤镜后的效果对比，如图8-162所示。

图8-161 【颗粒】对话框　　　　　　　图8-162 【颗粒】效果对比

- 强度：用来设置图像中加入的颗粒的强度。
- 对比度：用来设置颗粒的对比度。
- 颗粒类型：在该下拉列表中可以选择颗粒的类型，包括【常规】、【柔和】、【喷洒】、【结块】、【强反差】、【扩大】、【点刻】、【水平】、【垂直】和【斑点】。

8.19.5 【马赛克拼贴】滤镜

【马赛克拼贴】滤镜可以绘制图像，使它看起来像是由小的碎片或拼贴组成，然后在拼贴之间添加缝隙。选择对象后，在菜单栏中选择【效果】|【纹理】|【马赛克拼贴】命令，弹出【马赛克拼贴】对话框，如图8-163所示。设置完成后，单击【确定】按钮，使用【马赛克拼贴】滤镜后的效果对比，如图8-164所示。

图8-163 【马赛克拼贴】对话框　　　　图8-164 【马赛克拼贴】效果对比

- 拼贴大小：用来设置图像中生成的块状图形的大小。
- 缝隙宽度：用来设置块状图形单元间的裂缝宽度。
- 加亮缝隙：用来设置块状图形缝隙的亮度。

8.19.6 【龟裂缝】滤镜

【龟裂缝】滤镜可以将图像绘制在一个高凸现的石膏表面上，以循着图像等高线生成精细的网状裂缝。使用该滤镜可以对包含多种颜色值或灰度值的图像创建浮雕效果。选择对象后，在菜单栏中选择【效果】|【纹理】|【龟裂缝】命令，弹出【龟裂缝】对话框，如图8-165所示。设置完成后，单击【确定】按钮，使用【龟裂缝】滤镜后的效果对比，如图8-166所示。

- 裂缝间距：用来设置图像中生成裂缝的间距，数值越小，生成的裂缝越细密。

- 裂缝深度：用来设置裂缝的深度。
- 裂缝亮度：用来设置裂缝的亮度。

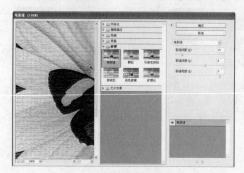 

图8-165 【龟裂缝】对话框   图8-166 【龟裂缝】效果对比

8.20 【艺术效果】滤镜组

【艺术效果】滤镜组中的滤镜可以模仿自然或传统介质，使图像看起来更贴近绘画或艺术效果。

8.20.1 【塑料包装】滤镜

【塑料包装】滤镜产生的效果类似为图像罩上一层光亮的塑料，可以强调图像的表面细节。选择对象后，在菜单栏中选择【效果】|【艺术效果】|【塑料包装】命令，弹出【塑料包装】对话框，在该对话框中可以对相关属性进行设置，如图8-167所示；使用【塑料包装】滤镜后的对比效果如图8-168所示。

- 高光强度：用来设置高光区域的亮度。
- 细节：用来设置高光区域细节的保留程度。
- 平滑度：用来设置塑料效果的平滑程度，数值越高，滤镜产生的效果越明显。

图8-167 【塑料包装】对话框   图8-168 【塑料包装】效果对比

8.20.2 【壁画】滤镜

【壁画】滤镜能够以一种粗糙的方式，使用短而圆的描边绘制图像，使图像看上去像是草草绘制的。选择对象后，在菜单栏中选择【效果】|【艺术效果】|【壁画】命令，弹出【壁画】

对话框，在该对话框中可以对相关属性进行设置，如图8-169所示；使用【壁画】滤镜后的对比效果如图8-170所示。

- 画笔大小：用来设置画笔的大小。
- 画笔细节：用来设置图像细节的保留程度。
- 纹理：用来设置添加的纹理数量，数值越高，绘制的效果越粗犷。

图8-169 【壁画】对话框　　　　　　　图8-170 【壁画】效果对比

8.20.3 【干画笔】滤镜

【干画笔】滤镜可使用介于油彩和水彩之间的干画笔绘制图像边缘，使图像产生一种不饱和的干枯油画效果。选择对象后，在菜单栏中选择【效果】|【艺术效果】|【干画笔】命令，弹出【干画笔】对话框，在该对话框中可以对相关属性进行设置，如图8-171所示；使用【干画笔】滤镜后的对比效果如图8-172所示。

- 画笔大小：用来设置画笔的大小，数值越小，绘制的效果越细腻。
- 画笔细节：用来设置画笔的细腻程度，数值越高，效果越与原图像接近。
- 纹理：用来设置画笔纹理的清晰程度，数值越高，画笔的纹理越明显。

图8-171 【干画笔】对话框　　　　　　图8-172 【干画笔】效果对比

8.20.4 【底纹效果】滤镜

【底纹效果】滤镜可以在带纹理的背景上绘制图像，然后将最终效果绘制在该图像上。选择对象后，在菜单栏中选择【效果】|【艺术效果】|【底纹效果】命令，弹出【底纹效果】对话框，在该对话框中可以对相关属性进行设置，如图8-173所示；使用【底纹效果】滤镜后的对比效果如图8-174所示。

- 画笔大小：用来设置产生底纹的画笔的大小，数值越高，绘画效果越强烈。

- 纹理覆盖：用来设置纹理覆盖范围。
- 纹理：在该下拉列表中可以选择纹理样式，包括【砖形】、【粗麻布】、【画布】和【砂岩】，单击右侧的 ▼≣ 按钮，可以选择【载入纹理】命令，载入一个PSD格式的文件作为纹理文件。
- 缩放：用来设置纹理的大小。
- 凸现：用来设置纹理的凸出程度。
- 光照：在该下拉列表中可以选择光照的方向。
- 反相：可以反转光照方向。

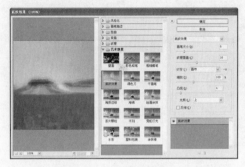

图8-173 【底纹效果】对话框   图8-174 【底纹效果】效果对比

8.20.5 【彩色铅笔】滤镜

　　【彩色铅笔】滤镜类似于使用彩色铅笔在纯色背景上绘制图像。该滤镜可以保留重要的边缘，外观呈粗糙的阴影线，纯色背景色透过比较平滑的区域显示出来。选择对象后，在菜单栏中选择【效果】|【艺术效果】|【彩色铅笔】命令，弹出【彩色铅笔】对话框，在该对话框中可以对相关属性进行设置，如图8-175所示；使用【彩色铅笔】滤镜后的对比效果如图8-176所示。

图8-175 【彩色铅笔】对话框   图8-176 【彩色铅笔】效果对比

- 铅笔宽度：用来设置铅笔线条的宽度，数值越高，铅笔线条越粗犷。
- 描边压力：用来设置铅笔的压力效果，数值越高，线条越粗犷。
- 纸张亮度：用来设置画纸纸色的明暗程度。

8.20.6 【木刻】滤镜

　　【木刻】滤镜可以将图像中的颜色进行分色处理，并简化颜色，使图像看上去像是由从彩纸上剪下的边缘粗糙的剪纸片组成的。选择对象后，在菜单栏中选择【效果】|【艺术效果】|

【木刻】命令,弹出【木刻】对话框,在该对话框中可以对相关属性进行设置,如图8-177所示;使用【木刻】滤镜后的对比效果如图8-178所示。

- 色阶数:用来设置简化后的图像的色阶数量。数值越高,图像的颜色层次越丰富;数值越小,图像的简化效果越明显。
- 边缘简化度:用来设置图像边缘的简化程度,数值越高,图像的简化程度越明显。
- 边缘逼真度:用来设置图像边缘的精确程度。

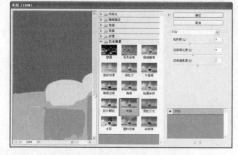

图8-177 【木刻】对话框

图8-178 【木刻】效果对比

8.20.7 【水彩】滤镜

【水彩】滤镜可以简化图像的细节,改变图像边界的色调和饱和度,使图像产生水彩画的效果。当边缘有显著的色调变化时,此滤镜会使颜色更加饱满。选择对象后,在菜单栏中选择【效果】|【艺术效果】|【水彩】命令,弹出【水彩】对话框,在该对话框中可以对相关属性进行设置,如图8-179所示;使用【水彩】滤镜后的对比效果如图8-180所示。

- 画笔细节:用来设置画笔的精确程度,数值越高,画面越精细。
- 阴影强度:用来设置暗调区域的范围,数值越高,暗调范围越广。
- 纹理:用来设置图像边界的纹理效果,数值越高,纹理效果越明显。

图8-179 【水彩】对话框

图8-180 【水彩】效果对比

8.20.8 【海报边缘】滤镜

【海报边缘】滤镜可根据设置的【海报化】选项减少图像中的颜色数,然后查找图像的边缘,并在边缘上绘制黑色线条。选择对象后,在菜单栏中选择【效果】|【艺术效果】|【海报边缘】命令,弹出【海报边缘】对话框,在该对话框中可以对相关属性进行设置,如图8-181所示;使用【海报边缘】滤镜后的对比效果如图8-182所示。

- 边缘厚度：用来设置图像边缘像素的宽度，数值越高，轮廓越宽。
- 边缘强度：用来设置图像边缘的强化程度。
- 海报化：用来设置颜色的浓度。

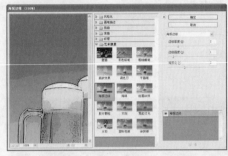

图8-181 【海报边缘】对话框

图8-182 【海报边缘】效果对比

8.20.9 【海绵】滤镜

【海绵】滤镜使用颜色对比强烈、纹理较重的区域创建图像，使图像看起来像是用海绵绘制的。选择对象后，在菜单栏中选择【效果】|【艺术效果】|【海绵】命令，弹出【海绵】对话框，在该对话框中可以对相关属性进行设置，如图8-183所示；使用【海绵】滤镜后的对比效果如图8-184所示。

- 画笔大小：用来设置海绵的大小。
- 清晰度：用来调整海绵上气孔的大小，数值越高，气孔的印记越清晰。
- 平滑度：用来模拟海绵的压力，数值越高，画面的浸湿感越强，图像越柔和。

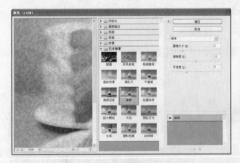

图8-183 【海绵】对话框

图8-184 【海绵】效果对比

8.20.10 【涂抹棒】滤镜

【涂抹棒】滤镜使用较短的对角线条涂抹图像中暗部的区域，从而柔化图像，亮部区域会因变亮而丢失细节。选择对象后，在菜单栏中选择【效果】|【艺术效果】|【涂抹棒】命令，弹出【涂抹棒】对话框，在该对话框中可以对相关属性进行设置，如图8-185所示；使用【涂抹棒】滤镜后的对比效果如图8-186所示。

- 描边长度：用来设置图像中产生的线条的长度。
- 高光区域：用来设置图像中高光范围的大小，数值越高，被视为高光区域的范围越广。
- 强度：用来设置高光的强度。

图8-185 【涂抹棒】对话框

图8-186 【涂抹棒】效果对比

8.20.11 【粗糙蜡笔】滤镜

【粗糙蜡笔】滤镜可以使图像看上去好像是用彩色蜡笔在带纹理的背景上描绘出来的。选择对象后,在菜单栏中选择【效果】|【艺术效果】|【粗糙蜡笔】命令,弹出【粗糙蜡笔】对话框,在该对话框中可以对相关属性进行设置,如图8-187所示;使用【粗糙蜡笔】滤镜后的对比效果如图8-188所示。

- 描边长度:用来设置画笔线条的长度。
- 描边细节:用来设置线条的细腻程度。

图8-187 【粗糙蜡笔】对话框

图8-188 【粗糙蜡笔】效果对比

8.20.12 【绘画涂抹】滤镜

【绘画涂抹】滤镜可以使用不同大小和不同类型的画笔来创建绘画效果。选择对象后,在菜单栏中选择【效果】|【艺术效果】|【绘画涂抹】命令,弹出【绘画涂抹】对话框,在该对话框中可以对相关属性进行设置,如图8-189所示;使用【绘画涂抹】滤镜后的对比效果如图8-190所示。

图8-189 【绘画涂抹】对话框

图8-190 【绘画涂抹】效果对比

- 画笔大小：用来设置画笔的大小，数值越高，涂抹的范围越广。
- 锐化程度：用来设置图像的锐化程度，数值越高，效果越锐利。
- 画笔类型：在该下拉列表中可以选择画笔的类型，包括【简单】、【未处理光照】、【未处理深色】、【宽锐化】、【宽模糊】和【火花】。

8.20.13 【胶片颗粒】滤镜

【胶片颗粒】滤镜可将平滑的图案应用于阴影和中间色调，将更平滑、饱和度更高的图案添加到亮区，产生类似胶片颗粒状的纹理效果。选择对象后，在菜单栏中选择【效果】|【艺术效果】|【胶片颗粒】命令，弹出【胶片颗粒】对话框，在该对话框中可以对相关属性进行设置，如图8-191所示；使用【胶片颗粒】滤镜后的对比效果如图8-192所示。

- 颗粒：用来设置产生的颗粒的密度，数值越高，颗粒越多。
- 高光区域：用来设置图像中高光的范围。
- 强度：用来设置颗粒的强度。当该值较小时，会在整个图像上显示颗粒；当该数值较大时，只在图像的阴影部分显示颗粒。

图8-191 【胶片颗粒】对话框

图8-192 【胶片颗粒】效果对比

8.20.14 【调色刀】滤镜

【调色刀】滤镜可以减少图像中的细节以生成描绘得很淡的画布效果，并显示出下面的纹理。选择对象后，在菜单栏中选择【效果】|【艺术效果】|【调色刀】命令，弹出【调色刀】对话框，在该对话框中可以对相关属性进行设置，如图8-193所示；使用【调色刀】滤镜后的对比效果如图8-194所示。

图8-193 【调色刀】对话框

图8-194 【调色刀】效果对比

- 描边大小：用来设置图像颜色混合的程度。数值越高，图像越模糊；数值越小，图像越清晰。

- 描边细节：用来设置图像细节的保留程度，数值越高，图像的边缘越明确。
- 软化度：用来设置图像的柔化程度，数值越高，图像越模糊。

8.20.15 【霓虹灯光】滤镜

【霓虹灯光】滤镜可以为图像中的对象添加各种颜色的灯光效果。选择对象后，在菜单栏中选择【效果】|【艺术效果】|【霓虹灯光】命令，弹出【霓虹灯光】对话框，在该对话框中可以对相关属性进行设置，如图8-195所示；使用【霓虹灯光】滤镜后的对比效果如图8-196所示。

- 发光大小：用来设置发光范围的大小。数值为正值时，光线向外发射；数值为负值时，光线向内发射。
- 发光亮度：用来设置发光的亮度。
- 发光颜色：单击右侧的颜色块，可以在弹出的对话框中设置发光颜色。

图8-195 【霓虹灯光】对话框

图8-196 【霓虹灯光】效果对比

8.21 【视频】滤镜组

【视频】滤镜组中的滤镜用来解决视频图像交换时系统差异的问题，它们可以处理从隔行扫描方式的设备中提取的图像。

8.21.1 【NTSC 颜色】滤镜

【NTSC颜色】滤镜会将色域限制在电视机重现可接受的范围内，防止过饱和的颜色渗透到电视扫描行中。

8.21.2 【逐行】滤镜

通过隔行扫描方式显示画面的电视，以及从视频设备中捕捉的图像都会出现扫描线。【逐行】滤镜可以去除视频图像中的奇数或偶数隔行线，使在视频上捕捉的运动图像变得平滑。应用该滤镜时会弹出【逐行】对话框，如图8-197所示。

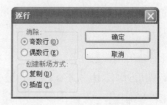

图8-197 【逐行】对话框

- 消除：用来设置需要消除的扫描线。选中【奇数行】单选按钮可删除奇数扫描线；选中【偶数行】单选按钮可删除偶数扫描线。
- 创建新场方式：用来设置消除扫描线后以何种方式来填充空白区域。选中【复制】单选按钮可复制被删除部分周围的像素来填充空白区域；选中【插值】单选按钮则利用被删除部分周围的像素，通过插值的方法进行填充。

8.22 【风格化】滤镜组

在【风格化】滤镜组中包含一个【照亮边缘】滤镜，使用该滤镜可以标识颜色的边缘，并向其添加类似霓虹灯的光亮。选择对象后，在菜单栏中选择【效果】|【风格化】|【照亮边缘】命令，弹出【照亮边缘】对话框，在该对话框中可以对相关属性进行设置，如图8-198所示；使用【照亮边缘】滤镜后的对比效果如图8-199所示。

- 边缘宽度：用来设置发光边缘的宽度。
- 边缘亮度：用来设置发光边缘的亮度。
- 平滑度：用来设置发光边缘的平滑程度。

图8-198 【照亮边缘】对话框   图8-199 【照亮边缘】效果对比

8.23 拓展练习——绘制可爱图标

本节介绍绘制可爱图标的方法，主要用到的工具有【椭圆工具】 和【钢笔工具】 ，效果如图8-200所示。

STEP 01 按Ctrl+N组合键弹出【新建文档】对话框，在该对话框中的【名称】文本框中输入【绘制可爱图标】，将【宽度】和【高度】设置为210mm和180mm，如图8-201所示。

STEP 02 单击【确定】按钮，即可新建一个空白的文档，然后在工具箱中选择【椭圆工具】 ，在画板中按住Shift键绘制正圆，如图8-202所示。

图8-200 可爱图标效果

图8-201　新建文档

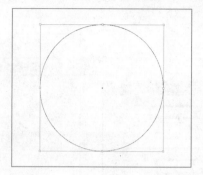

图8-202　绘制正圆

STEP 03 在工具箱中双击【填色】图标，在弹出的【拾色器】对话框中将CMYK值设置为0%、42%、100%、0%，如图8-203所示。

STEP 04 单击【确定】按钮，然后在控制面板中将描边设置为无，效果如图8-204所示。

STEP 05 确定新绘制的正圆处于选择状态，在菜单栏中选择【对象】|【路径】|【偏移路径】命令，如图8-205所示。

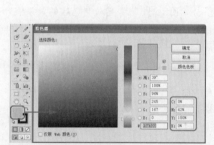

图8-203　设置填充颜色

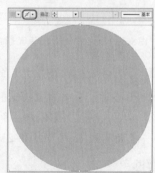

图8-204　设置描边

图8-205　选择【偏移路径】命令

STEP 06 弹出【偏移路径】对话框，在该对话框中将【位移】设置为-3mm，单击【确定】按钮，如图8-206所示。

STEP 07 位移出的路径如图8-207所示。

STEP 08 确定位移出的路径处于选择状态，按Ctrl+F9组合键弹出【渐变】面板，在该面板中将【类型】设置为【径向】，然后在渐变条上双击左侧的渐变滑块，在弹出的面板中单击按钮，在弹出的下拉菜单中选择【CMYK】命令，如图8-208所示。

STEP 09 在面板中设置颜色值为1%、10%、100%、0%，如图8-209所示。

STEP 10 使用同样的方法，将右侧渐变滑块的CMYK值设置为0%、30%、100%、0%，如图8-210所示。

STEP 11 为位移出的路径填充渐变颜色后的效果如图8-211所示。

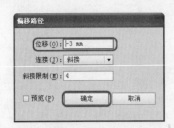

图8-206 【偏移路径】对话框　　图8-207 位移出的路径　　图8-208 选择【CMYK】命令

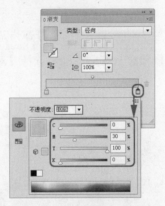

图8-209 为左侧滑块设置颜色　　图8-210 为右侧滑块设置颜色　　图8-211 填充渐变色后的效果

STEP 12 在菜单栏中选择【效果】|【风格化】|【内发光】命令，如图8-212所示。

STEP 13 弹出【内发光】对话框，在该对话框中将【模式】设置为【正片叠底】，设置内发光颜色的CMYK值为0%、47%、98%、0%，设置【不透明度】为50%，设置【模糊】为20mm，选中【中心】单选按钮，然后单击【确定】按钮，如图8-213所示。

STEP 14 设置内发光后的效果如图8-214所示。

图8-212 选择【内发光】命令　　图8-213 设置内发光参数　　图8-214 设置内发光后的效果

STEP 15 在工具箱中选择【钢笔工具】 ✎，在画板中绘制图形，然后将图形颜色的CMYK值设置为0%、20%、100%、0%，将描边设置为无，效果如图8-215所示。

STEP 16 确定新绘制的图形处于选择状态，在菜单栏中选择【效果】|【风格化】|【内发光】命令，弹出【内发光】对话框，在该对话框中将【模式】设置为【正常】，设置内发光颜色的CMYK值为0%、47%、97%、0%，设置【不透明度】为100%，设置【模糊】为20mm，然后单击【确定】按钮，如图8-216所示。

STEP 17 设置内发光后的效果如图8-217所示。

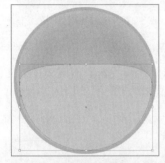

图8-215　绘制图形并填充颜色　　图8-216　设置内发光参数　　图8-217　设置内发光效果

STEP 18 在工具箱中选择【椭圆工具】 ◯，在画板中绘制椭圆，然后将椭圆颜色的CMYK值设置为1%、14%、100%、0%，将描边设置为无，效果如图8-218所示。

STEP 19 确定新绘制的椭圆处于选择状态，在菜单栏中选择【效果】|【风格化】|【内发光】命令，弹出【内发光】对话框，在该对话框中将【模式】设置为【正片叠底】，设置内发光颜色的CMYK值为0%、47%、97%、0%，设置【不透明度】为100%，设置【模糊】为15mm，然后单击【确定】按钮，如图8-219所示。

STEP 20 设置内发光后的效果如图8-220所示。

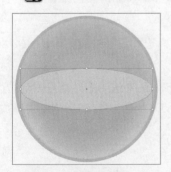
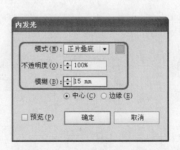
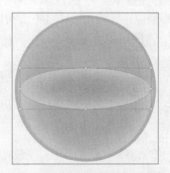

图8-218　绘制椭圆并填充颜色　　图8-219　设置内发光参数　　图8-220　设置内发光后的效果

STEP 21 在工具箱中选择【钢笔工具】 ✎，在画板中绘制图形，然后将图形的填充颜色设置为白色，将描边颜色的CMYK值设置为0%、42%、100%、0%，效果如图8-221所示。

STEP 22 在控制面板中将【描边】设置为4pt，将【不透明度】设置为25%，如图8-222所示。

STEP 23 使用【钢笔工具】 ✎ 在画板中绘制图形，然后将图形的填充颜色设置为白色，将描边设置为无，如图8-223所示。

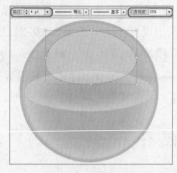

图8-221　绘制图形并填充颜色　　　　图8-222　设置参数　　　　图8-223　绘制图形并填充颜色

24 在画板中选择新绘制的图形和设置不透明度的图形，如图8-224所示。

25 在菜单栏中选择【窗口】|【路径查找器】命令，弹出【路径查找器】面板，在该面板中按住Alt键单击【减去顶层】按钮，然后单击【扩展】按钮，如图8-225所示。

26 在控制面板中将【不透明度】设置为20%，如图8-226所示。

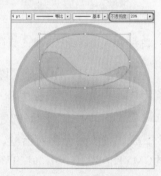

图8-224　选择图形对象　　　　图8-225　【路径查找器】面板　　　　图8-226　设置不透明度

27 在工具箱中选择【钢笔工具】，在画板中绘制图形，然后将图形颜色设置为白色，将描边设置为无，将【不透明度】设置为15%，如图8-227所示。

28 使用同样的方法，绘制其他图形，并对图形的颜色、描边和不透明度进行设置，如图8-228所示。

29 在工具箱中选择【圆角矩形工具】，在控制面板中将填充颜色设置为黑色，将描边颜色的CMYK值设置为0%、47%、97%、0%，将描边粗细设置为3pt，然后在画板中绘制圆角矩形，如图8-229所示。

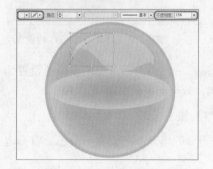

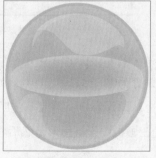

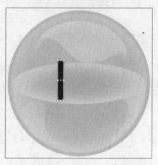

图8-227　绘制并设置图形　　　　图8-228　绘制其他图形　　　　图8-229　绘制圆角矩形

30 使用同样的方法，绘制另外一个圆角矩形，如图8-230所示。

31 在工具箱中选择【椭圆工具】◯，在控制面板中将填充颜色的CMYK值设置为0%、96%、95%、0%，然后在画板中绘制椭圆，如图8-231所示。

32 选择绘制的椭圆，在控制面板中将【描边】设置为3pt，将【不透明度】设置为30%，如图8-232所示。

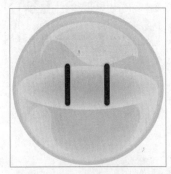
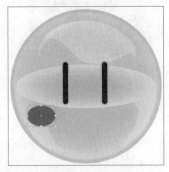
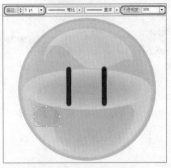

图8-230　继续绘制圆角矩形　　　图8-231　绘制椭圆　　　　　图8-232　设置椭圆

33 在菜单栏中选择【编辑】|【复制】命令，复制新绘制的椭圆，然后在菜单栏中选择【编辑】|【粘贴】命令，粘贴复制的椭圆，并在画板中调整椭圆的位置，效果如图8-233所示。

34 在工具箱中选择【椭圆工具】◯，在控制面板中将描边设置为无，然后在画板中绘制椭圆，如图8-234所示。

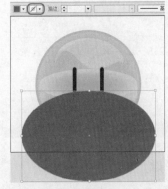

图8-233　复制椭圆　　　　　　图8-234　绘制椭圆

35 按Ctrl+F9组合键弹出【渐变】面板，在该面板中将【类型】设置为【径向】，将【长宽比】设置为15.4%，然后在渐变条上双击左侧的渐变滑块，在弹出的面板中单击 ▤ 按钮，在弹出的下拉菜单中选择【CMYK】命令，如图8-235所示。

36 在面板中设置颜色值为0%、59%、100%、0%，将【位置】设置为45%，如图8-236所示。

37 使用同样的方法，将右侧渐变滑块的CMYK值设置为0%、30%、100%、0%，将【不透明度】设置为0%，如图8-237所示。

38 为椭圆填充渐变颜色后的效果如图8-238所示。

STEP
39 按Shift+Ctrl+[组合键，将椭圆形移至最底层，如图8-239所示。至此，可爱图标就绘制完成了，将场景文件保存即可。

图8-235　选择【CMYK】命令

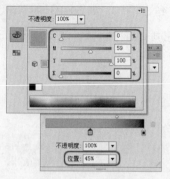

图8-236　设置颜色

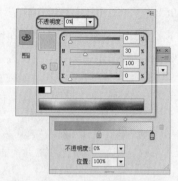

图8-237　为右侧滑块设置颜色

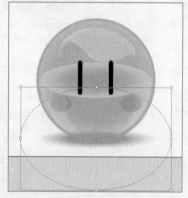

图8-238　填充渐变颜色后的效果

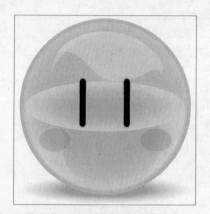

图8-239　将椭圆形移至最底层

8.24 习题

一、填空题

（1）（　　　　　）效果可将选择的图形随机地向内或向外弯曲和扭曲路径段。

（2）（　　　　　）滤镜类似于使用彩色铅笔在纯色背景上绘制图像。

（3）（　　　　　）滤镜使用较短的对角线条涂抹图像中暗部的区域，从而柔化图像，亮部区域会因变亮而丢失细节。

二、简答题

（1）在Illustrator中有哪些3D效果，并简述一下3D效果的作用。

（2）简述一下【像素化】滤镜组的工作原理。

第 **9** 章　Chapter

Web图形设计与
打印输出

09

本章要点：

　　使用Illustrator CS6可以轻松设计用于Web显示的图形，并能够直接存储为HTML页面，使用浏览器打开HTML页面后可以完整显示作品。Illustrator CS6还支持切片、图像映射以及优化Web图形等高级功能，能够最大限度地满足Web图形设计的需要，除此之外，本章还将介绍如何对完成后的文件进行打印输出。

主要内容：

- Web图形
- 优化图像
- 切片和图像映射
- 打印设置
- 设置打印机
- 输出文件

9.1 Web图形

Illustrator CS6提供了大量的网页编辑功能，包括制作切片、优化图像、输出图像等。此外，可将Illustrator中创建的图稿导入或粘贴到Flash里面，作为动画帧来使用。下面将向读者介绍在Illustrator CS6中的Web图形设计。

9.1.1 Web安全颜色

很多计算机显示器最多支持256色，因此出现了216种Web安全颜色，以保证网页的颜色能够正确显示。之所以不是256种Web安全颜色，是因为Microsoft和Mac操作系统有40种不同的系统保留颜色。在计算机屏幕上看到的颜色在不同的Web浏览器上所显示的效果不一定相同，而颜色又是网页设计的重要内容。如果需要使Web图形的颜色能够在所有的显示器上看起来是一致的，就需要使用Web安全颜色。

在【颜色】面板或【拾色器】对话框中调整颜色时，经常会出现一个【超出Web颜色警告】按钮，如图9-1所示，它表示当前设置的颜色不能在网页上正确显示。在该按钮右侧为Illustrator提供的与当前颜色最为接近的Web安全颜色。单击该色块，可将当前颜色替换为与其最接近的Web安全颜色，如图9-2所示。

在创建Web图形时，可以单击【颜色】面板右上角的按钮，在弹出的下拉菜单中选择【Web安全RGB】命令，如图9-3所示。选择该命令后的【颜色】面板如图9-4所示。

或者在【拾色器】对话框中选中【仅限Web颜色】复选框，如图9-5所示，这样就可以始终在Web安全颜色模式下工作。

图9-1　超出Web安全色

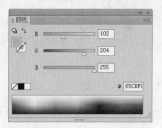

图9-2　校正颜色

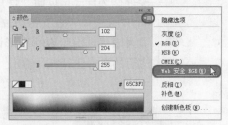

图9-3　选择【Web安全RGB】命令

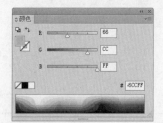

图9-4　选择【Web安全RGB】命令后的效果

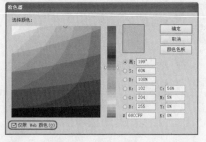

图9-5　选中【仅限Web颜色】复选框

9.1.2 选择最佳的Web图形文件格式

不同类型的Web图形需要存储为不同的文件格式，才会以最佳的方式显示，并创建为适合

Web上发布和浏览的文件大小。

Web图形格式可以是位图文件格式，也可以是矢量文件格式。位图格式（GIF、JPEG、PNG和WBMP）与分辨率有关，因此，位图图像的尺寸会随着显示器分辨率的不同而发生变化，图像品质也可能会发生改变；而矢量格式（SVG和SWF）与分辨率无关，可以对图像进行放大和缩小，而不会降低它的品质。

9.2 优化图像

在Illustrator CS6中，用户可以在菜单栏中选择【文件】|【存储为Web所用格式】命令，在弹出的【存储为Web所用格式】对话框中对切片进行优化，以减少图像文件的大小。在Web上发布图像时，较小的文件可以使Web服务器更加高效地存储和传输图像，用户则能够更快地下载图像，本节将介绍如何优化图像。

9.2.1 【存储为Web所用格式】对话框

在Illustrator CS6中，在菜单栏中选择【文件】|【存储为Web所用格式】命令，如图9-6所示。执行该操作后，即可打开【存储为Web所用格式】对话框，如图9-7所示，在该对话框中可以选择优化选项以及预览优化的结果。

图9-6 选择【存储为Web所用格式】命令　　　图9-7 【存储为Web所用格式】对话框

- 显示选项：单击【原稿】选项卡，可以显示没有优化的图像；单击【优化】选项卡，可以显示应用当前优化设置的图像；单击【双联】选项卡，可以并排显示图像，即优化前和优化后的图像，如图9-8所示。显示多个版本时，每一个窗口的下面都显示了图像的格式、文件大小以及下载时间等信息，通过观察这些信息，可以非常清楚地对比参数和优化结果，进而选择一个最佳的优化方案。
- 【抓手工具】：放大图像的显示比例后，可以使用该工具在窗口内移动图像。
- 【切片选择工具】：当图像包含多个切片时，可以使用该工具选择窗口中的切片，以便对其进行优化。
- 【缩放工具】：单击可以放大图像的显示比例，按住键盘上的Alt键单击则缩小图像的显示比例。

- 【吸管工具】 ⚫：使用该工具在图像上单击，可以拾取单击处的颜色。
- 【吸管颜色】 ▦：显示吸管工具拾取的颜色。
- 【切换切片可视性】 ▦：可以显示或隐藏图稿中的切片。
- 注释区域：在该对话框中，每个图像下面的注释区域都会显示一些信息。其中，原稿图像的注释区域显示文件名和文件大小，如图9-9所示；优化图像的注释区域显示当前优化选项、优化文件的大小等，如图9-10所示。

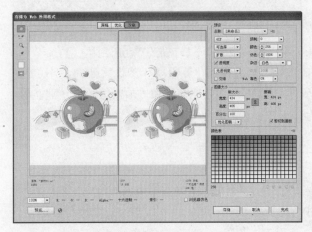

图9-8　并排显示图像

图9-9　原稿图像注释区域

图9-10　优化图像注释区域

- 缩放文本框：可以在该文本框中输入百分比数值来缩放窗口，也可以在下拉列表中选择预设的缩放值。
- 浏览器仿色：选中该复选框后，可以显示浏览器仿色的预览。
- 状态栏：当光标在图像上移动时，状态栏中会显示光标所在位置图像的颜色信息，如图9-11所示。
- 预览：单击该按钮，可以使用系统默认的浏览器预览优化的图像，同时，还可以在浏览器中查看图像的文件类型、像素尺寸、文件大小、压缩规格和其他HTML信息，如图9-12所示。

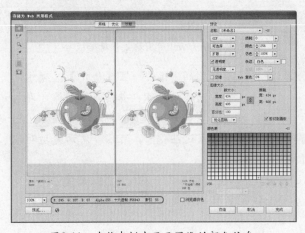

图9-11　在状态栏中显示图像的颜色信息

图9-12　在浏览器中预览

9.2.2　GIF优化

GIF是用于压缩具有单调颜色和清晰细节的图像的标准格式，如线状图、徽标或带文字的插图等，它是一种无损的压缩格式，在【存储为Web所用格式】对话框中的【优化的文件格式】下拉列表中选择【GIF】命令，即可看到GIF设置选项，如图9-13所示。

- 损耗：可通过有选择地扔掉数据来减少文件的大小。通常情况下，可以将文件减少5%～40%。【损耗】值不会对图像产生太大的影响，而过高的数值将会影响图像的品质。如图9-14所示是设置该值为80时的压缩效果。

图9-13　GIF设置选项

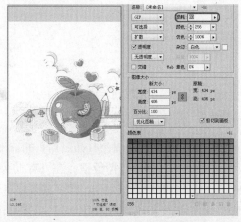

图9-14　【损耗】值为80时的效果

- 颜色：指定用于生成颜色查找表的方法，以及想要在颜色查找表中使用的颜色数量。如图9-15所示是将该参数设置为7时的效果。
- 仿色：可以设置应用程序仿色的数量。【仿色】是指模拟计算机的颜色显示系统中未提供的颜色的方法。较高的仿色百分比会使图像中出现更多的颜色和更多的细节，但同时也会增加文件的大小。将【颜色】设置为10，将【仿色】设置为0%时的效果如图9-16所示。

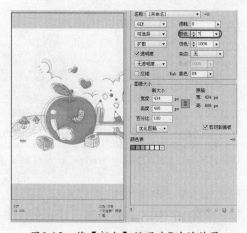

图9-15　将【颜色】设置为7时的效果

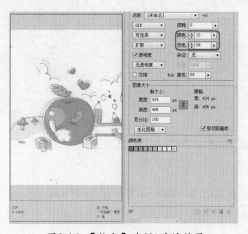

图9-16　【仿色】为0%时的效果

- 交错：选中该复选框后，在下载图像的过程中，将在浏览器中显示图像的低分辨率版本。【交错】会使下载时间显得更短，并使浏览者确信正在进行下载，但也会增加文件的大小。

- Web靠色：指定将颜色转换为最接近的Web调板等效颜色的容差级别，并防止颜色在浏览器中进行仿色。数值越大，转换的颜色越多。如图9-17所示是将该参数设置为100%时的效果。

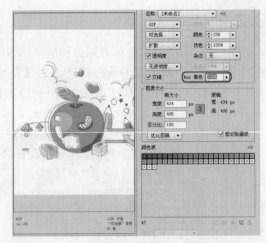

图9-17　将【Web靠色】设置为100%时的效果

9.2.3　JPEG优化

JPEG是用于压缩连续色调图像（如照片）的标准格式。将图像优化为JPEG格式的过程属于有损式压缩，它会有选择地扔掉数据。在【存储为Web所用格式】对话框中的【优化的文件格式】下拉列表中选择【JPEG】命令，即可看到JPEG设置选项，如图9-18所示。

- 优化：选中该复选框后，可创建文件稍小的增强JPEG。如果要最大限度地压缩文件，建议使用优化的JPEG格式，但是某些旧版的浏览器不支持此功能。
- 品质：用于设置压缩程度。【品质】值越高，压缩保留的细节越多，但生成的文件也越大。图9-19左图为将【品质】设置为100%时的效果，右图为将【品质】设置为2%时的效果。

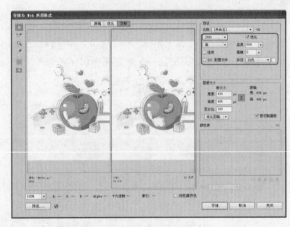

图9-18　JPEG设置选项

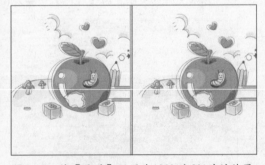

图9-19　将【品质】设置为100%和2%时的效果

- 连续：选中该复选框后，可在Web浏览器中以渐进的方式显示图像。
- 模糊：可指定应用于图像的模糊量。它可产生与【高斯模糊】滤镜相同的效果，并允许进一步压缩文件，以获得更小的文件，数值在0.1～0.5之间为最佳。
- ICC配置文件：选中该复选框后，可随文件一起保留图片的ICC配置文件，某些浏览器使用ICC配置文件进行色彩校正。
- 杂边：可为原始图像中的透明像素指定一个填充颜色。

9.2.4　PNG-8优化

PNG-8格式与GIF格式类似，也可以有效地压缩纯色区域，同时保留清晰的细节。

PNG-8格式还具备GIF支持透明、JPEG色彩范围广泛的特点，并且可包含所有的Alpha通道。在【存储为Web所用格式】对话框中的【优化的文件格式】下拉列表中选择【PNG-8】命令，可看到PNG-8设置选项，如图9-20所示。其中，各个参数设置选项的功能可参照GIF优化。

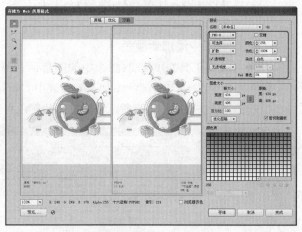

图9-20　PNG-8设置选项

9.2.5　PNG-24优化

PNG-24适合于压缩连续色调图像，但它所生成的文件比JPEG格式生成的文件要大得多。使用PNG-24的优点在于可在图像中保留多达256个透明度级别。在【存储为Web所用格式】对话框中的【优化的文件格式】下拉列表中选择【PNG-24】命令，可看到PNG-24设置选项，如图9-21所示。

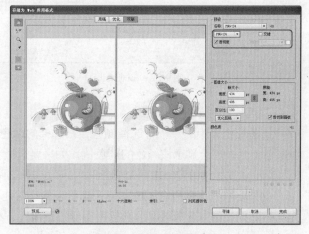

图9-21　PNG-24设置选项

- 交错：选中该复选框后，在下载图像的过程中，将在浏览器中显示图像的低分辨率版本。【交错】可使下载时间显得更短，并使浏览者确信正在进行下载，但也会增加文件的大小。

- 透明度/杂边：确定如何优化图像中的透明像素。要使完全透明的像素优化并将部分透明的像素与一种颜色混合，请选择【透明度】，然后选择一种杂边颜色；要使用一种颜色填充完全透明的像素并将部分透明的像素与同一种颜色混合，请选择一种杂边颜色，然后取消选择【透明度】；要选择杂边颜色，请单击【杂边】色块，然后在【拾色器】对话框中选择一种颜色，也可以从【杂边】下拉列表中选择一个选项。

9.2.6　为GIF和PNG-8图像自定颜色表

PNG-8和GIF文件支持8位颜色，因此它们可以显示多达256种颜色。确定使用哪些颜色的过程称为编制索引，因此，GIF和PNG-8格式的图像有时称为索引颜色图像。为了将图像转换为索引颜色，构建颜色查找表来保存图像中的颜色，并为这些颜色建立索引。如果原始图像中的某种颜色未出现在颜色查找表中，应用程序将在该表中选取最接近的颜色，或使用可用颜色的组合模拟该颜色。

　　只有在【优化的文件格式】下拉列表中选择【GIF】或【PNG-8】选项时才会显示颜色表，如图9-22所示。

1. 在颜色表中添加新颜色

　　使用【吸管工具】拾取图像中的颜色后，单击颜色表底部的【将吸管颜色添加到色盘中】按钮，可以将当前颜色添加至颜色表中，新建的颜色右下角有一个红色的小方块，表示颜色处于锁定状态，如图9-23所示，通过新建颜色可以添加在构建颜色表时遗漏的颜色。

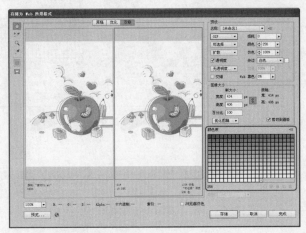

图9-22　颜色表

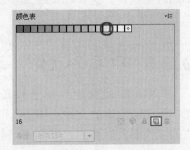

图9-23　添加颜色

2. 选择颜色表中的颜色

　　单击颜色表中的一个可选择颜色，被选择的颜色周围会出现一个白色的边框，当光标停留在颜色上时，还会显示该颜色的颜色值。如果要选择多个颜色，可以按住Ctrl键分别单击，如图9-24所示，按住Shift键单击两个颜色时，可以选择这两个颜色之间的所有颜色。

　　如果要取消选择所有颜色，可在颜色表的空白处单击，或单击颜色表右上角的按钮，在弹出的下拉菜单中选择【取消选择所有颜色】命令，如图9-25所示。

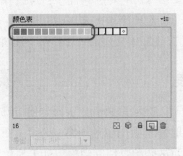

图9-24　按住Ctrl键选择多个颜色

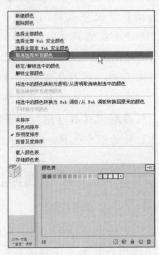

图9-25　选择【取消选择所有颜色】命令

3. 替换颜色

在【存储为Web所用格式】对话框中双击颜色表中的颜色，即可弹出【拾色器】对话框，在该对话框中设置其RGB颜色，如图9-26所示。单击【确定】按钮后，即可将图像中所选中的颜色替换为新的颜色，效果如图9-27所示。

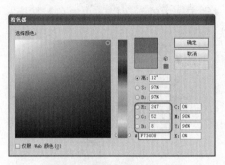

图9-26 【拾色器】对话框

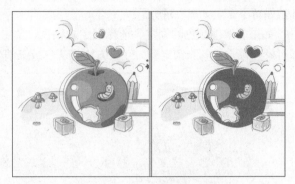

图9-27 替换颜色后的效果

4. 将选中的颜色转换到Web调板

在颜色表中选择要转换到Web调板的颜色，单击颜色表底部的【将选中的颜色转换/取消转换到Web调板】按钮，可以将当前颜色转换为Web调板中与其最接近的Web安全颜色。例如，在颜色表中选择RGB值为75、181、161的颜色，如图9-28所示，单击颜色表底部的【将选中的颜色转换/取消转换到Web调板】按钮，即可对选中的颜色进行转换。转换颜色后，原始颜色将出现在色板的左上角，新颜色出现在右下角，色板中心的小白色菱形表示颜色为Web安全颜色，色板右下角的小方块表示颜色被锁定，如图9-29所示。

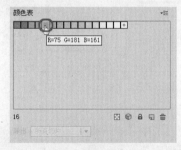

图9-28 选择颜色

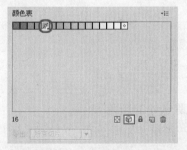

图9-29 转换后的效果

5. 将颜色映射为透明度

在【存储为Web所用格式】对话框中，用户可以根据需要将选中的颜色映射为透明的。例如，在颜色表中选择RGB值为247、255、207的颜色，如图9-30所示，单击颜色表底部的【将选中的颜色映射为透明度】按钮，即可将选中的颜色映射为透明的，效果如图9-31所示。

如果要恢复映射透明度的颜色为原始颜色，选择要恢复的颜色，单击【将选中的颜色映射为透明度】按钮，即可恢复原始的颜色。

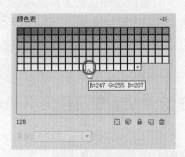

图9-30 选择颜色

6. 锁定或解除锁定颜色

选择颜色表中的一种或多种颜色，如图9-32所示，单击【锁定选中的颜色以防止掉色】按钮 🔒，即可锁定所选的颜色。被锁定颜色的右下角会出现一个红色方块，如图9-33所示。在减少颜色表中的颜色数量时，这些颜色样本都会被保留。如果将【颜色】设置为8，被锁定的颜色都被保留下来，如图9-34所示。

如果要取消颜色的锁定，选择锁定的颜色，单击【锁定选中的颜色以防止掉色】按钮 🔒，即可解除锁定。解除锁定后，红色方块将从色板上消失。

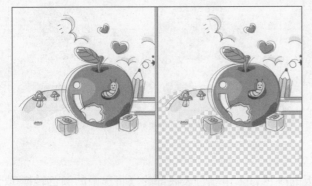

图9-31　映射后的效果

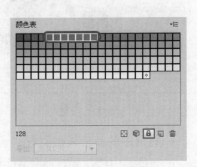

图9-32　选中多个颜色

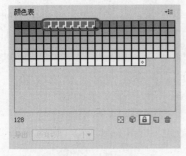

图9-33　锁定颜色

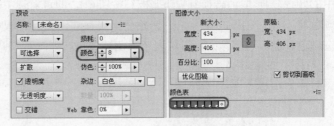

图9-34　减少颜色后的效果

7. 删除选中的颜色

选择一种或多种颜色后，单击颜色表底部的【删除选中的颜色】按钮 🗑，可以将选择的颜色删除。从颜色表中删除颜色可以减小文件的大小。删除某种颜色时，将使用调板中剩下的最接近颜色来重新显示以前包含该颜色的图像区域。当单击【删除选中的颜色】按钮 🗑 时，将会弹出一个提示对话框，如图9-35所示，在该对话框中单击【是】按钮，即可将选中的颜色删除，如果单击【否】按钮，则将不删除选中的颜色。

图9-35　【Adobe Illustrator】对话框

9.2.7　调整图像大小

在【存储为Web所用格式】对话框中，用户可以根据需要在【图像大小】选项组中设置图像的大小，如图9-36所示。该选项组中的各个参数选项功能如下。

- 宽度/高度：用户可以在该文本框中输入相应的宽度和高度，从而调整图像的大小。
- 【保留原始图像比例】：单击该按钮可保持像素宽度对像素高度的当前比例。
- 百分比：该文本框主要用于控制图像缩放的百分比。
- 剪切到画板：选中该复选框后，即可剪切图稿以匹配文档的画板边缘，画板边界外部的图稿将被删除。

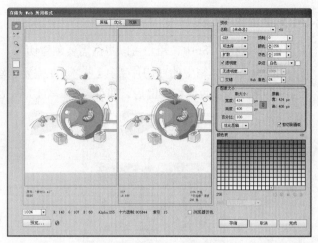

图9-36 【图像大小】选项组

9.3 切片和图像映射

在制作网页时，通常要对图像的区域进行分割，即制作切片。下面就向读者介绍如何在Illustrator CS6中创建和编辑切片。

9.3.1 切片

网页包含许多元素，如HTML文本、位图图像等，在Illustrator中，可以使用切片来定义图稿中不同Web元素的边界，这样就可以对不同的区域分别进行优化。例如，图稿包含需要以JPEG格式进行优化的位图图像，而图像的其他部分更适合用GIF格式优化，则可以使用切片来隔离位图图像。通过将图像切分成若干个部分，然后分别对它们进行优化，可以减小文件的大小，使下载更加容易。

在Illustrator中包含两种类型的切片，即子切片和自动切片，如图9-37所示。子切片是设计者手动创建的用于分割图像的切片，它带有缩号并显示切片标记；自动切片是未定义为切片的图稿区域，它是创建切片时，Illustrator自动在当前切片周围生成的用于占据图像其余区域的附加切片。在编辑切片时，Illustrator将根据需要重新生成子切片和自动切片，如图9-38所示。

图9-37 子切片和自动切片

图9-38 重新生成自动切片

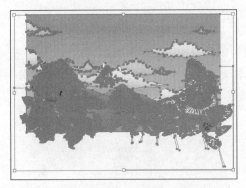

9.3.2 创建切片

在Illustrator CS6中，用户可以根据需要创建切片，具体操作步骤如下。

STEP 01 选择工具箱中的【切片工具】，在需要创建切片的图稿上单击并拖出一个矩形框，如图9-39所示。释放鼠标左键后，即可创建一个切片，如图9-40所示。

图9-39 绘制切片区域

图9-40 生成切片

提示 在创建切片时，按住键盘上的Shift键拖动鼠标可以创建正方形切片，按住键盘上的Alt键拖动鼠标可以从中心向外创建切片。

STEP 02 选择工具箱中的【选择工具】，在画板中拖动鼠标选中一个或多个对象，如图9-41所示。在菜单栏中选择【对象】|【切片】|【建立】命令，可以为每一个被选中的对象创建一个切片，如图9-42所示。

图9-41 选中对象

图9-42 创建切片

STEP 03 选择工具箱中的【选择工具】，在画板中拖动鼠标选中一个或多个对象，如图9-43所示。在菜单栏中选择【对象】|【切片】|【从所选对象创建】命令，可以将所选中的对象创建为一个切片，如图9-44所示。

STEP 04 选择工具箱中的【切片选择工具】，选中画板中的某一个切片，如图9-45所示。在菜单栏中选择【对象】|【切片】|【复制切片】命令，可以基于当前切片再创建一个新的切片，如图 9-46所示。

图9-43　选中对象

图9-44　创建为一个切片

图9-45　选中切片

图9-46　复制切片

05 在菜单栏中选择【视图】|【显示标尺】命令，显示出标尺，从标尺中拖出参考线。将参考线放在要创建切片的位置，如图9-47所示。在菜单栏中选择【对象】|【切片】|【从参考线创建】命令，可以按照参考线的划分方式创建切片，如图9-48所示。

图9-47　拖出参考线

图9-48　创建切片

9.3.3 选择与编辑切片

当创建完切片后，用户可以选择切片并对其进行编辑，具体操作步骤如下。

STEP 01 选择工具箱中的【切片选择工具】 ，将光标移至切片上单击即可选中该切片，如图9-49所示。如果需要同时选中多个切片，可以按住键盘上的Ctrl键，逐个单击需要选中的切片，如图9-50所示。

图9-49 选中单个切片　　　　　　　　图9-50 选中多个切片

提示 自动切片是无法选中的，这些切片显示为灰色。

STEP 02 选中切片后，拖动切片可以移动切片的位置，Illustrator将根据需要重新生成自动切片，如图9-51所示。将光标移至切片定界框的边缘上，单击并拖动鼠标可以调整切片的大小，如图9-52所示。

图9-51 移动切片位置　　　　　　　　图9-52 调整切片大小

在移动切片时，如果按住键盘上的Shift键，可以将移动限制在水平、垂直或45°对角线方向上，如图9-53所示。如果按住键盘上的Alt键拖动，则可以复制切片，如图9-54所示。

如果需要将所有切片的大小调整到画板边界，可以在菜单栏中选择【对象】|【切片】|【剪切到画板】命令，超出画板边界的切片会被截断，画板内部的自动切片会扩展到画板边界，而所有图稿都保持原样不变，如图9-55所示。

图9-53　按住Shift键的效果

图9-54　按住Alt键的效果

图9-55　选择【剪切到画板】命令的效果

9.3.4　设置切片选项

使用【切片选择工具】选中某一个切片，在菜单栏中选择【对象】|【切片】|【切片选项】命令，弹出【切片选项】对话框，如图9-56所示。切片选项决定了切片内容如何在生成的网页中显示，以及如何发挥作用。在【切片类型】下拉列表中可以选择切片的输出类型，包括【无图像】、【图像】、【HTML文本】。

1. 切片类型：无图像

如果希望切片区域在生成的网页中包含HTML文本和背景颜色，可以在【切片选项】对话框中的【切片类型】下拉列表中选择【无图像】选项，如图9-57所示。

● 显示在单元格中的文本：用来输入所需的文本。但要注意的是，输入的文本不要超过切片区域可以显示的长度。如果输入了太多的文本，它将扩展到邻近的切片并影响网页的布局。

● 文本是HTML：选择该选项，可以使用标准的HTML标记设置文本格式。

● 水平/垂直：设置【水平】和【垂直】选项，可以更改单元格中文本的对齐方式。

● 背景：用来设置切片图像的背景颜色，包括【无】、【杂边】、【吸管颜色】、【白色】和【黑色】，如图9-58所示。如果需要创建自定义的颜色，可以选择【其他】选项，在弹出的【拾色器】对话框中进行设置。

图9-56　【切片选项】对话框

图9-57　选择【无图像】选项

图9-58　【背景】下拉列表

2. 切片类型：图像

如果希望切片区域在生成的网页中为图像文件，可以在【切片选项】对话框中的【切片类型】下拉列表中选择【图像】选项，如图9-59所示。

- 名称：在该文本框中可以输入切片的名称，如图9-60所示。
- URL/目标：如果希望图像是HTML链接，可以输入URL和目标框架。设置切片的URL链接地址后，在浏览器中单击该切片图像时，即可链接到URL选项设置的地址上。
- 信息：可以输入图像的信息。即当光标移至该图像上时，浏览器状态栏中所显示的信息。
- 替代文本：当浏览器下载图像时，在图像前显示所替代文本。

3. 切片类型：HTML文本

首先选择文本对象，并在菜单栏中选择【对象】|【切片】|【建立】命令创建切片时，才能够在【切片选项】对话框中的【切片类型】下拉列表中选择【HTML文本】选项，如图9-61所示。

图9-59　选择【图像】选项　　　图9-60　设置名称　　　图9-61　选择【HTML文件】选项

9.3.5　划分与组合切片

创建切片后，可以根据需要将一个切片划分为多个切片，或者将多个切片组合为一个切片。

STEP 01 在菜单栏中选择【文件】|【打开】命令，在弹出的【打开】对话框中打开随书附带光盘中的【素材】\【第9章】\【003.ai】文件，选择对象，选择工具箱中的【切片选择工具】，选中需要划分的切片，如图9-62所示。

STEP 02 在菜单栏中选择【对象】|【切片】|【划分切片】命令，弹出【划分切片】对话框，如图9-63所示，在该对话框中可以设置切片的划分数量。

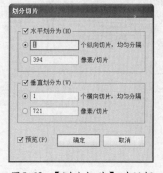

图9-62　选择对象　　　　　　图9-63　【划分切片】对话框

STEP 03 选中【水平划分为】复选框，可以设置切片的水平划分数量。选中【纵向切片，均匀分隔】单选按钮时，可以在该文本框中输入划分的精确数量。例如，希望水平划分为2个切片，可以输入2，如图9-64所示为划分的结果。

STEP 04 选中【像素/切片】单选按钮时，可以在该文本框中输入水平切片的间距，Illustrator会以该值为基准自动计算切片的划分数量。如图9-65所示是设置【像素/切片】为70时的划分结果。

图9-64　水平划分2个切片效果

图9-65　【像素/切片】选项分割效果

STEP 05 在【划分切片】对话框中选中【垂直划分为】复选框，可以设置切片的垂直划分数量，同样包括水平划分的两种方式。如图9-66所示是设置【横向切片，均匀分隔】为3时的划分结果。

STEP 06 设置【像素/切片】为70时的划分结果如图9-67所示。

图9-66　垂直划分3个切片效果

图9-67　【像素/切片】选项分割效果

STEP 07 按住键盘上的Shift键，单击选中需要组合的多个切片，如图9-68所示。

STEP 08 在菜单栏中选择【对象】|【切片】|【组合切片】命令，可以将它们组合为一个切片，如图9-69所示。

图9-68　选择多个切片

图9-69　选择【组合切片】命令后的效果

> **提示** 如果被组合的切片不相邻，或者具有不同的比例或对齐方式，则新切片可能与其他切片重叠。

9.3.6 显示、隐藏与锁定切片

在菜单栏中选择【视图】|【隐藏切片】命令，可隐藏文档窗口中的切片，如图9-70所示；在菜单栏中选择【视图】|【显示切片】命令，可以重新显示出切片，如图9-71所示。

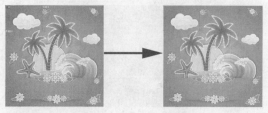

图9-70 隐藏切片的效果

图9-71 显示切片的效果

> **提示** 在菜单栏中选择【编辑】|【首选项】|【智能参考线和切片】命令，可以在打开的【首选项】对话框中设置切片线条的颜色，以及是否显示切片的编号。

如果需要锁定单个切片，可以在【图层】面板中将其锁定，如图9-72所示。

锁定切片后的效果如图9-73所示。锁定切片可以防止由于操作不当而改变切片的大小或移动切片。

如果需要锁定所有切片，可以在菜单栏中选择【视图】|【锁定切片】命令。再次选择该命令，可以解除所有切片的锁定。

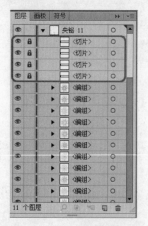

图9-72 在【图层】面板中锁定

图9-73 锁定后的效果

9.3.7 释放与删除切片

下面将介绍如何释放与删除切片，具体操作步骤如下。

STEP 01 选择工具箱中的【切片选择工具】 ，选中需要删除的切片，在菜单栏中选择【对象】|【切片】|【释放】命令，可以释放切片，所有对象将恢复为创建切片前的状态，如图9-74所示。

STEP 02 按住键盘上的Shift键，使用【切片选择工具】，单击同时选中多个需要删除的切片，按键盘上的Delete键可以同时删除多个切片，如图9-75所示。

STEP 03 如果需要删除当前文档中的所有切片，可以在菜单栏中选择【对象】|【切片】|【全部删除】命令，如图9-76所示。

图9-74 选择【释放】命令后的效果

图9-75 删除多个切片

图9-76 选择【全部删除】命令后的效果

9.3.8 创建图像映射

图像映射是一种链接功能，通过创建图像映射，能够将图像的一个或多个区域（称为热区）链接到一个URL地址上。当用户单击热区时，Web浏览器会自动载入所链接的文件。选中需要创建图像映射的对象，如图9-77所示。在菜单栏中选择【窗口】|【属性】命令，打开【属性】面板，如图9-78所示。

图9-77 选择对象

图9-78 【属性】面板

提示 如果需要在URL下拉列表中增加可见项的数量，可以在【属性】面板菜单中选择【面板选项】命令，然后输入一个介于1~30之间的值，以定义要在URL下拉列表中显示的URL项数。

在【属性】面板中的【图像映射】下拉列表中选择图像映射的形状，这里选择【矩形】选项，在URL文本框中输入一个URL地址，如图9-79所示。设置完成后，可以单击该面板上的【浏览器】按钮，弹出系统中默认的浏览器，并自动链接到URL地址，如图9-80所示。

图9-79　链接到URL地址

图9-80　链接后的效果

9.4　打印设置

当在Illustrator CS6中创建完成后，需要对完成后的文件进行打印，不管是为外部服务提供商提供彩色文档，还是只将文档的快速草图发送到喷墨打印机或激光打印机上，了解与掌握基本的打印知识都将使打印更加顺利，并有助于确保文档的最终效果与预期效果一致。

在菜单栏中选择【文件】|【打印】命令，如图9-81所示，或按Ctrl+P组合键，即可打开【打印】对话框，如图9-82所示。

图9-81　选择【打印】命令

图9-82　【打印】对话框

9.4.1　常规

在【打印】对话框中，单击左侧列表中的【常规】选项卡，如图9-82所示。

- 打印预设：用户可以在该下拉列表中，选择一种打印预设。
- 打印机：用户可以在该下拉列表中选择可以使用的打印机。
- 打印：用户可以在该下拉列表中选择可用的PPD。当在该下拉列表中选择【其他】选项

时，将会弹出【打开PPD】对话框，如图
9-83所示。

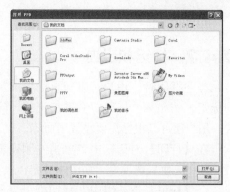

图9-83 【打开PPD】对话框

- 份数：用来设置打印的份数。
- 拼版：如果要将文件拼版至多个页面，此
  选项代表了所要打印的页面，该选项只有
  在将【份数】设置为2或2以上时才可用。
- 逆页序打印：选中该复选框时，可将文件
  按照由后向前的顺序打印。
- 页面：选择【全部页面】选项时，可打印
  所有页面；选择【范围】选项时，可输入
  页面的范围，可以用连字符【_】指示相邻的页面范围，或者使用逗号【，】区分相邻
  的页面或范围。
- 跳过空白画板：选中该复选框时，可跳过空白的画板。
- 介质大小：在该下拉列表中可以选择一种页面大小。可用大小是由当前打印机和PPD文
  件决定的。如果打印机的PPD文件允许，可以选择【自定】选项，然后在【宽度】和
  【高度】文本框中指定一个自定义的页面大小。
- 取向：选中该复选框时，页面将自动进行旋转。
  - 📄：单击该按钮后可纵向打印，正面朝上。
  - 📄：单击该按钮后可横向打印，向左旋转。
  - 📄：单击该按钮后可纵向打印，正面朝下。
  - 📄：单击该按钮后可横向打印，向右旋转。
- 横向：如果使用支持横向打印和自定页面大小PPD，则可以选择【横向】选项，使打印
  图稿旋转90°。
- 打印图层：用户可以在该下拉列表中选择打印图层的类型。
- 位置：用户可以通过单击其右侧的参考点来移动页面的位置。例如，单击中间的参考
  点，选中的参考点将以黑色显示，如图9-84所示。这样即可将页面移动至中间，在打印
  时将只对所显示的部分进行打印，效果如图9-85所示。

图9-84 单击中间的参考点

图9-85 只打印所显示部分

提示　除此之外，用户还可以通过【X】、【Y】两个文本框来调整其位置。

● 缩放：用户可以在该下拉列表中选择不同的缩放类型。

9.4.2 标记和出血

当要打印时，用户可以在页面中添加不同的标记，例如裁剪标记、套准标记等，除此之外，用户还可以根据需要设置出血等。

在【打印】对话框中，单击左侧列表中的【标记和出血】选项卡，如图9-86所示。

在【标记】选项组中，裁切标记为水平和垂直的细标线，用以划定对页面进行修边的位置，且有助于各分色相互对齐；套准标记为页面范围外的小靶标，用于对齐彩色文档中的各分色；颜色条表示为彩色小方块，表示CMYK油墨和色调灰度，用以调整印刷机中的油墨密度；页面信息包括文件名、输出时间和日期、所用线网数、分色线角度以及版面的颜色。色

图9-86 【标记和出血】选项卡

调条在准备打印文档时，需要添加一些标记以帮助在生成样稿时确定在何处裁切纸张及套准分色片，或测量胶片以得到正确的校准数据及网点密度等。

如果选中【所有印刷标记】复选框，将打印所有标记，否则可以分别选取要打印的标记，如裁切标记、套准标记、页面信息、颜色条或出血标记。

在【印刷标记类型】下拉列表中，可以选取标记类型，如西式标记；在【裁切标记粗细】下拉列表中可选取标记的宽度；在【位移】数值框中可设置标记距页面边缘的宽度。

在【出血】选项组中，可在【顶】、【底】、【左】和【右】文本框中设置出血参数，如果选中【使用文档出血设置】复选框，则【顶】、【底】、【左】和【右】文本框都不可用。

9.4.3 输出

在输出设置中，可以确定如何将文档中的复合颜色发送到打印机中。启用颜色管理时，颜色设置默认值将使输出颜色得到校准。在颜色转换中的专色信息将被保留；只有印刷色将根据指定的颜色空间转换为等效值。复合模式仅影响使用InDesign创建的对象和栅格化图像，而不影响置入的图形，除非它们与透明对象重叠。

在【打印】对话框中，单击左侧列表中的【输出】选项卡，如图9-87所示。

在【模式】下拉列表中将显示复合选项；在【药膜】下拉列表中，可以选取【向上（正读）】或【向下（正读）】。

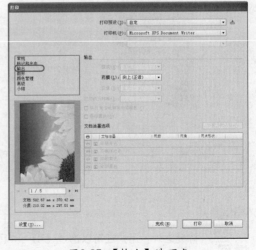

图9-87 【输出】选项卡

9.4.4 图形

打印包含复杂图形的文档时，通常需要更改分辨率或栅格化设置，以获得最佳的输出效果。在Illustrator CS6中，将根据需要下载字体。

在【打印】对话框中，单击左侧列表中的【图形】选项卡，如图9-88所示。

图9-88 【图形】选项卡

- 路径：在该选项组中，若选中【自动】复选框，将自动选取设备的最佳平滑度，否则可以自行设置平滑度。
- 字体：在该选项组中，若在【下载】下拉列表中选择【完整】选项，在打印开始时将下载文档所需的所有字体；若选择【子集】选项，将只下载文档中使用的字符。
- PostScript（R）：在该下拉列表中，若选择【语言级2】选项，将提高打印速度和输出质量；若选择【语言级3】选项，将提供最高打印速度和输出质量。
- 数据格式：在该下拉列表中，若选择【二进制】选项，图像数据将导出为二进制代码，这要比ASCII代码更紧凑，但却不一定与所有系统都兼容；若选择【ASCII】选项，图像数据将导出为ASCII文本，并与较老式的网络和并行打印机兼容，对于在多平台上使用的图形来说，这往往是最佳选择。
- 兼容渐变和渐变网格打印：如果选中该复选框，将兼容Illustrator的渐变和渐变网格。但应用该选项将降低无渐变时的打印速度，所以只有遇到打印问题时才选择该选项。

9.4.5 颜色管理

当使用色彩管理进行打印时，可以让Illustrator或打印机来管理色彩，使用打印机的配置文件替代当前文档的配置文件。若使用PostScript打印机，可以选择使用PostScript颜色管理选项，以便进行与设备无关的输出。

在【打印】对话框中，单击左侧列表中的【颜色管理】选项卡，如图9-89所示。

图9-89 【颜色管理】选项卡

- 颜色处理：在该下拉列表中，若选择【让Illustrator确定颜色】选项，将由应用程序Illustrator确定颜色；若选择【让PostScript打印机确定颜色】选项，将由打印机确定颜色。
- 打印机配置文件：若有可用于输出设备

的配置文件，可在该下拉列表中选择输出设备的配置文件。

- 渲染方法：在该下拉列表中，可指定应用程序将颜色转换为目标色彩空间的方式，如相对比色等。

9.4.6 高级

在【高级】选项卡中可以设置透明度和拼合预设。在【打印】对话框中，单击左侧列表中的【高级】选项卡，如图9-90所示。

- 打印成位图：如果选中该复选框，图稿将被打印成位图。
- 叠印：用户可以在该下拉列表中选择一种叠印方式，如放弃、模拟等。
- 预设：在该下拉列表中，若选择【低分辨率】选项，可在打印机中打印快速校样；若选择【中分辨率】选项，可在PostScript彩色打印机中打印文档；若选择【高分辨率】选项，可用于最终出版，或打印高品质校样。
- 自定：如果单击【自定】按钮，可以打开如图9-91所示的【自定透明度拼合器选项】对话框，用户可以在其中设置特定的拼合选项。

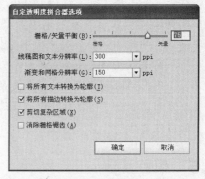

图9-90 【高级】选项卡 　　　　图9-91 【自定透明度拼合器选项】对话框

9.5 设置打印机

在【打印】对话框中，单击左下角的【设置】按钮，在弹出的对话框中单击【继续】按钮，打开如图9-92所示的【打印】对话框，在【选择打印机】列表中选择打印机，单击【首选项】按钮，将打开如图9-93所示的【打印首选项】对话框，用户可以在该对话框中设置打印的方向，单击【高级】按钮，在弹出的对话框可以设置纸张的规格以及文档选项等，如图9-94所示。

切换至【XPS文档】选项卡中，选中【自动使用XPS查看器打开XPS文件】复选框，如图9-95所示，使打印的文件可以使用XPS查看器打开。设置完成后，单击【确定】按钮，返回至【打印】对话框，单击【打印】按钮，再次返回至【打印】对话框，单击【打印】按钮，即可对文件进行打印。

图9-92 【打印】对话框

图9-93 【打印首选项】对话框

图9-94 【Microsoft XPS Document Writer
高级选项】对话框

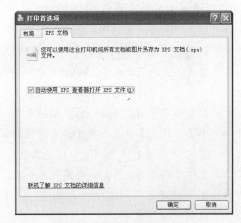

图9-95 【XPS文档】选项卡

9.6 输出文件

当用户对完成后的场景进行存储或导出图稿时，Illustrator 将图稿数据写入到文件。数据的结构取决于选择的文件格式，本节将简单介绍如何对完成后的场景进行存储和导出。

9.6.1 将文件存储为AI格式

下面将介绍如何将文件存储为AI格式，具体操作步骤如下。

STEP 01 在菜单栏中选择【文件】|【存储】命令，如图9-96所示。

STEP 02 在弹出的对话框中为文件指定存储路径，输入相应的文件名，将【保存类型】设置为【Adobe Illustrator（*.AI）】，如图9-97所示。

STEP 03 设置完成后，单击【保存】按钮，即可弹出如图9-98所示的对话框。

图9-96　选择【存储】命令

图9-97　【存储为】对话框

图9-98　【Illustrator选项】对话框

该对话框中各个参数选项的功能如下。

- 版本：用于设置存储AI的版本，用户可以在该下拉列表中选择不同的版本，如图9-99所示，旧版格式不支持当前版本Illustrator中的所有功能。因此，当用户选择当前版本以外的版本时，某些存储选项不可用，并且一些数据将更改。

- 小于：该文本框主要用于设置字符的百分比。

- 创建 PDF 兼容文件：选中该复选框后，Illustrator文件可以与其他Adobe应用程序兼容。

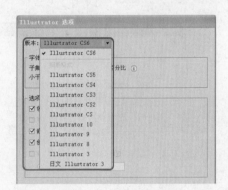

图9-99　【版本】下拉列表

- 包含链接文件：选中该复选框后，可以嵌入与图稿链接的文件。

- 嵌入 ICC 配置文件：用于创建色彩受管理的文档。

- 使用压缩：选中该复选框后，可以在存储时对文件进行压缩。

- 将每个画板存储到单独的文件：选中该复选框后，程序会将每个画板存储为单独的文件，同时还会单独创建一个包含所有画板的主文件，涉及某个画板的所有内容都会包括在与该画板对应的文件中。如果不选择此选项，则画板会合并到一个文档中。

9.6.2　将文件存储为EPS格式

EPS 格式保留许多使用Adobe Illustrator 创建的图形元素，这意味着可以重新打开 EPS 文件并作为 Illustrator文件编辑。因为EPS文件基于PostScript语言，所以它们可以包含矢量和位图图形。如果图稿包含多个画板，则将其存储为EPS格式时，会保留这些画板，下面对其进行简单介绍。

STEP 01 在菜单栏中选择【文件】|【存储】命令，如图9-100所示。

STEP 02 在弹出的对话框中为文件指定存储路径，输入相应的文件名，将【保存类型】设置为【Illustrator EPS（*.EPS）】，如图9-101所示。

STEP 03 设置完成后，单击【保存】按钮，即可弹出如图9-102所示的对话框。

图9-100 选择【存储】命令　　　图9-101 设置存储名称及类型　　　图9-102 【EPS选项】对话框

该对话框中各个参数选项的功能如下。

- 版本：用于设置存储EPS的版本，用户可以在该下拉列表中选择不同的版本，如图9-103所示。

- 格式：确定文件中存储的预览图像的特性。预览图像在不能直接显示 EPS 图稿的应用程序中显示。如果不希望创建预览图像，可以在该下拉列表中选择【无】选项，否则，可以选择【TIFF（黑白）】或【TIFF（8位颜色）】选项。

- 透明：用于生成透明背景，该单选按钮只有在将【格式】设置为【TIFF（8位颜色）】时才可用。

- 不透明：用于生成实色背景。

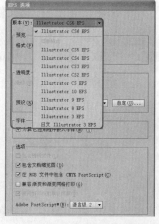

图9-103 【版本】下拉列表

提示　如果 EPS 文档将在 Microsoft Office 应用程序中使用，需要选中【不透明】单选按钮。

- 为其他应用程序嵌入字体：选中该复选框可以嵌入所有从字体供应商获得相应许可的字体。嵌入字体确保如果文件置入到另一个应用程序（例如 Adobe InDesign），将显示和打印原始字体。但是，如果在没有安装相应字体的计算机上的 Illustrator中打开该文件，将仿造或替换该字体。这样是为了防止非法使用嵌入字体。

提示　选择【为其他应用程序嵌入字体】选项会增加存储文件的大小。

- 包含链接文件：选中该复选框后，可以嵌入与图稿链接的文件。
- 包含文档缩览图：选中该复选框后，可以创建图稿的缩览图图像。
- 在 RGB 文件中包含 CMYK PostScript：选中该复选框后，可以允许从不支持 RGB 输出的应用程序打印 RGB 颜色文档。在 Illustrator 中重新打开 EPS 文件时，将会保留RGB颜色。

- 兼容渐变和渐变网格打印：使旧的打印机和 PostScript 设备可以通过将渐变对象转换为 JPEG 格式来打印渐变和渐变网格。
- Adobe PostScript®：确定用于存储图稿的 PostScript 级别。PostScript 语言级别为2时，表示彩色以及灰度矢量和位图图像，并支持用于矢量和位图图形的 RGB、CMYK 和基于 CIE 的颜色模型；PostScript 语言级别为3时，将会提供语言级别2没有的功能，包括打印到 PostScript 3打印机时打印网格对象的功能。由于打印到 PostScript 语言级别 2 设备将渐变网格对象转换为位图图像，因此建议将包含渐变网格对象的图稿打印到 PostScript 3打印机。

9.6.3 导出JPEG格式

在Illustrator CS6中，用户可以将完成后的文件导出为多种格式，本节将介绍如何将文件导出为JPEG格式，具体操作步骤如下。

STEP 01 在菜单栏中选择【文件】|【导出】命令，如图9-104所示。

STEP 02 在弹出的对话框中为文件指定存储路径，输入相应的文件名，将【保存类型】设置为【JPEG（*.JPG）】，如图9-105所示。

图9-104　选择【导出】命令

图9-105　设置导出名称及类型

STEP 03 设置完成后，单击【保存】按钮，即可弹出如图9-106所示的对话框。

【JPEG选项】对话框中各个选项的功能如下。

- 颜色模型：用于指定 JPEG 文件的颜色模型。
- 品质：决定JPEG文件的品质和大小。从【品质】下拉列表中选择一个选项，或在【品质】文本框中输入0~10之间的数值。
- 压缩方法：用于设置压缩的方法，其中包括【基线（标准）】、【基线（优化）】、【连续】三个选项，如图9-107所示。
- 分辨率：用于设置 JPEG 文件的分辨率。当在该下拉列表中选择【其他】选项时，用户可以自定义分辨率。
- 消除锯齿：通过超像素采样消除图稿中的锯齿边缘。
- 图像映射：为图像映射生成代码。
- 嵌入 ICC 配置文件：在 JPEG 文件中存储 ICC 配置文件。

图9-106 【JPEG选项】对话框

图9-107 【压缩方法】下拉列表

9.6.4 导出Photoshop格式

在Illustrator CS6中，用户可以根据需要将文件导出为Photoshop格式，具体操作步骤如下。

STEP 01 在菜单栏中选择【文件】|【导出】命令，在弹出的对话框中为文件指定存储路径，输入相应的文件名，将【保存类型】设置为【Photoshop（*.PSD）】，如图9-108所示。

STEP 02 设置完成后，单击【保存】按钮，即可弹出如图9-109所示的对话框。

图9-108 【导出】对话框

图9-109 【Photoshop导出选项】对话框

提示 如果文档包含多个画板，而用户想将每个画板导出为独立的 PSD 文件，可以在【导出】对话框中选中【使用画板】复选框；如果只想导出某一范围内的画板，可以在该对话框中指定范围。

【Photoshop导出选项】对话框中各选项的功能如下。

● 颜色模型：用于设置导出文件的颜色模型。用户可以在该下拉列表中选择【RGB】、【CMYK】、【灰度】三个选项，如图9-110所示。

提示 如果将 CMYK 文档导出为 RGB（或相反），可能在透明区域引起意外的变化，尤其是那些包含混合模式的区域。如果想要更改颜色模型，必须将图稿导出为平面化图像（【写入图层】选项不可用）。

● 分辨率：用于设置导出文件的分辨率。在该下拉列表中选择【其他】选项时，可自定义文件的分辨率。

- 平面化图像：合并所有图层并将 Illustrator 图稿导出为栅格化图像。选择此选项可保留图稿的视觉外观。
- 写入图层：将组、复合形状、嵌套图层和切片导出为单独的、可编辑的 Photoshop 图层。嵌套层数超过5层的图层将被合并为单个 Photoshop 图层。选择【最大可编辑性】选项可将透明对象（即带有不透明蒙版的对象、恒定不透明度低于 100% 的对象或处于非【常规】混合模式的对象）导出为实时的、可编辑的 Photoshop 图层。
- 保留文本可编辑性：将图层（包括层数不超过5层的嵌套图层）中的水平和垂直点文字导出为可编辑的 Photoshop 文字。如果执行此操作，则会影响图稿的外观，可以取消选择此选项以改为栅格化文本。
- 最大可编辑性：将每个顶层子图层写入到单独的 Photoshop 图层（如果这样做不影响图稿的外观）。顶层图层将成为 Photoshop 图层组。透明对象将保留可编辑的透明属性，还将为顶层图层中的每个复合形状创建一个 Photoshop 形状图层（如果这样做不影响图稿的外观）。要写入具有实线描边的复合形状，请将【连接】类型更改为【圆角】。无论是否选择此选项，嵌套层数超过 5 层的所有图层都将被合并为单个 Photoshop 图层。

> **提示** Illustrator 无法导出应用图形样式、虚线描边或画笔的复合形状。导出的复合形状将成为栅格化形状。

- 消除锯齿：通过超像素采样消除图稿中的锯齿边缘。取消选择此选项有助于栅格化线状图时维持其硬边缘，该下拉列表如图9-111所示。
- 嵌入 ICC 配置文件：创建色彩受管理的文档。

图9-110 【颜色模型】下拉列表　　　　图9-111 【消除锯齿】下拉列表

9.6.5 导出PNG格式

下面将介绍如何导出PNG格式的文件，具体操作步骤如下。

STEP 01 在菜单栏中选择【文件】|【导出】命令，在弹出的对话框中为文件指定存储路径，输入相应的文件名，将【保存类型】设置为【PNG（*.PNG）】，如图9-112所示。

STEP 02 设置完成后，单击【保存】按钮，即可弹出如图9-113所示的对话框。

图9-112 设置导出选项　　　　图9-113 【PNG选项】对话框

【PNG选项】对话框中各选项的功能如下。

- 分辨率：决定栅格化图像的分辨率。分辨率值越大，图像品质越好，但文件也越大。

提示　一些应用程序以 72 ppi 打开 PNG 文件，不考虑指定的分辨率。在此类应用程序中，将更改图像的尺寸（例如，以 150 ppi 存储的图稿将超过以 72 ppi 存储的图稿两倍大小）。因此，应仅在了解目标应用程序支持非 72 ppi 分辨率时才可更改分辨率。

- 消除锯齿：通过超像素采样消除图稿中的锯齿边缘。取消选择此选项有助于栅格化线状图时维持其硬边缘。
- 交错：在文件下载过程中，在浏览器中显示图像的低分辨率版本。【交错】使下载时间显得较短，但也会增加文件大小。
- 背景色：用于指定导出文件的背景颜色，选择【透明】保留透明度，选择【白色】以白色填充透明度，选择【黑色】以黑色填充透明度，选择【其他】以另一种颜色填充透明度。

9.6.6　导出TIFF格式

下面将介绍如何导出TIFF格式的文件，具体操作步骤如下。

STEP 01 在菜单栏中选择【文件】|【导出】命令，在弹出的对话框中为文件指定存储路径，输入相应的文件名，将【保存类型】设置为【TIFF（*.TIF）】，如图9-114所示。

STEP 02 设置完成后，单击【保存】按钮，即可弹出如图9-115所示的对话框。

【TIFF选项】对话框中各选项的功能如下。

- 颜色模型：用于设置导出文件的颜色模型。
- 分辨率：决定栅格化图像的分辨率。分辨率值越大，图像品质越好，但文件也越大。
- 消除锯齿：通过超像素采样消除图稿中的锯齿边缘。取消选择此选项有助于栅格化线状图时维持其硬边缘。
- LZW 压缩：应用 LZW 压缩，这是一种不会丢弃图像细节的无损压缩方法。
- 嵌入 ICC 配置文件：创建色彩受管理的文档。

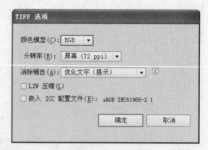

图9-114　设置导出选项　　　　　图9-115　【TIFF 选项】对话框

9.7　拓展练习——制作菜谱封面

　　菜谱是现代餐厅中，商家用于介绍自己菜品的小册子，里面搭配菜图、价位与简介等信息。"菜谱"一词来自拉丁语，原意为"指示的备忘录"，本是厨师为了备忘的记录单子。现代餐厅的菜单，不仅要给厨师看，还要给客人看。本节将介绍如何制作菜谱封面，其效果如图9-116所示。

STEP 01 启动Illustrator CS6，在菜单栏中选择【文件】|【新建】命令，如图9-117所示。

STEP 02 在弹出的对话框中将【宽度】和【高度】分别设置为213mm、301mm，如图9-118所示。

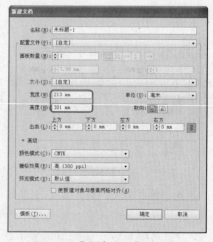

图9-116　菜谱封面　　　图9-117　选择【新建】命令　　　图9-118　【新建文档】对话框

STEP 03 设置完成后，单击【确定】按钮，即可创建一个新的文档，在工具箱中选择【矩形工具】 ，在画板中绘制一个矩形，如图9-119所示。

STEP 04 确定新绘制的矩形处于选择状态，在菜单栏中选择【窗口】|【渐变】命令，打开【渐变】面板，在该面板中将【类型】设置为【径向】，如图9-120所示。

STEP 05 在渐变条上双击左侧的渐变滑块，在弹出的面板中单击 按钮，在弹出的下拉菜单中选择【CMYK】命令，如图9-121所示。

图9-119　绘制矩形　　　　　图9-120　设置渐变类型　　　　图9-121　选择【CMYK】命令

STEP 06 在该面板中将颜色的CMYK值设置为2%、97%、100%、0%，如图9-122所示。

STEP 07 使用同样的方法，将右侧渐变滑块的CMYK值设置为53%、100%、100%、39%，如图9-123所示。

STEP 08 在控制面板中将描边颜色设置为无，效果如图9-124所示。

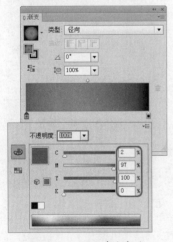
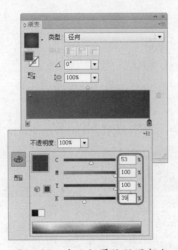

图9-122　设置填充颜色　　　　图9-123　为右侧滑块设置颜色　　　图9-124　设置描边颜色

STEP 09 在菜单栏中选择【文件】|【置入】命令，如图9-125所示。

STEP 10 执行该操作后，即可打开【置入】对话框，选择随书附带光盘中的【素材】\【第9章】\【素材02.psd】文件，如图9-126所示。

STEP 11 单击【置入】按钮，在弹出的对话框中使用其默认设置，单击【确定】按钮，将选中的素材文件置入到画板中，并调整其大小，如图9-127所示。

图9-125　选择【置入】命令

图9-126　选择素材文件

图9-127　调整素材文件的大小

STEP 12 使用同样的方法将【素材03.jpg】文件置入到画板中，并调整其大小及位置，如图9-128所示。

STEP 13 在菜单栏中选择【文件】|【置入】命令，在弹出的对话框中选择随书附带光盘中的【素材】\【第9章】\素材04.png】文件，如图9-129所示。

STEP 14 单击【置入】按钮，将选中的素材文件置入到画板中，并调整其位置及大小，效果如图9-130所示。

图9-128　置入素材文件

图9-129　选择素材文件

图9-130　调整素材文件后的效果

STEP 15 确认置入的素材文件处于选中状态，在菜单栏中选择【效果】|【风格化】|【投影】命令，如图9-131所示。

STEP 16 在弹出的对话框中将【不透明度】设置为75%，将【X位移】和【Y位移】都设置为1mm，将【模糊】设置为0mm，如图9-132所示。

STEP 17 设置完成后，单击【确定】按钮，即可为选中的素材文件添加投影，效果如图9-133所示。

STEP 18 在工具箱中选择文字工具，在画板中单击并输入文字，选中输入的文字，按Ctrl+T组

合键打开【字符】面板，在该面板中将【字体】设置为【方正宋三简体】，将【字号】设置为
29pt，将【字符间距】设置为60，如图9-134所示。

图9-131　选择【投影】命令

图9-132　设置投影

图9-133　添加投影后的效果

图9-134　设置字符

STEP 19 在工具箱中选择选择工具，在画板中选择底部的红色矩形，再选中输入的文字，在菜单栏中选择【文字】|【创建轮廓】命令，如图9-135所示。

STEP 20 在菜单栏中选择【窗口】|【渐变】命令，打开【渐变】面板，在该面板中将【类型】设置为【线性】，如图9-136所示。

图9-135　选择【创建轮廓】命令

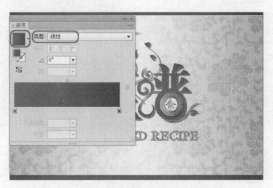

图9-136　设置渐变类型

STEP 21 选择左侧的渐变滑块，将【位置】设置为50%，按Enter键确认，如图9-137所示。

STEP 22 在左侧添加一个渐变滑块，双击该滑块，将其CMYK值设置为53%、100%、100%、39%，如图9-138所示。

STEP 23 设置完成后，在【渐变】面板中将【角度】设置为90°，如图9-139所示。

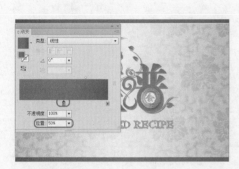 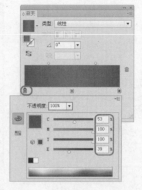 

图9-137　调整渐变滑块的位置　　　　图9-138　设置渐变滑块的颜色　　　图9-139　设置渐变角度

STEP 24 将【渐变】面板关闭，即可为选中的文字填充渐变颜色，效果如图9-140所示。

STEP 25 在工具箱中选择文字工具，在画板中单击并输入文字，选中输入的文字，按Ctrl+T组合键打开【字符】面板，在该面板中将【字体】设置为【方正大标宋简体】，将【字号】设置为35.98pt，将【字符间距】设置为60，如图9-141所示。

图9-140　为文字添加渐变后的效果　　　　　图9-141　设置字体和字号

STEP 26 在工具箱中选择选择工具，选中输入的文字，在菜单栏中选择【文字】|【创建轮廓】命令，为选中的文字创建轮廓，效果如图9-142所示。

STEP 27 按Ctrl+F9组合键打开【渐变】面板，在该面板中将【类型】设置为【线性】，选择左侧的渐变滑块，将其CMYK值设置为42%、63%、100%、3%，如图9-143所示。

STEP 28 在50%的位置处添加一个渐变滑块，将其CMYK值设置为4%、0%、30%、0%，如图9-144所示。

STEP 29 使用同样的方法将右侧滑块的CMYK值设置为42%、63%、100%、3%，设置完成后，按Enter键确认，即可为选中的文字填充渐变色，效果如图9-145所示。

STEP 30 使用同样的方法创建其他文字，效果如图9-146所示。

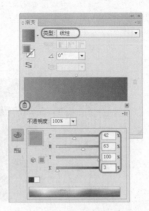

图9-142　创建轮廓　　　　图9-143　设置左侧滑块　　　图9-144　添加渐变滑块并
　　　　　　　　　　　　　　　　的颜色值　　　　　　　　　设置颜色值

图9-145　设置渐变颜色后的效果　　　　　图9-146　创建其他文字后的效果

31 选中新创建的两行文字，在菜单栏中选择【效果】|【风格化】|【投影】命令，在弹出的对话框中将【X位移】和【Y位移】都设置为0.8mm，将【模糊】设置为0mm，如图9-147所示。

32 设置完成后，单击【确定】按钮，即可为选中的文字添加投影效果，如图9-148所示。

图9-147　设置投影　　　　　　　图9-148　添加投影后的效果

33 在菜单栏中选择【文件】|【置入】命令，在弹出的对话框中选择随书附带光盘中的【素材】\【第9章】\【素材05.psd】文件，如图9-149所示。

34 单击【置入】按钮，在弹出的对话框中单击【确定】按钮，将选中的素材文件置入到画板中，并调整其位置及大小，效果如图9-150所示。

35 场景制作完成后，在菜单栏中选择【文件】|【存储】命令，打开【存储为】对话框，将【文件名】设置为【菜谱封面】，将【保存类型】设置为【Adobe Illustrator（*.AI）】格式，单击【保存】按钮，如图9-151所示。

图9-149 选择素材文件   图9-150 调整素材文件后的效果   图9-151 【存储为】对话框

36 弹出【Illustrator 选项】对话框，保持默认设置，单击【确定】按钮，如图9-152所示。

37 保存场景后，在菜单栏中选择【文件】|【导出】命令，弹出【导出】对话框，将【保存类型】设置为【TIFF（*.TIF）】格式，单击【保存】按钮，如图9-153所示。

38 弹出【TIFF 选项】对话框，保持默认设置，单击【确定】按钮，如图9-154所示，完成图片的导出。

图9-152 【Illustrator 选项】对话框   图9-153 【导出】对话框   图9-154 【TIFF 选项】对话框

9.8 习题

一、填空题

（1）在菜单栏中选择（   ）|【存储为Web所用格式】命令，打开【存储为Web所用格式】对话框。

（2）在【存储为Web所用格式】对话框中，（   ）用于放大图像的显示比例后，在窗口内移动图像。

二、简答题

（1）如何设置切片选项？

（2）如何导出Photoshop格式文件？

第 **10** 章

逃出陷阱和提高工作效率

Chapter
10

本章要点:

　　本章主要讲解如何避免在设计制作过程中常碰到的陷阱，包括底色陷阱、文字陷阱、尺寸陷阱、颜色陷阱、标线陷阱和图片陷阱，以及正确的工作习惯和快捷键的掌握。通过对本章的学习能够让设计师在工作中减少出错率。

主要内容:

- 逃出陷阱
- 提高工作效率

10.1 逃出陷阱

通常在制作贺卡或名片时，往往都会疏忽一些不明显的小漏洞，然而这些小漏洞就会在打印的时候出现问题。这正是所谓的陷阱。

10.1.1 底色陷阱

在设计制作中，为彩色印刷品满铺一个底色是常见的手法，正确的底色设置不但可以提高印刷品质量，提高工作效率，还可以节约成本。根据底色的明暗程度可分为【黑色底】、【浅色底】，如图10-1所示。

图10-1　底色的明暗程度

1.【黑色底】避四色黑

大面积的单色黑块【C=0%，M=0%，Y=0%，K=100%】在印刷时可能会出现颜色不均匀的问题。为了使黑块更加均匀，可以在黑色块中增加一些青色，如【C=30%，M=0%，Y=0%，K=100%】至【C=80%，M=0%，Y=0%，K=100%】的黑色。增加青色的多少取决于黑色块的面积，面积越大，需要加的青色就越多。

为什么不能直接设置成单色黑【C=0%，M=0%，Y=0%，K=100%】或者四色黑【C=100%，M=100%，Y=100%，K=100%】呢？因为单色黑印刷出来显得并不是很饱满，尤其是高速运转的印刷机有可能造成网点不实，而青版油墨的补充能弥补单色黑的不足；四色黑虽然看上去很饱满，但由于墨量太大，油墨不容易干，易造成过背蹭脏，同时也会拉长印刷周期。

2.【黑色底】就黑色图

当一张带着黑边的图片要放到黑底的上面时，这个黑应该如何设置呢?将两种黑色设置成一样的数值，图片和底色就能够融合得很好，如图10-2所示。

图10-2　图片和黑色底的融合

STEP 01 运行Photoshop软件，打开随书附带光盘中的【素材】\【第10章】\【001.jpg】文件，在菜单栏中选择【窗口】|【信息】命令，打开【信息】面板，然后将光标移至图片黑色部分，

确认黑色图片的数值，如图10-3所示。

STEP 02 在Illustrator软件中，打开【色板选项】对话框设定黑色色值，如图10-4所示。

图10-3 打开素材

图10-4 设置颜色

3.【浅色底】避黑

　　【黑色底】设置需小心，【浅色底】设置也有【避黑】讲究。所谓【避黑】就是在设置浅色底时，尽量让黑版数值为0，避开文字使用的单黑，如图10-5所示。

　　【避黑】的好处是在出完菲林片后，如果发现还有少量的文字错误，可以直接在菲林片上进行修改，从而节省了时间和成本。

图10-5 【浅色底】避黑

10.1.2 文字陷阱

　　这里指出的文字陷阱包括文字字体陷阱和文字颜色的陷阱。

1.文字字体陷阱

　　STEP 01 系统字的麻烦。系统字是电脑中用于显示文字的一些字体，比如【黑体】和【宋体】，如图10-6所示。如果文件中使用了系统字，在出菲林片时有可能报错，或者出现乱码，选择字体的时候尽量选择非系统字。

　　STEP 02 字体的选择。设计制作时对字号比较小的反白文字，字体选择也有设定规矩，由于印刷是一个套印过程，笔画太细不容易套准，或者糊版，如图10-7所示。

　　对这些反白小字最好选择横竖笔画等宽的字体，如【中黑】、【中等线】、【楷体】等，而像【宋体】等一些非等宽的字体最好不要选择，如图10-8所示。

图10-6 文字字体

图10-7　选择字体　　　　　　　　　　　　图10-8　选择【宋体】字体

2. 文字颜色的陷阱

字号比较小的文字颜色设置不正确也比较容易引发印刷事故，最好的选择是使用单色或者双色文字，颜色太多很容易造成套印不准，如图10-9所示。

图10-9　单色与双色的字体颜色

10.1.3　尺寸陷阱

设置正确的尺寸是得到标准印刷品的基础。不管是设计师还是客户，尺寸是最容易被忽略的，这也就成为最容易出现的印刷事故，并且造成的损失也最大。

在平面设计中，尺寸分为两种：一种是成品尺寸；另一种是印刷尺寸。成品尺寸是指印刷品裁切后的实际尺寸；印刷尺寸是指印刷品裁切前包含出血的尺寸，如图10-10所示。在开始设计之前，一定要确认拿到的是哪种尺寸，然后在软件中相应设置。

成品尺寸

印刷尺寸

图10-10　两种尺寸类型的表现

下面列举一些常用的标准尺寸，如表10-1所示。

表10-1　常用的标准尺寸

设计品	尺寸
名片	横版：90mm×55mm（方角）、85mm×54mm（圆角） 竖版：90mm×50mm（方角）、85mm×54mm（圆角） 方版：90mm×90mm、90mm×95mm
IC卡	85mm×54mm
三折页广告	（A4）210mm×285mm
普通宣传册	（A4）210mm×285mm
文件封套	220mm×305mm
招贴画	540mm×380
手提袋	400mm×285mm×80mm
信纸/便条	185mm×260mm/210mm×285mm

提示 A4是设计者常用的成品尺寸，通常用到的A4都是210mm×285mm，而210mm×297mm是打印纸的尺寸，在印刷中没有适合210mm×297mm的纸。

10.1.4　颜色陷阱

印刷品对颜色设置要求也是很严格的，颜色取值最好是按照5的倍数来设置，这样做的好处是便于记忆，有色标对照，如图10-11所示。

图10-11　四色的设置

10.1.5　图片陷阱

作为版面重要元素之一的图片同样需要正确的设置来规避陷阱。

1. 图片的模式问题

没有将RGB图像模式转成CMYK模式，或者将在软件中所绘制图形的颜色设置成了RGB模式。如果图像是RGB模式，最好使用Photoshop软件将其转成CMYK模式，如图10-12所示。

图10-12　图像模式

2. 图片的缩放问题

在绘图或者排版软件中建议设计师不要对图像进行拉伸放大，最好使用Photoshop软件来完成这个操作，这样能够直接看到图像拉大后的效果。

3. 图片的尺寸问题

在排版软件中，如果图像被放置在裁切边上，一定要设置好出血量。

4. 图片的链接问题

当图像被置入到排版软件中时，其实在页面中的图像只是初略图，在输出时，一定要带上原始图像。

10.2　提高工作效率

本节主要通过正确的工作习惯和分类列出常用的快捷键，来讲解提高工作效率的方法和途径。

10.2.1　正确的工作习惯

设计师对一开始客户提供的文件和没有编辑过的素材文件应统一放在一个文件夹里，将编辑并应用到版面中的图片与制作文件放在同一个文件夹，图片应按放置版面的页数以及位置起好名字。在制作过程中，设计师可能需要发电子文件给客户提供修改意见，客户根据文件也会提出修改图片、换图片或是移动图片的要求。如果前期没有将文件分类管理，那么在做文件修改时可能会导致图片出错等问题。

设计师可参照图10-13所示的文件归类方法。

图10-13　浏览文件归类

10.2.2 快捷键

熟记快捷键能为工作带来极大的方便，建议设计师常使用快捷键操作文档。

1. 用于编辑路径的快捷键

下面以绘制一个简单图形为例讲解编辑路径的快捷键，使设计师能快速地绘制路径。

STEP 01 绘制一条曲线时需要两个控制点才能调整曲线的形状，按P键选择钢笔工具，单击页面空白处并按Alt键向左侧拖出一条方向线，如图10-14所示。

STEP 02 在右侧空白处单击并向上拖出一条方向线，如图10-15所示。

STEP 03 在右上方的空白处单击并向上拖出一条方向线，稍有弯曲，如图10-16所示。

图10-14　向左侧拖出方向线　　　图10-15　向上拖出方向线　　　图10-16　向上拖出方向线

STEP 04 再以同样的方法拖出方向线，如图10-17所示。

STEP 05 按照图10-18所示绘制出最终图形，然后按住Ctrl键控制点。

STEP 06 为图形填充颜色，效果如图10-19所示。

图10-17　使用同样的方法绘制　　　图10-18　绘制完图形　　　图10-19　填充颜色

2. 操作快捷键的方法

Illustrator把快捷键分为两种：工具箱快捷键和菜单快捷键。

- 工具箱快捷键：Illustrator把最常用的工具都放置在工具箱中，将光标移至工具箱按钮上停留几秒会显示工具的快捷键（如图10-20所示），熟记这些快捷键会减少光标在工具箱和文档窗口间来回移动的次数，帮助设计师提高工作效率。
- 菜单快捷键：菜单也是在设计工作中经常使用到的命令，同样使用菜单命令的快捷键也能提高设计师的工作效率。

STEP 01 按住Alt键+菜单快捷键，弹出对应的下拉菜单，如图10-21所示。

STEP 02 在弹出的下拉菜单中，再按住需要执行命令的快捷键，即可弹出相应的对话框，如图10-22所示。

图10-20　工具箱中的快捷键　　图10-21　按Alt键+菜单快捷键　　图10-22　按快捷键弹出对话框
弹出下拉菜单

3.定义快捷键

设计师在工作中会发现Illustrator的菜单命令有些没有设置快捷键，对于经常用到的命令无法快速使用。这时，设计师可以通过在菜单栏中选择【编辑】|【键盘快捷键】命令，在弹出的【键盘快捷键】对话框中进行设置，如图10-23所示。

下面介绍定义快捷键的操作步骤。

01 在快捷键显示区上方的下拉列表中选择一种快捷键类型，这里选择【工具】。如果该工具当前没有设置快捷键，则在快捷键列表中无显示，如图10-24所示。

02 要更改快捷键，请单击快捷键显示区中的【快捷键】列，输入一个新的快捷键。如果输入的快捷键已指定给另一个命令或工具，对话框底部会显示警告信息，如图10-25所示。此时，可以单击【还原】按钮以还原更改，或单击【转到冲突处】按钮以转到其他命令或工具并指定一个新的快捷键。在【符号】列，请输入要显示在菜单或工具提示中的符号，可以使用【快捷键】列中允许输入的任何字符。

图10-23　【键盘快捷键】对话框　　图10-24　没有设置快捷键的工具　　图10-25　警告信息

03 如果是未指定过的快捷键，则不会在对话框底部显示警告信息，如图10-26所示，单击【确定】按钮，完成设置快捷键的操作。

04 要存储一个新的快捷键集，单击【存储】按钮，输入新集的名称，如图10-27所示，然后单击【确定】按钮，新的键集将以新名称出现在弹出菜单中。

STEP **05** 要删除快捷键集，单击文本框右侧的【×】按钮即可，如图10-28所示。

图10-26　可指定的快捷键　　　　图10-27　存储快捷键　　　　图10-28　删除快捷键

STEP **06** 要将显示的快捷键集导出到文本文件，单击【导出文本】按钮，弹出【将键集文件存储为】对话框，输入正在存储的当前键集的文件名，如图10-29所示，然后单击【保存】按钮，可以使用文本文件打印出一份键盘快捷键的副本，如图10-30所示。

图10-29　导出快捷键　　　　　　图10-30　键盘快捷键的副本

10.3　习题

一、填空题

（1）在设计制作中，为彩色印刷品满铺一个底色是常见的手法，一般根据底色的明暗程度可分为（　　　　）、（　　　　）。

（2）字号比较小的文字颜色设置不正确也比较容易引发印刷事故，最好的选择是使用（　　　　）或者（　　　　）文字，颜色太多很容易造成套印不准。

二、简答题

（1）简单说明使用菜单快捷键来提高工作效率的两种方法。

（2）简单说明成品尺寸与印刷尺寸分别是指什么。

Chapter
11

第 11 章
综合案例

本章要点:

　　通过对前面章节的学习，想必读者已经对Illustrator CS6有了简单的认识，本章将使用前面学习的知识制作综合案例，其中包括常用文字效果、Logo设计、企业VI设计、包装设计以及海报设计等，本章中的案例都是通过Illustrator CS6中简单的工具进行处理和制作的，读者在制作效果时，可参照本章制作的效果，拓展自己的思路，制作出更好的作品。

主要内容:

- 常用文字效果
- Logo设计
- 企业VI设计
- 包装设计
- 海报设计

11.1 常用文字效果

文字是人类用来记录语言的符号系统。一般认为，文字是文明社会产生的标志。本节将介绍一些常用文字效果的制作方法。

11.1.1 金属文字效果

在制作金属字时，需要先将文字转换为路径图形，再将笔画转换为轮廓，然后分别对文字及其笔画进行编辑。用户需要使用渐变颜色来表现金属的光泽，通过设置阴影效果使文字产生立体感，而将画笔样本作为图形进行编辑，可达到装饰文字的目的。下面将介绍如何制作金属文字效果，其具体操作步骤如下。

STEP 01 在菜单栏中选择【文件】|【新建】命令，打开【新建文档】对话框，将【名称】设置为【金属文字】，画板的【宽度】、【高度】分别设置为210mm、297mm，单击【高级】左侧的▶按钮，将【颜色模式】设置为【RGB】，如图11-1所示。

STEP 02 在工具箱中选择【文字工具】T，输入文字【struggle】。在菜单栏中选择【窗口】|【文字】|【字符】命令，弹出【字符】面板，如图11-2所示，对文字进行设置：【字体】为【GothicE】系列下的【Regular】，【字号】为72pt，【垂直缩放】为110%，【水平缩放】为75%，【字符间距】为25，效果如图11-3所示。

图11-1 【新建文档】对话框

图11-2 【字符】面板

图11-3 文字效果

提示 RGB颜色模式是一种屏幕显示色，CMYK颜色模式是一种印刷模式，CMYK模式文件的数据体积要比RGB模式文件大。

STEP 03 选择文字，在控制面板中设置填充色为无，将描边颜色设为黄色，如图11-4所示。按Ctrl+C组合键，将文字复制到剪贴板中，方便在后面的步骤中使用。

STEP 04 在控制面板中设置描边粗细为5pt，如图11-5所示，效果如图11-6所示。

图11-4 设置填充与描边

图11-5 设置描边

图11-6 文字效果

STEP 05 单击选择文字，在菜单栏中选择【文字】|【创建轮廓】命令，将文字转换为路径图形；在菜单栏中选择【对象】|【路径】|【轮廓化描边】命令，效果如图11-7所示。

STEP 06 选择文字，双击工具箱中的【渐变工具】▣，弹出【渐变】面板，在渐变条上单击，添加渐变滑块，在【颜色】面板中将渐变滑块的颜色调整为红色与黄色，将【角度】设置为-90°，如图11-8所示，效果如图11-9所示。

图11-7 文字效果

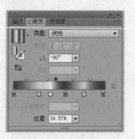
图11-8 【渐变】面板

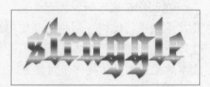
图11-9 文字效果

提示 必须先执行【创建轮廓】命令，将文字转换为路径图形，【轮廓化描边】命令才可以使用。

STEP 07 在菜单栏中选择【效果】|【风格化】|【投影】命令，弹出【投影】对话框，设置【模式】为【正片叠底】，【不透明度】为50%，【X位移】为1mm，【Y位移】为1mm，【模糊】为1.76mm，选中【颜色】单选按钮，如图11-10所示，效果如图11-11所示。

STEP 08 在菜单栏中选择【编辑】|【贴在前面】命令，将先前在步骤3中复制的文字粘贴到前面，如图11-12所示。

图11-10 设置投影数值

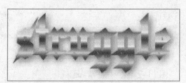
图11-11 文字效果

图11-12 文字效果

提示 如果使用【粘贴】命令，粘贴的对象不容易和原图形重叠，手动不方便。

STEP 09 在菜单栏中选择【窗口】|【画笔库】|【边框】|【边框_装饰】命令，弹出【边框_装饰】面板，选择如图11-13所示的样式，将其拖到画板中。

STEP 10 在工具箱中选择【直接选择工具】，按住Shift键选择图形的左侧部分和右侧部分右下角的方框，如图11-14所示，按Delete键删除，只保留右侧部分，如图11-15所示。

STEP 11 在工具箱中选择【选择工具】，选取图案，然后单击鼠标右键，在弹出的快捷菜单中选择【变换】|【分别变换】命令，在弹出的【分别变换】对话框中，将【缩放】选项组下

的【水平】、【垂直】均设置为220%，将【旋转】选项组下的【角度】设置为-45，如图
11-16所示，图形效果如图11-17所示。

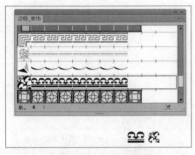

图11-13　使用【画笔库】　　　　　　　　图11-14　选择图形

图11-15　图形效果　　　图11-16　设置图形变换数值　　　图11-17　图形效果

STEP 12 将图案移动到文字上面，设置填充颜色为渐变色，与金属字的渐变色相同，描边为黄色，效果如图11-18所示。

提示 选定图形，在工具箱中选择【吸管工具】，在要复制的对象上单击，可复制对象的各种属性，使两者具有相同的填充、描边或效果。

STEP 13 在菜单栏中选择【窗口】|【画笔库】|【装饰】|【装饰_横幅和封条】命令，弹出【装饰_横幅和封条】面板，选择如图11-19所示的图形，并拖动到画板中。

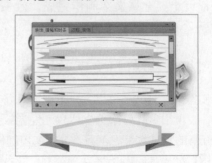

图11-18　图形效果　　　　　　　　　图11-19　选择图形

STEP 14 在菜单栏中选择【窗口】|【魔棒】命令，弹出【魔棒】面板，选中【填充颜色】复

选框，将【容差】设置为60，如图11-20所示。

STEP15 在工具箱中选择【魔棒工具】，在所选图案的黄色图形上单击，将黄色与绿色图形全部选中，双击【渐变工具】，在弹出的【渐变】面板中调整渐变，如图11-21所示，效果如图11-22所示。

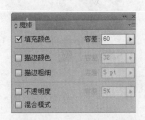

图11-20 【魔棒】面板　　图11-21 【渐变】面板　　图11-22 图形效果

提示　【魔棒】面板中的【容差】选项用于控制选取范围，数值范围为0~255，数值越大，对相似要求越低，可选取的范围就越广泛。

STEP16 在工具箱中选择【直接选择工具】，单击图形的中间部分，如图11-23所示，设置描边颜色为白色，在【描边】面板中设置【粗细】为2pt，效果如图11-24所示。

图11-23 选取图形　　　　　　　　图11-24 图形效果

STEP17 在工具箱中选择【选择工具】，在画框中选取图形，单击鼠标右键，在弹出的快捷菜单中选择【排列】|【置于底层】命令，将图形移动到文字后面。将光标放在边界框外，拖动鼠标调整图形大小，金属文字制作完成，效果如图11-25所示。

图11-25 金属文字效果

11.1.2 霓虹灯文字效果

制作霓虹灯文字效果主要是利用【混合工具】，在不同颜色、不同大小的文字之间制作混合，表现出霓虹灯字的立体感和发光效果。另外，通过【外观】面板修改样式的属性，制作出霓虹灯的背景效果。下面将介绍如何制作霓虹灯文字效果，其具体操作步骤如下。

STEP01 在菜单栏中选择【文件】|【新建】命令，打开【新建文档】对话框，将画板的【宽度】、【高度】分别设置为100mm、50mm，单击【高级】左侧的按钮，展开高级选项，将【颜色模式】设置为【RGB】，其余选项保持默认即可，如图11-26所示。

STEP 02 在工具箱中选择【文字工具】 T ，在画框中输入文字【Hello】，使用【选择工具】 ▶ 选择文字，然后在菜单栏中选择【窗口】|【文字】|【字符】命令，打开【字符】面板，设置字符格式如图11-27所示，效果如图11-28所示。

图11-26　新建文档

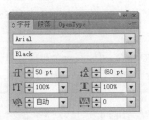

图11-27　设置文本

图11-28　文字效果

 提示　选择文字后，可以通过单击鼠标右键选择【字体】、【大小】命令，设置文字格式。

STEP 03 选择文字后，在菜单栏中选择【文字】|【创建轮廓】命令，将文字转换为路径图形，效果如图11-29所示。

STEP 04 设置填充颜色为紫色，描边颜色为紫色，设置描边粗细为7pt，如图11-30所示，效果如图11-31所示。

图11-29　创建轮廓

图11-30　设置填充和描边

图11-31　图形效果

 提示　选择文字后，可以通过单击鼠标右键选择【创建轮廓】命令，创建轮廓。

STEP 05 在工具箱中选择【选择工具】 ▶ ，选择图形并按住Alt键向左上方拖动图形，将图形复制，如图11-32所示。

STEP 06 选择复制的图形，设置图形的填充颜色和描边颜色为粉色，如图11-33所示。

图11-32　复制图形

图11-33　设置填充与描边

STEP 07 按Ctrl+A组合键执行全选命令，选择【混合工具】 ⬚ ，在粉色文字上单击后，在紫色文字上单击，制作混合效果，双击【混合工具】 ⬚ ，打开【混合选项】对话框，设置【间距】

为【指定的步数】，在右侧的文本框中输入25，如图11-34所示，效果如图11-35所示。

图11-34 【混合选项】对话框　　　　　　图11-35 图形效果

提示　使用【混合工具】 制作混合效果时，可以在一个对象上单击后，按住Alt键在另一个对象上单击，打开【混合选项】对话框设置参数，单击【确定】按钮，即可为对象设置出混合效果。

STEP 08 选择【选择工具】 ，按住Alt键向左上方拖动混合后的文字，将其复制，效果如图11-36所示。

STEP 09 在菜单栏中选择【窗口】|【图层】命令，弹出【图层】面板。选择最上层的文字，把描边设置为无；用相同的方法把第二层的描边也去除，如图11-37所示，效果如图11-38所示。

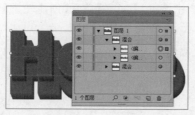

图11-36 复制图形　　　　　　图11-37 取消描边　　　　　　图11-38 图形效果

提示　按键盘上的X键可以在填充或描边状态之间切换，如果按住/键，则取消当前的填充或描边。

STEP 10 在视图中有四层文字，其中第一、二层文字有混合效果，第三、四层文字有混合效果。同样使用【图层】命令（或使用【编组选择工具】 ）选取最上层文字并填充为白色。向右下角拖动文字，或者使用键盘上的↓和→键移动文字，缩小该组文字与其混合文字的间距，文字的厚度则发生了改变，如图11-39所示。选取第二层文字，填充改为浅粉色，如图11-40所示。

图11-39 图形效果　　　　　　　　　图11-40 图形效果

STEP 11 在工具箱中选择【圆角矩形工具】 ，绘制一个圆角矩形，如图11-41所示。

STEP 12 选择新绘制的圆角矩形，在菜单栏中选择【窗口】|【图形样式库】|【文字效果】命令，选择如图11-42所示的样式。单击样式自动添加到所选矩形中。在菜单栏中选择【对象】

|【排列】|【置于底层】命令，将矩形置于底层，如图11-43所示。

图11-41 绘制圆角矩形

图11-42 选择图形样式

图11-43 调整图形顺序

STEP 13 在菜单栏中选择【窗口】|【外观】命令，弹出【外观】面板，选择矩形，矩形的外观就出现在【外观】面板中，选择描边项，如图11-44所示，设置描边的颜色为白色，如图11-45所示；将蓝色填充改为灰色，效果如图11-46所示。

图11-44 设置描边

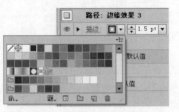
图11-45 修改颜色

图11-46 图形效果

STEP 14 选择【选择工具】，按住Alt键拖动圆角矩形，复制两个圆角矩形，将光标移动到圆角矩形的边界框外，拖动鼠标缩放并旋转对象，最终效果如图11-47所示。

图11-47 最终效果

11.2 Logo设计

　　Logo标志不仅仅是一个图形或文字组合，而是依据企业的构成结构、行业类别、经营理念，并充分考虑接触的对象和应用环境，为企业制定的标准视觉符号。

11.2.1 Logo设计——尚品装饰

　　本例主要介绍怎样创建一个装饰公司的Logo，图11-48所示为效果图，在Illustrator中主要使用钢笔工具绘制其中式风格的内部轮廓，具体的操作步骤如下。

STEP 01 启动Illustrator CS6软件，在菜单栏中选择【文件】|【新建】命令，如图11-49所示。

STEP 02 打开【新建文档】对话框，在【名称】文本框中输入【logo设计1】，将其【宽度】、【高度】分别设置为297mm、210mm，其他均为默认

图11-48 效果图

值，如图11-50所示。

03 单击【确定】按钮，即可创建一个空白文档，在菜单栏中选择【文件】|【置入】命令，如图11-51所示。

图11-49　选择【新建】命令　　　图11-50　【新建文档】对话框　　　图11-51　选择【置入】命令

04 在打开的对话框中选择随书附带光盘中的【素材】\【第11章】\【底纹.png】文件，如图11-52所示。

05 单击【置入】按钮，即可将选择的素材文件置入到画板中，如图11-53所示。

图11-52　【置入】对话框　　　　　图11-53　置入的素材文件

06 在工具箱中选择【钢笔工具】，在控制面板中将填色、描边设置为无，在底纹素材文件上绘制出【尚】字的大概轮廓，如图11-54所示。

07 确认绘制的轮廓处于被选择的状态下，在控制面板中将其填色设置为白色，如图11-55所示。

08 使用同样的方法，绘制出另一个轮廓并为其填充颜色，完成后的效果如图11-56所示。

09 在工具箱中选择【文字工具】，在控制面板中将填色设置为黑色，在菜单栏中选择【窗口】|【文字】|【字符】命令，打开【字符】面板，设置【字体】为【方正综艺简体】，【字号】为110pt，如图11-57所示。

10 在画板中单击，输入文本内容：尚品装饰，如图11-58所示。

图11-54　使用钢笔工具绘制轮廓　　图11-55　为其填充颜色　　图11-56　完成后的效果

图11-57　设置字体样式　　　　　　图11-58　输入文本内容

STEP 11 使用选择工具，选择创建的文本，单击鼠标右键，在弹出的快捷菜单中选择【创建轮廓】命令，如图11-59所示。

STEP 12 为其文字创建完轮廓后，所有的文本将会以路径的形式显示，如图11-60所示。

STEP 13 在工具箱中选择【直接选择工具】，在画板中双击如图11-61所示的文本，并将其沿直线拖曳。

图11-59　选择【创建轮廓】命令　　图11-60　以路径的形式显示文本　　图11-61　拖曳文本

STEP 14 使用同样的方法，将文本拖曳至如图11-62所示的效果，并将【饰】字向上移动一个像素。

STEP 15 选择文本，单击鼠标右键，在弹出的快捷菜单中选择【取消编组】命令，如图11-63所示。

16 在画板空白处单击，然后选择【尚】字，单击鼠标右键，在弹出的快捷菜单中选择【释放复合路径】命令，如图11-64所示。

图11-62　完成后的效果　　　　图11-63　选择【取消编组】命令　　　图11-64　选择【释放复合路径】命令

17 选择【尚】字中的口字部分，将其填充颜色设置为白色，再次选择【尚】字右边的一撇，在工具箱中选择【吸管工具】，用此工具吸取底纹素材文件的颜色，此时，选择的文本就会改变其本身原有的颜色，如图11-65所示。

18 使用同样的方法，制作出其他文本的效果，并调整全部文本的位置，完成后的效果如图11-66所示。

19 在菜单栏中选择【文件】|【导出】命令，如图11-67所示。

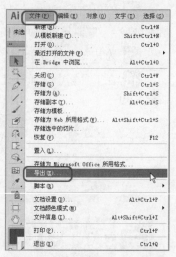

图11-65　完成后的效果　　　　图11-66　最终效果　　　　图11-67　选择【导出】命令

20 在弹出的对话框中为其指定一个正确的存储路径，并将其格式设置为TIFF，选中【使用画板】复选框，如图11-68所示。

21 单击【保存】按钮，在弹出的对话框中选中【嵌入ICC配置文件：Japan Color 2001 Coated】复选框，单击【确定】按钮即可，如图11-69所示。

22 在菜单栏中选择【文件】|【存储为】命令，如图11-70所示。

图11-68　【导出】对话框

图11-69　【TIFF选项】对话框

图11-70　选择【存储为】命令

STEP 23 在弹出的对话框中为其设置一个正确的存储路径，并将其存储格式设为默认，如图11-71所示。

STEP 24 单击【保存】按钮，在弹出的对话框中保持其默认的设置，单击【确定】按钮即可，如图11-72所示。

图11-71　【存储为】对话框

图11-72　【Illustrator 选项】对话框

11.2.2　Logo设计——翰和旅行社

本小节主要介绍怎样设计有关旅游社的Logo，图11-73所示为效果图，主要以数字1和飘舞的丝带构成中国书法字体"和"字，大气，直入主题，其具体的操作步骤如下。

STEP 01 启动Illustrator CS6软件，在菜单栏中选择【文件】|【新建】命令，如图11-74所示。

图11-73　效果图

STEP 02 打开【新建文档】对话框，在【名称】文本框中输入【logo设计2】，将其【宽度】、【高度】分别设置为297mm、210mm，其他均为默认值，如图11-75所示。

STEP 03 在工具箱中选择【椭圆工具】，在控制面板中将描边设置为无，在工具箱中双击【填色】缩略图，在弹出的【拾色器】对话框中设置CMYK的值为81%、34%、95%、0，如图11-76所示。

图11-74　选择【新建】命令　　　图11-75　【新建文档】对话框　　　图11-76　【拾色器】对话框

STEP 04 单击【确定】按钮，在画板中单击，在弹出的【椭圆】对话框中设置【宽度】、【高度】分别为88mm，如图11-77所示。

STEP 05 单击【确定】按钮，即可在画板中创建一个正圆，并使用选择工具调整其位置，如图11-78所示。

STEP 06 在工具箱中选择【钢笔工具】，在控制面板中将填充颜色设置为无，将描边设置为【无】，在画板中绘制数字1的大概轮廓，如图11-79所示。

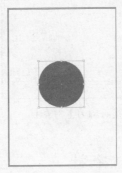
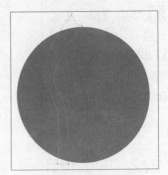

图11-77　【椭圆】对话框　　　图11-78　创建正圆　　　图11-79　绘制数字轮廓

STEP 07 确认该路径处于被选择的状态下，将其填充颜色设置为白色，如图11-80所示。

STEP 08 使用同样的方法，绘制另一半轮廓，完成后的效果如图11-81所示。

STEP 09 在工具箱中选择【网格工具】，将其填充颜色的CMYK值设置为30%、0%、79%、0%，在正圆上单击，此时会出现一个颜色调整点，如图11-82所示。

图11-80　设置填充颜色为白色　　　图11-81　完成后的效果　　　图11-82　创建网格

10 使用直接选择工具，拖曳各点，调整颜色的位置，完成后的效果如图11-83所示。

11 在工具箱中选择【文字工具】 T ，在控制面板中将填充颜色设置为黑色，将描边设置为无，打开【字符】面板，设置【字体】为【汉仪太极体简】，【字号】为85pt，如图11-84所示。

12 在画板中单击，并输入文本内容：翰和旅行社，如图11-85所示。

图11-83　完成后的效果　　　图11-84　设置字体样式　　　图11-85　输入文本内容

13 选择创建的文本，在【字符】面板中调整字符间距，使用同样的方法，在该文本下再次输入文本内容，完成后的效果如图11-86所示。

14 在菜单栏中选择【文件】|【导出】命令，如图11-87所示。

15 在弹出的对话框中为其设置一个正确的存储路径，并将其格式设置为TIFF，如图11-88所示。

图11-86　完成后的效果　　　图11-87　选择【导出】命令　　　图11-88　【导出】对话框

16 单击【保存】按钮，在弹出的对话框中保持其默认的设置，单击【确定】按钮即可，如图11-89所示。

17 再次回到场景中，将其字体颜色的CMYK值设置为63%、54%、51%、1%，效果如图11-90所示。

18 选择正圆，将其填充颜色的CMYK值设置为63%、54%、51%、1%，完成后的效果如图11-91所示。

19 使用同样的方法，将其保存并重命名。

Illustrator CS6
平面设计师必读

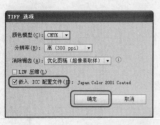

图11-89 【TIFF选项】对话框　　　　图11-90　设置字体颜色　　　　图11-91　完成后的效果

11.3　企业VI设计

　　VI即Visual Identity，通译为视觉识别，是CIS系统中最具传播力和感染力的层面。人们所感知的外部信息，有83%是通过视觉通道到达人们心智的。也就是说，视觉是人们接受外部信息最重要和最主要的通道。企业形象的视觉识别，就是将CI的非可视内容转化为静态的视觉识别符号，以无比丰富的应用形式，在最为广泛的层面上，进行最直接的传播。设计科学、实施有利的视觉识别，是传播企业经营理念、建立企业知名度、塑造企业形象的快速便捷之途。

　　在品牌营销的今天，没有VI设计对于一个现代企业来说，就意味着它的形象将淹没于商海之中，让人辨别不清。本节将以名片设计、信封设计、档案袋设计、工作证设计为例，讲解装饰公司的VI设计和制作技巧。

11.3.1　名片设计

　　本小节主要介绍名片的制作，效果如图11-92所示。主要用到的工具是文字工具，具体操作步骤如下。

　　STEP 01 启动Illustrator CS6后，按Ctrl+N组合键，在弹出的【新建文档】对话框中，将【宽度】和【高度】分别设置为180mm、110mm，如图11-93所示。

　　STEP 02 单击【确定】按钮，在画板中新建一个空白文档，如图11-94所示。

图11-92　效果图

图11-93　【新建文档】对话框

图11-94　新建的空白文档

STEP 03 在菜单栏中选择【文件】|【打开】命令，在弹出的【打开】对话框中选择随书附带光盘中的【素材】\【第11章】\【家装.ai】文件，如图11-95所示。

STEP 04 单击【打开】按钮，在画板中打开的文件如图11-96所示。

图11-95 【打开】对话框

图11-96 打开的文件

STEP 05 在工具箱中选择【选择工具】▶，按住Shift键，选择所有图形，在菜单栏中选择【对象】|【编组】命令，如图11-97所示。

STEP 06 使用选择工具按住鼠标左键将其拖曳至刚刚创建的文档中，并调整其大小和位置，如图11-98所示。

图11-97 选择【编组】命令

图11-98 拖曳至空白文档中的效果

STEP 07 在工具箱中选择【文字工具】T，按住鼠标左键在画板文档中拖曳出一个矩形框架，然后在其中输入姓名，选中姓名，在【字符】面板中将【字体】和【字号】分别设置为【汉仪雪君体简】、30pt，如图11-99所示。

STEP 08 选中姓名，按F6键，在弹出的【颜色】面板中，将其填充颜色的CMYK值设置为49%、93%、87%、23%，如图11-100所示。

STEP 09 使用同样的方法输入职位，将其【字号】设置为18pt，效果如图11-101所示。

STEP 10 在工具箱中选择【直线段工具】／，按住Shift键拖动鼠标，在画板文档中绘制一条直线，如图11-102所示。

STEP 11 在工具箱中双击【描边】缩略图，在弹出的【拾色器】对话框中将描边填充颜色的

CMYK值分别设置为49%、93%、87%、23%，单击【确定】按钮，然后在控制面板中将描边粗
细设置为2pt，如图11-103所示。

图11-99 设置文字参数

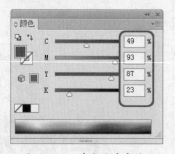

图11-100 填充文字颜色

图11-101 设置职位参数

图11-102 绘制直线

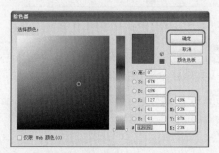

图11-103 设置描边参数

12 再次选择工具箱中的【文字工具】 T ，按住鼠标左键在画板文档中绘制一个矩形框
架，在矩形框架中输入文字，选中输入的文字，将其填充颜色的CMYK设置为49%、93%、
87%、23%，然后在【字符】面板中将其【字体】和【字号】分别设置为【华文楷体】、15pt，
效果如图11-104所示，

13 在菜单栏中选择【文件】|【导出】命令，如图11-105所示。

14 在弹出的对话框中为其指定一个正确的存储路径，并将其格式设置为TIFF，如图11-106
所示。

图11-104 设置文字参数

图11-105 选择【导出】命令

图11-106 设置格式

15 单击【保存】按钮，在弹出的对话框中保持其默认的设置，单击【确定】按钮即可，如图11-107所示。

16 在菜单栏中选择【文件】|【存储为】命令，如图11-108所示。

17 在弹出的对话框中为其设置一个正确的存储路径，并将其存储格式设置为默认，如图11-109所示。

图11-107 【TIFF选项】对话框

18 单击【保存】按钮，在弹出的对话框中保持其默认的设置，单击【确定】按钮即可，如图11-110所示。

图11-108 选择【存储为】命令　　图11-109 【存储为】对话框　　图11-110 【Illustrator选项】对话框

11.3.2 信封设计

本小节主要介绍信封的制作，效果如图11-111所示。主要用到的工具是文字工具，具体操作步骤如下。

01 启动Illustrator CS6后，按Ctrl+N组合键，在弹出的【新建文档】对话框中，将【宽度】和【高度】分别设置为200mm和100mm，如图11-112所示。

02 单击【确定】按钮，在画板中创建一个矩形文档，如图11-113所示。

图11-111 效果图　　　　　　图11-112 【新建文档】对话框

03 在工具箱中选择【矩形工具】▣，按住鼠标左键在画板文档中绘制一个矩形图形，如图11-114所示。

04 选择矩形图形，按F6键，在弹出的【颜色】面板中，将其填充颜色的CMYK值分别设置为49%、93%、87%、23%，如图11-115所示。

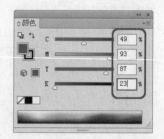

图11-113 新建的文档　　　　　图11-114 绘制矩形图形　　　图11-115 设置填充颜色参数

05 在菜单栏中选择【文件】|【打开】命令，在弹出的【打开】对话框中选择随书附带光盘中的【素材】\【第11章】\【家装.ai】文件，单击【打开】按钮，在画板中打开的文件如图11-116所示。

06 按住Shift键，选择打开文件中的所有图形，然后在菜单栏中选择【对象】|【编组】命令，如图11-117所示。

图11-116 打开的文件　　　　　　　图11-117 选择【编组】命令

07 使用选择工具将刚刚打开的文件，拖曳至画板文档中，并调整其位置和大小，如图11-118所示。

08 在工具箱中选择【文字工具】Ｔ，按住鼠标左键在画板文档中拖曳出一个矩形文本框架，然后在矩形文本框架中输入文字，选中输入的文字，将填充颜色的CMYK值设置为49%、93%、87%、23%，在【字符】面板中将【字体】和【字号】分别设置为【华文新魏】、18pt，效果如图11-119所示。

09 使用同样的方法，再次输入文字，并将其【字号】设置为10pt，【字体】设置为【楷体-GB2312】，效果如图11-120所示。

10 使用选择工具选择Logo图标，按住Alt键将其复制，然后选择其副本，将【不透明度】设置为15%，效果如图11-121所示。

图11-118　拖曳至画板文档中的效果

图11-119　设置文字参数

图11-120　设置文字参数

图11-121　设置Logo副本的不透明度

STEP 11 在工具箱中选择【矩形工具】█，在画板中绘制一个矩形，然后使用钢笔工具将矩形图形和Logo副本的一部分选中，如图11-122所示。

STEP 12 单击鼠标右键，在弹出的快捷菜单中选择【创建剪切蒙版】命令，效果如图11-123所示。

图11-122　创建选区

图11-123　选择【创建剪切蒙版】命令后的效果

STEP 13 在工具箱中选择【矩形工具】█，在画板文档中绘制6个矩形，然后在菜单栏中选择【对象】|【编组】命令，编组后的效果如图11-124所示。

STEP 14 在工具箱中选择【画笔工具】▨，在弹出的【画笔】面板中单击 █ 按钮，在弹出的下拉菜单中选择【打开画笔库】|【边框】|【边框_虚线】命令，如图11-125所示。

图11-124　矩形编组

图11-125　选择【边框_虚线】命令

STEP 15 使用画笔工具和矩形工具在画板文档中绘制图形，如图11-126所示。

STEP 16 再次使用矩形工具在画板文档中绘制矩形图形，并将其填充颜色的CMYK值分别设置为49%、93%、87%、23%，效果如图11-127所示。

图11-126　绘制的图形　　　　　　　　　　　　图11-127　填充颜色

STEP 17 在工具箱中选择【直接选择工具】，选择矩形图形的锚点，然后单击控制面板中的【将所选锚点转换为平滑】按钮，调整图形后的效果如图11-128所示。

STEP 18 使用文字工具在画板文档中输入文字，并设置其参数，如图11-129所示。

图11-128　将所选锚点转换为平滑后的效果　　　图11-129　设置文字参数

STEP 19 在菜单栏中选择【文件】|【导出】命令，如图11-130所示。

STEP 20 在弹出的对话框中为其指定一个正确的存储路径，并将其格式设置为TIFF，如图11-131所示。

STEP 21 单击【保存】按钮，在弹出的对话框中保持其默认的设置，单击【确定】按钮即可，如图11-132所示。

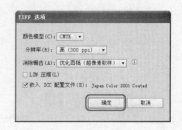

图11-130　选择【导出】命令　　　图11-131　设置格式　　　图11-132　【TIFF选项】对话框

STEP 22 在菜单栏中选择【文件】|【存储为】命令，如图11-133所示。

STEP 23 在弹出的对话框中为其设置一个正确的存储路径，并将其存储格式设置为默认，如图11-134所示。

STEP 24 单击【保存】按钮，在弹出的对话框中保持其默认的设置，单击【确定】按钮即可，如图11-135所示。

图11-133 选择【存储为】命令　　图11-134 【存储为】对话框　　图11-135 【Illustrator 选项】对话框

11.3.3 档案袋设计

本小节主要介绍档案袋的制作，效果如图11-136所示。主要用到的工具是文字工具和钢笔工具，具体操作步骤如下。

STEP 01 启动Illustrator CS6后，按Ctrl+N组合键，在弹出的【新建文档】对话框中将【宽度】和【高度】分别设置为210mm和295mm，【画板数量】设置为2，如图11-137所示。

图11-136 效果图　　　　　　　图11-137 【新建文档】对话框

STEP 02 单击【确定】按钮，在画板中创建一个矩形文档，如图11-138所示。

STEP 03 在工具箱中选择【圆角矩形工具】 ，按住鼠标左键拖出一个圆角矩形框架，然后在工具箱中选择直接选择工具调整锚点，并将其填充颜色的CMYK值分别设置为4%、17%、35%、0%，效果如图11-139所示。

STEP 04 在菜单栏中选择【文件】|【打开】命令，在弹出的【打开】对话框中选择随书附带光盘中的【素材】\【第11章】\【家装.ai】文件，如图11-140所示。

图11-138　新建的文档

图11-139　填充颜色

图11-140　【打开】对话框

STEP 05 单击【打开】按钮打开文件，然后使用选择工具将打开的文件拖曳至画板文档中，并调整其位置和大小，如图11-141所示。

STEP 06 在工具箱中选择【文字工具】T，然后在画板文档中输入【档案袋】，选择输入的文字，并在【字符】面板中将【字体】和【字号】分别设置为【汉仪超粗宋简】、100pt，如图11-142所示。

STEP 07 使用同样的方法，在文档中输入【DOCUMENT PACKAGE】，在【字符】面板中将【字体】和【字号】分别设置为【Arial】、20pt，效果如图11-143所示。

图11-141　调整文件的大小和位置

图11-142　设置文字参数

图11-143　设置字母参数后的效果

STEP 08 再次输入文字，选择输入的文字，在【字符】面板中将【字体】和【字号】分别设置为【方正大黑简体】、18pt，效果如图11-144所示。

STEP 09 在工具箱中选择【直线段工具】，按住Shift键在画板文档中绘制一条直线，并在控制面板中将描边设置为黑色，【粗细】设置为1pt，效果如图11-145所示。

STEP 10 使用选择工具选中刚刚绘制的直线，然后按住Alt键复制出7条直线，效果如图11-146所示。

图11-144　设置文字参数后的效果　　图11-145　绘制直线　　图11-146　复制直线后的效果

STEP 11 选中【尚品装饰】，并按住Alt键复制一个副本，然后在控制面板中单击【变换】按钮，在弹出的【变换】面板中，将【倾斜】设置为15°，如图11-147所示。

STEP 12 再次选择【直线段工具】☑，然后在画板文档中绘制一条斜线，将描边的CMYK值分别设置为49%、93%、87%、24%，【粗细】设置为5pt，效果如图11-148所示。

STEP 13 在工具箱中选择【文字工具】☑，在画板文档中输入文字和字母，选中文字，将其填充颜色的CMYK值分别设置为49%、93%、87%、24%，单击【确定】按钮，如图11-149所示。

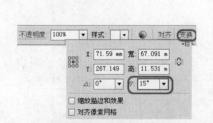

图11-147　设置倾斜度　　图11-148　填充描边的颜色　　图11-149　设置填充颜色的参数

STEP 14 在【字符】面板中将文字和字母的【字体】和【字号】分别设置为【方正大黑简体】、11.55pt和23.11pt，效果如图11-150所示。

STEP 15 在工具箱中选择【矩形工具】▣，在画板文档中绘制一个矩形，将其填充颜色的CMYK值分别设置为49%、93%、87%、24%，然后在工具箱中选择【直接选择工具】☑，选中矩形图形的锚点，在控制面板中单击【将所选锚点转换为平滑】按钮☑，调整图形后的效果如图11-151所示。

STEP 16 在工具箱中选择【椭圆工具】◉，按住Shift键在画板文档中绘制一个正圆，并将其填充颜色设置为白色，如图11-152所示。

STEP 17 使用同样的方法，在画板文档中绘制两个正圆，并将其填充颜色的CMYK值分别设置为60%、54%、51%、1%和91%、87%、87%、78%，效果如图11-153所示。

STEP 18 在菜单栏中选择【窗口】|【画笔】命令，在弹出的【画笔】面板中选择【剪切此处】

选项，然后在画板文档中绘制一个线段，如图11-154所示。

19 在工具箱中选择【矩形工具】▭，在画板文档中绘制一个矩形图形，并将其填充颜色的CMYK值分别设置为4%、17%、35%、0%，效果如图11-155所示。

图11-150　设置后的效果　　　　图11-151　调整矩形图形　　　　图11-152　绘制正圆

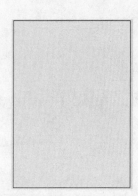

图11-153　绘制正圆后的效果　　　图11-154　绘制线段后的效果　　　图11-155　绘制矩形并填充颜色

20 再次使用矩形工具，在画板文档中绘制一个矩形图形，将其填充颜色的CMYK值分别设置为49%、87%、93%、24%，然后在工具箱中选择【直接选择工具】▸，选中矩形图形的锚点，并在控制面板中单击【将所选锚点转换为平滑】按钮 ⌐，调整图形后的效果如图11-156所示。

21 在工具箱中选择【椭圆工具】◉，按住Shift键在画板文档中绘制一个正圆，并将其填充颜色设置为白色，效果如图11-157所示。

22 再次使用椭圆工具，按住Shift键在画板文档中绘制两个正圆，并将其填充颜色的CMYK值分别设置为60%、54%、51%、1%和91%、87%、87%、78%，效果如图11-158所示。

23 使用选择工具，按住Shift键选中绘制的正圆图形，并按住Alt键，复制出一个新图形，如图11-159所示。

24 在工具箱中选择画笔工具，并在画板文档中绘制线段，效果如图11-160所示。

STEP 25 在工具箱中选择【文字工具】T，在画板文档中输入文字，选中输入的文字，将其填充颜色设置为黑色，然后在【字符】面板中将【字体】和【字号】分别设置为【汉仪超粗宋简】、90pt，如图11-161所示。

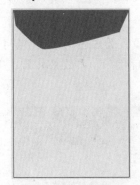

图11-156　绘制矩形并调整

图11-157　绘制正圆并填充颜色

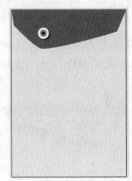

图11-158　绘制两个正圆后的效果

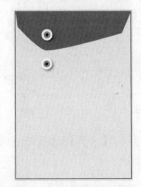

图11-159　复制的图形

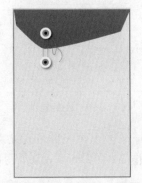

图11-160　使用画笔工具绘制的图形

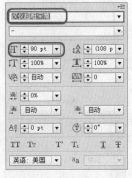

图11-161　设置文字参数

STEP 26 在工具箱中选择【矩形工具】▢，在画板文档中绘制一个矩形图形，并将其描边的填充颜色设置为黑色，【粗细】设置为2pt，效果如图11-162所示。

STEP 27 在工具箱中选择【直线段工具】／，在画板文档中绘制直线，并将其描边的填充颜色设置为黑色，【粗细】设置为2pt，效果如图11-163所示。

STEP 28 使用文字工具在画板文档中输入文字和数字，然后选中输入的文字和数字，将其填充颜色设置为黑色，在【字符】面板中将【字体】和【字号】分别设置为【Adobe宋体StdL】和21pt，效果如图11-164所示。

图11-162　绘制矩形并描边

图11-163　绘制直线的效果

图11-164　输入文字和数字的效果

STEP 29 使用同样的方法输入字母，并将其填充颜色设置为黑色，在【字符】面板中将【字体】和【字号】分别设置为【Adobe宋体StdL】和21.8pt，效果如图11-165所示。

STEP 30 在工具箱中选择【直线段工具】 ／ ，并在画板文档中绘制一条直线，将其填充颜色的CMYK值分别设置为49%、87%、93%、24%，效果如图11-166所示。

STEP 31 使用文字工具在画板文档中输入数字，并将其填充颜色设置为黑色，在【字符】面板中将【字体】和【字号】分别设置为【Adobe宋体StdL】、25pt和54.5pt，效果如图11-167所示。

图11-165　设置字母的参数　　　图11-166　绘制直线　　　图11-167　设置数字的参数

STEP 32 使用同样的方法，输入文字，并将其填充颜色设置为黑色，在【字符】面板中将【字体】和【字号】分别设置为【汉仪中楷简】、25pt，效果如图11-168所示。

STEP 33 在菜单栏中选择【文件】|【导出】命令，如图11-169所示。

STEP 34 在弹出的对话框中为其指定一个正确的存储路径，并将其格式设置为TIFF，如图11-170所示。

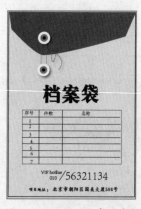

图11-168　设置文字的参数　　　图11-169　选择【导出】命令　　　图11-170　【导出】对话框

STEP 35 单击【保存】按钮，在弹出的对话框中保持其默认的设置，单击【确定】按钮即可，如图11-171所示。

STEP 36 在菜单栏中选择【文件】|【存储为】命令，如图11-172所示。

图11-172　选择【存储为】命令

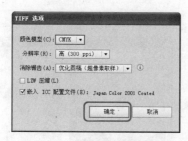

图11-171　【TIFF选项】对话框

37 在弹出的对话框中为其设置一个正确的存储路径，并将其存储格式设置为默认，如图11-173所示。

38 单击【保存】按钮，在弹出的对话框中保持其默认的设置，单击【确定】按钮即可，如图11-174所示。

图11-173　【存储为】对话框

图11-174　【Illustrator 选项】对话框

11.3.4 工作证设计

工作证表示一个人在某单位工作的证件，同时也代表了一个企业的形象，本小节主要介绍怎样制作一个装饰公司职工的工作证。

1. 制作工作证正面

下面将介绍怎样制作工作证的正面，其效果如图11-175所示。

01 按Ctrl+N组合键，打开【新建文档】对话框，在【名称】文本框中输入【制作工作证正面】，设置其【宽度】为95mm，【高度】为140mm，如图11-176所示。

02 单击【确定】按钮，即可新建一个空白的文档，在控制

图11-175　效果图

面板中将描边设置为无，在工具箱中选择圆角矩形工具，并双击【填色】缩略图□，在弹出的【拾色器】对话框中设置其CMYK值为6%、7%、7%、0%，如图11-177所示。

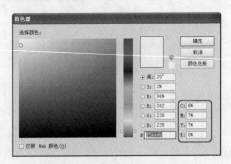

图11-176 【新建文档】对话框　　　　　　图11-177 【拾色器】对话框

03 单击【确定】按钮，在画板中单击，打开【圆角矩形】对话框，设置【宽度】为95mm，【高度】为140mm，【圆角半径】为5mm，如图11-178所示。

04 单击【确定】按钮，即可创建一个矩形，使用选择工具将其调整至合适的位置，如图11-179所示。

05 确认该矩形处于被选择的状态下，在菜单栏中选择【效果】|【素描】|【便条纸】命令，如图11-180所示。

图11-178 【圆角矩形】对话框　　　图11-179 创建的矩形　　　图11-180 选择【便条纸】命令

06 打开【便条纸】对话框，在右侧【便条纸】选项组下将【图像平衡】设置为7，【粒度】设置为9，【凸现】设置为11，如图11-181所示。

07 单击【确定】按钮，即可为矩形添加便条纸效果，如图11-182所示。

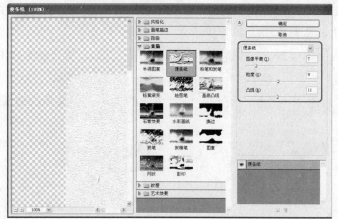

图11-181 【便条纸】对话框　　　　　　　　图11-182 添加便条纸效果

08 在工具箱中选择【矩形工具】▣，将其填充颜色的CMYK值设置为33%、100%、100%、1%，如图11-183所示。

09 在矩形左上角创建一个小矩形，按住Shift键的同时选择圆角矩形，按Shift+Ctrl+F9组合键，打开【路径查找器】面板，如图11-184所示。

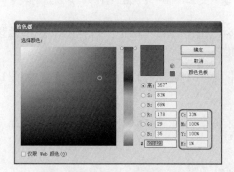

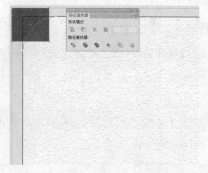

图11-183 【拾色器】对话框　　　　　　图11-184 打开【路径查找器】面板

10 在打开的面板中单击【分割】按钮▣，使用【直接选择工具】▷，选择如图11-185所示的图像，按Enter键将其删除。

11 使用同样的方法，绘制其他的形状与矩形，并为其调整合适的位置和大小，完成后的效果如图11-186所示。

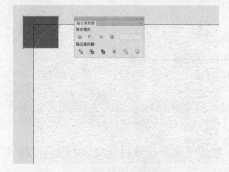

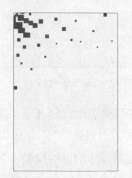

图11-185 选择图像　　　　　　图11-186 完成后的效果

STEP **12** 在工具箱中选择【文字工具】 T ，在控制面板中将其填充颜色设置为黑色，按Ctrl+T组合键，打开【字符】面板，设置如图11-187所示的参数。

STEP **13** 在画板中单击，在此输入文本内容：工作证，并将其调整至合适的位置，如图11-188所示。

STEP **14** 使用同样的方法，创建其他文本，用户可自行设置字体的大小，完成后的效果如图11-189所示。

图11-187 【字符】面板　　　　图11-188 创建的文本　　　　图11-189 完成后的效果

STEP **15** 在菜单栏中选择【文件】|【置入】命令，在弹出的对话框中选择随书附带光盘中的【素材】\【第11章】\【花.ai】文件，如图11-190所示。

STEP **16** 单击【置入】按钮，在弹出的对话框中设置【裁剪到】为【作品框】，如图11-191所示。

STEP **17** 单击【确定】按钮，即可将选择的素材文件置入到画板中，并将其调整至合适的位置，如图11-192所示。

图11-190 【置入】对话框　　　图11-191 【置入PDF】对话框　　　图11-192 调整花的位置

STEP **18** 在工具箱中选择【钢笔工具】 ，将其填充颜色设置为无，描边颜色的CMYK值设置为18%、14%、13%、0%，在画板中绘制如图11-193所示的曲线。

STEP **19** 使用同样的方法绘制另外一条曲线，选择置入的花素材文件，按住Alt键的同时拖曳花素材文件，对其进行复制，并将其调整至合适的位置，如图11-194所示。

STEP 20 多次复制花素材文件，并调整位置，完成后的效果如图11-195所示。

图11-193 绘制曲线　　　图11-194 调整花的位置　　　图11-195 完成后的效果

STEP 21 打开【置入】对话框，选择随书附带光盘中的【素材】\【第11章】\【logo1.ai】文件，如图11-196所示。

STEP 22 单击【置入】按钮，在弹出的对话框中保持其默认设置，单击【确定】按钮，即可将选择的素材文件置入到画板中，并将其调整至合适的位置，如图11-197所示。

STEP 23 选择置入的素材文件，在控制面板中调整其【不透明度】为10%，如图11-198所示。

图11-196 【置入】对话框　　　图11-197 置入的素材文件　　　图11-198 设置素材文件的不透明度

STEP 24 在工具箱中选择【文字工具】 [T]，按住鼠标左键在画板文档中绘制一个矩形框架，在矩形框架中输入文字，选中输入的文字，将其填充颜色的CMYK值设置为49%、93%、87%、23%，然后在【字符】面板中将其【字体】和【字号】分别设置为【华文楷体】、15pt，完成后的效果如图11-199所示。

STEP 25 在菜单栏中选择【文件】|【导出】命令，如图11-200所示。

STEP 26 在弹出的对话框中为其指定一个正确的存储路径，并将其格式设置为TIFF，选中【使用画板】复选框，如图11-201所示。

图11-199　完成后的效果　　图11-200　选择【导出】命令　　图11-201　【导出】对话框

27 单击【保存】按钮，在弹出的对话框中选中【嵌入ICC配置文件：Japan Color 2001 Coated】复选框，单击【确定】按钮即可，如图11-202所示。

28 在菜单栏中选择【文件】|【存储为】命令，如图11-203所示。

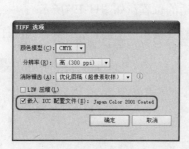

图11-202　【TIFF选项】对话框　　　　图11-203　选择【存储为】命令

29 在弹出的对话框中为其设置一个正确的存储路径，并将其存储格式设置为默认，如图11-204所示。

30 单击【保存】按钮，在弹出的对话框中保持其默认的设置，单击【确定】按钮即可，如图11-205所示。

图11-204　【存储为】对话框　　　　图11-205　【Illustrator选项】对话框

2. 制作工作证反面

下面将介绍怎样制作工作证的反面，其效果如图11-206所示。

STEP 01 按Ctrl+N组合键，打开【新建文档】对话框，在【名称】文本框中输入【制作工作证反面】，设置其【宽度】为95mm，【高度】为140mm，如图11-207所示。

图11-206　效果图　　　　　　　　　图11-207　【新建文档】对话框

STEP 02 单击【确定】按钮，即可新建一个空白的文档，在控制面板中将描边设置为无，在工具箱中选择圆角矩形工具，并双击【填色】缩略图□，在弹出的【拾色器】对话框中设置其CMYK值为6%、7%、7%、0%，如图11-208所示。

STEP 03 单击【确定】按钮，在画板中单击，打开【圆角矩形】对话框，设置【宽度】为95mm，【高度】为140mm，【圆角半径】为5mm，如图11-209所示。

STEP 04 单击【确定】按钮，即可创建一个矩形，使用选择工具将其调整至合适的位置，如图11-210所示。

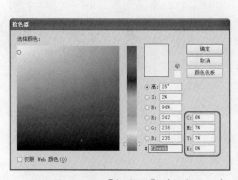

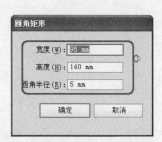

图11-208　【拾色器】对话框　　　图11-209　【圆角矩形】对话框　　　图11-210　创建的矩形

STEP 05 确认该矩形处于被选择的状态下，在菜单栏中选择【效果】|【素描】|【便条纸】命令，如图11-211所示。

STEP 06 打开【便条纸】对话框，在右侧【便条纸】选项组下将【图像平衡】设置为7，【粒度】设置为9，【凸现】设置为11，如图11-212所示。

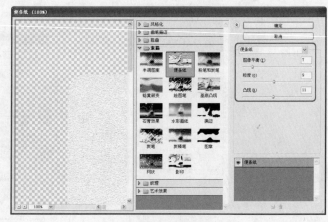

图11-211　选择【便条纸】命令　　　　　　　　图11-212　【便条纸】对话框

STEP 07 单击【确定】按钮，即可为矩形添加便条纸效果，如图11-213所示。

STEP 08 在菜单栏中选择【文件】|【置入】命令，在弹出的对话框中选择随书附带光盘中的【素材】\【第11章】\【logo.ai】文件，如图11-214所示。

STEP 09 单击【置入】按钮，在弹出的【置入PDF】对话框中设置【裁剪到】为【作品框】，如图11-215所示。

图11-213　添加便条纸效果　　　图11-214　【置入】对话框　　　图11-215　【置入PDF】对话框

STEP 10 单击【确定】按钮，即可将选择的素材文件置入到画板中，并将其调整至合适的位置，如图11-216所示。

STEP 11 在工具箱中选择【圆角矩形工具】 ，将其填充颜色设置为无，描边颜色的CMYK值设置为49%、94%、87%、23%，在画板中单击，在弹出的对话框中设置【宽度】为25mm，

【高度】为35mm，【圆角半径】为1.5mm，如图11-217所示。

STEP 12 单击【确定】按钮，确认创建的矩形处于被选择的状态下，在控制面板中打开【画笔定义】下拉菜单，选择如图11-218所示的画笔类型。

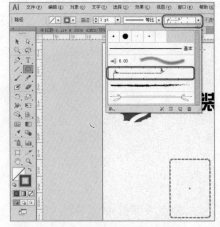

图11-216 调整后的效果　　　图11-217 【圆角矩形】对话框　　　图11-218 选择画笔类型

STEP 13 将其调整至合适的位置，然后按Ctrl+O组合键，在弹出的对话框中选择之前存储的【制作工作证正面.ai】文件，按住Shift键的同时选择花素材和曲线素材，如图11-219所示。

STEP 14 按Ctrl+C组合键进行复制，回到画板中，按Ctrl+V组合键，将选择的素材文件进行粘贴，完成后的效果如图11-220所示。

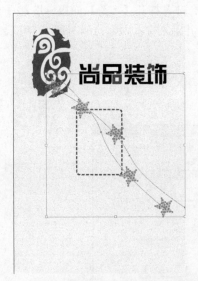

图11-219 选择素材文件　　　　　　图11-220 完成后的效果

STEP 15 确认粘贴后的素材文件处于被选择的状态下，单击鼠标右键，在弹出的快捷菜单中选择【编组】命令，如图11-221所示。

STEP 16 再次单击鼠标右键，在弹出的快捷菜单中选择【变换】|【对称】命令，如图11-222所示。

图11-221　选择【编组】命令　　　　　　　　图11-222　选择【对称】命令

STEP 17 打开【镜像】对话框，在该对话框中选中【垂直】单选按钮，将【角度】设置为
90°，如图11-223所示。

STEP 18 单击【确定】按钮，将镜像后的对象调整至合适的位置，完成后的效果如图11-224
所示。

STEP 19 在工具箱中选择【文字工具】$\boxed{T}$，将填充颜色设置为黑色，将描边设置为无，按
Ctrl+T组合键，打开【字符】面板，设置【字体】为【方正黑体简体】，【字号】为20pt，在画
板中单击并输入文本内容，如图11-225所示。

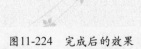

图11-223　【镜像】对话框　　　　图11-224　完成后的效果　　　　图11-225　输入文本内容

STEP 20 在菜单栏中选择【文件】|【导出】命令，如图11-226所示。

STEP 21 在弹出的对话框中为其指定一个正确的存储路径，并将其格式设置为TIFF，选中【使
用画板】复选框，如图11-227所示。

STEP 22 单击【保存】按钮,在弹出的对话框中选中【嵌入ICC配置文件:Japan Color 2001 Coated】复选框,单击【确定】按钮即可,如图11-228所示。

图11-226 选择【导出】命令　　　图11-227 【导出】对话框　　　图11-228 【TIFF选项】对话框

STEP 23 在菜单栏中选择【文件】|【存储为】命令,如图11-229所示。

STEP 24 在弹出的对话框中为其设置一个正确的存储路径,并将其存储格式设置为默认,如图11-230所示。

STEP 25 单击【保存】按钮,在弹出的对话框中保持其默认的设置,单击【确定】按钮即可,如图11-231所示。

图11-229 选择【存储为】命令　　　图11-230 【存储为】对话框　　　图11-231 【Illustrator选项】对话框

11.4　包装设计——香烟包装盒设计

　　包装是产品最好的广告,既省钱又直观,能很大程度地影响顾客的购买心理,好的包装设计是销售成功的关键部分,在零售商品中起着重要的作用。下面以香烟包装盒的制作为例进行介绍,运用前面所学的知识,演示包装盒的设计制作,完成后的效果如图11-232所示。

1. 创建底图

下面简化制作香烟包装盒的底图效果，操作步骤如下。

STEP 01 运行Illustrator CS6，在菜单栏中选择【文件】|【新建】命令，在弹出的对话框中将【宽度】设置为400mm，【高度】设置为500mm，单击【确定】按钮，如图11-233所示。

图11-232　香烟包装盒效果

图11-233　【新建文档】对话框

STEP 02 新建完文档后，在工具箱中选择【矩形工具】▢，在画框中单击，弹出【矩形】对话框，将【宽度】、【高度】分别设置为110mm、24mm，单击【确定】按钮，如图11-234所示。

STEP 03 继续绘制矩形，将【宽度】、【高度】分别设置为110mm、52mm，并将其与上一个矩形拼合，如图11-235所示。

STEP 04 根据香烟盒的组成部分，继续绘制其他矩形，如图11-236所示。

图11-234　【矩形】对话框

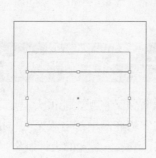

图11-235　拼合矩形

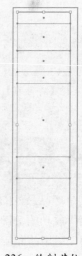

图11-236　绘制其他矩形

2. 填充颜色

绘制矩形后，通过【颜色】面板对其进行颜色填充，操作步骤如下。

01 在工具箱中选择【选择工具】，选择绘制的第1个矩形，在菜单栏中选择【窗口】|【颜色】命令，打开【颜色】面板，设置CMYK值分别为19%、94%、100%、0%，如图11-237所示。

02 选择第2个矩形，在工具箱中选择【吸管工具】，吸取第1个矩形的颜色，使用同样的方法，对其他的矩形填充颜色，如图11-238所示。

03 选择未填充颜色的矩形，在【颜色】面板中设置CMYK值分别为8%、31%、65%、0%，如图11-239所示。

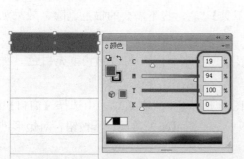
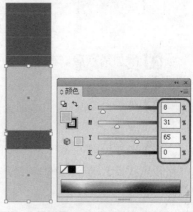

图11-238　设置颜色　　　　图11-238　填充颜色　　　　图11-239　设置颜色

04 在场景中拖出参考线，在画框中绘制一个矩形，使用吸管工具吸取画框中的黄色，如图11-240所示。

3. 创建包装盒的左侧区域

下面使用矩形工具绘制包装盒的左侧区域并为其填充颜色，操作步骤如下。

01 使用相同的方法，绘制其他矩形，如图11-241所示。

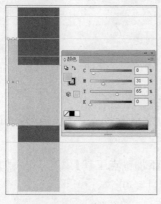
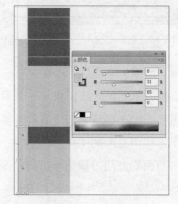

图11-240　填充颜色　　　　　　　　图11-241　绘制矩形

02 在工具箱中选择【矩形工具】，沿参考线绘制一个矩形，并使用吸管工具吸取场景的红色，如图11-242所示。

STEP 03 拖出一条横向参考线，与刚刚绘制的矩形中心对齐；选择该矩形，在工具箱中选择【添加锚点工具】，在矩形上的参考线处单击鼠标添加锚点，如图11-243所示。

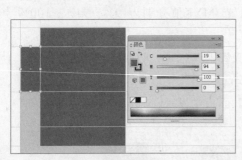

图11-242　绘制矩形

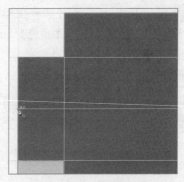

图11-243　添加锚点

STEP 04 添加锚点后，在工具箱中选择【删除锚点工具】，将不需要的锚点删除，效果如图11-244所示。

STEP 05 在工具箱中选择【钢笔工具】，在矩形上创建形状，并为该形状填充白色，如图11-245所示。

STEP 06 选择绘制的矩形，然后按住Shift键加选该图形下的矩形，在菜单栏中选择【窗口】|【路径查找器】命令；在弹出的【路径查找器】面板中，单击【减去顶层】按钮，对矩形进行修剪，如图11-246所示。

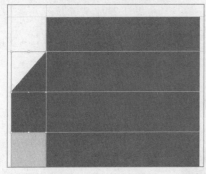

图11-244　删除锚点

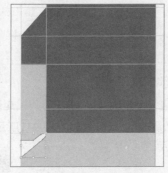

图11-245　创建形状

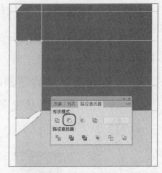

图11-246　减去顶层

STEP 07 修剪后的效果如图11-247所示。

STEP 08 拖出两条横向参考线，将其拖至画框的底部，如图11-248所示。

STEP 09 在工具箱中选择【矩形工具】，在画板中绘制矩形；选择该矩形并用吸管工具吸取画框中的红色，如图11-249所示。

STEP 10 使用前面的方法对该矩形进行修改，使用【添加锚点工具】为其添加锚点，然后使用【删除锚点工具】删除不需要的锚点，效果如图11-250所示。

STEP 11 使用矩形工具在场景中绘制矩形，并将其颜色设置为与其他矩形一致的红色，如图11-251所示。

STEP 12 将画框中的参考线删除，然后在画板中选择左侧的图形，按Ctrl+G组合键执行编组操作，如图11-252所示。

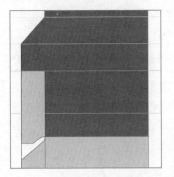
图11-247　修剪后的效果

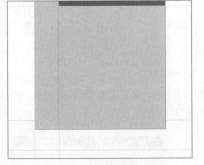
图11-248　制作参考线

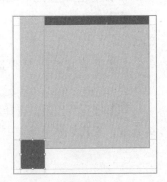
图11-249　绘制矩形

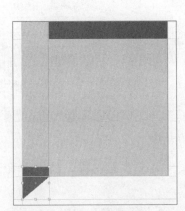
图11-250　调整矩形

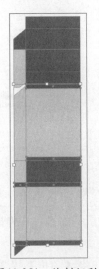
图11-251　绘制矩形

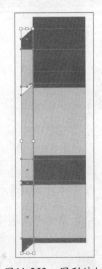
图11-252　图形编组

STEP 13 选择编组后的图形，双击【镜像工具】 ，在弹出的【镜像】对话框中，选中【轴】选项组中的【垂直】单选按钮，单击【复制】按钮，然后调整至合适的位置，如图11-253所示。

STEP 14 选择绘制的全部图形，在菜单栏中选择【效果】|【纹理】|【纹理化】命令，打开【纹理化】对话框，将【缩放】设置为90%，单击【确定】按钮，如图11-254所示。

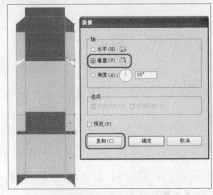
图11-253　镜像复制图形

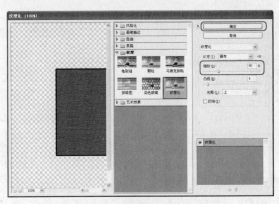
图11-254　【纹理化】对话框

4. 制作包装盒上的装饰图案

01 在菜单栏中选择【文件】|【打开】命令，弹出【打开】对话框，选择随书附带光盘中的【素材】\【第11章】\【背景.tif】文件，单击【打开】按钮，如图11-255所示。

02 弹出【TIFF导入选项】对话框，保持默认设置，单击【确定】按钮，如图11-256所示。

03 打开场景后，选择图形并按Ctrl+C组合键，对其进行复制，然后回到场景中，按Ctrl+V组合键，将其粘贴至场景中，并调整其位置和大小，如图11-257所示。

图11-255 选择素材文件　　图11-256 【TIFF 导入选项】对话框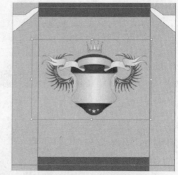　　图11-257 调整图形

04 继续选择该图形，单击鼠标右键，在弹出的快捷菜单中选择【变换】|【旋转】命令，如图11-258所示。

05 弹出【旋转】对话框，将【角度】设置为180°，单击【复制】按钮，如图11-259所示。

06 旋转复制后，调整其位置，效果如图11-260所示。

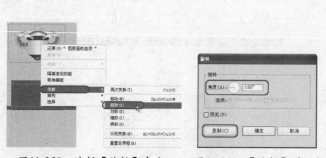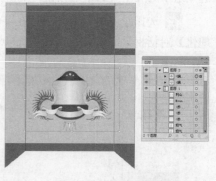

图11-258 选择【旋转】命令　　图11-259 【旋转】对话框　　图11-260 调整图形

07 在工具箱中选择【文字工具】T，在画框中单击并输入文字【利山】，选择文字后用吸管工具吸取矩形中的红色，并将描边设置为无，按Ctrl+T组合键打开【字符】面板，将【字体】设置为【方正黄草简体】，【字号】设置为60pt，将【字符间距】设置为-50，如图11-261所示。

STEP 08 在画框中选择文字，使用之前的方法对其进行旋转复制，如图11-262所示。

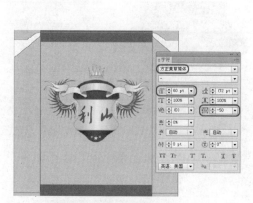

图11-261　制作文字

图11-262　旋转并复制文字

STEP 09 继续制作文字，在工具箱中选择【文字工具】，在画框中单击并输入文字【新型特醇】，将文字颜色设置为黑色，并将描边设置为无，在【字符】面板中将【字体】设置为【华文行楷】，【字号】设置为24pt，将【字符间距】设置为75，如图11-263所示。

STEP 10 在画框中制作文字【吸烟有害健康】，将文字颜色设置为白色，在【字符】面板中设置【字号】为18pt，【字符间距】为1500，如图11-264所示。

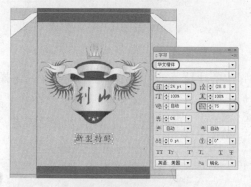

图11-263　制作文字

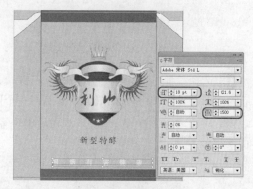

图11-264　制作文字

STEP 11 使用【选择工具】选择制作的文字，使用之前的方法，对其进行旋转复制，效果如图11-265所示。

STEP 12 在画框中选择下方的【利山】文本，按住Alt键并拖动鼠标，复制一个文本后，将【字号】设置为72pt，将文字颜色的CMYK值设置为8%、31%、65%、0%，调整其位置和大小，如图11-266所示。

STEP 13 使用相同的方法制作其他文字，根据设计要求设置文字大小和字体，如图11-267所示。

STEP 14 在工具箱中选择【椭圆工具】，按住Shift键绘制一个圆形，将其填色设置为无，将描边颜色的CMYK值设置为8%、31%、65%、0%，然后选择该图形复制一个，调整其大小，效果如图11-268所示。

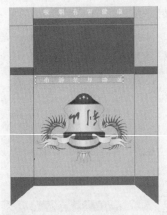

图11-265　旋转并复制文字

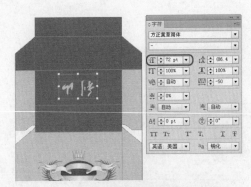

图11-266　调整文字

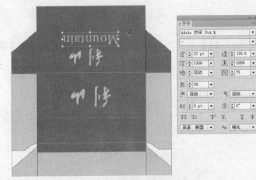

图11-267　制作其他文字

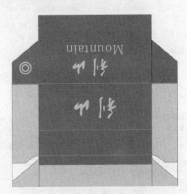

图11-268　制作图形

STEP 15 选择绘制的两个圆，单击鼠标右键，在弹出的快捷菜单中选择【编组】命令，选择编组后的图形，按任Alt键拖动鼠标，复制出一个图形，调整其位置，效果如图11-269所示。

STEP 16 使用【矩形工具】 ▣ ，在画板中绘制一个矩形，并填充白色，将描边设置为无，如图11-270所示。

图11-269　复制图形

图11-270　绘制矩形

STEP 17 使用【矩形工具】 ▣ ，在画板中创建如图11-271所示的矩形，并将绘制的矩形进行编组。

STEP 18 使用【文字工具】 T ，在画板中创建文本，并对文本进行调整，如图11-272所示。

图11-271 制作图形　　　　　　　图11-272 制作文本

19 使用【文字工具】T在画板中创建文本，并将其选中，将文本颜色的CMYK值设置为47%、64%、100%、64%，在【字符】面板中设置【字体】为【Blackadder ITC】，设置【字号】为36pt，设置【字符间距】为75，调整文本的角度，如图11-273所示。

20 选中制作的文本，对其进行旋转复制，效果如图11-274所示。

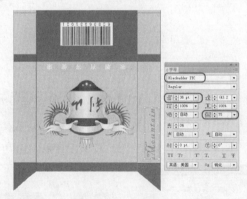

图11-273 制作文本　　　　　　　图11-274 旋转并复制文本

21 使用【文字工具】T在画板中创建其他文本，如图11-275所示。

22 香烟包装盒的展开图制作完成，效果如图11-276所示。

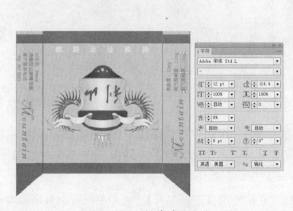

图11-275 制作其他文本　　　　　　图11-276 香烟包装盒展开效果图

5. 创建立体的香烟包装盒

香烟包装盒的展开图已经制作完成，下面根据它来制作立体效果的包装盒，直接使用画框中的图形，并进行调整，操作步骤如下。

01 在画板中调出参考线，将它们合理地排列，如图11-277所示。

02 使用【矩形工具】 ▣，在画板中根据参考线绘制矩形，作为香烟盒的主体，根据之前制作的香烟盒展开图，对创建的矩形进行颜色填充，如图11-278所示。

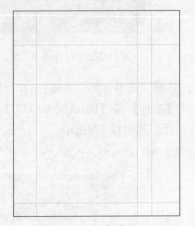

图11-277　绘制参考线

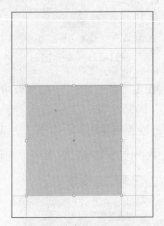

图11-278　绘制矩形

03 选择绘制的矩形，在菜单栏中选择【效果】|【纹理】|【纹理化】命令，打开【纹理化】对话框，将【缩放】设置为90%，单击【确定】按钮，如图11-279所示。

04 使用相同的方法绘制矩形，如图11-280所示。

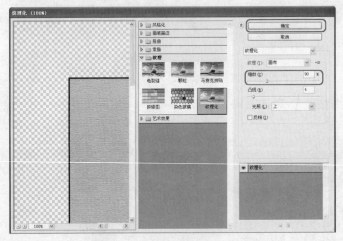

图11-279　【纹理化】对话框

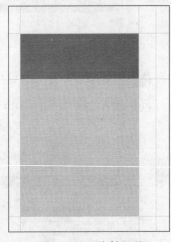

图11-280　绘制矩形

05 调出一条参考线，使用前面的方法绘制一个矩形；选择该矩形，然后单击鼠标右键，在弹出的快捷菜单中选择【变换】|【倾斜】命令，弹出【倾斜】对话框，将【倾斜角度】设置为45°，选中【预览】复选框，单击【确定】按钮，如图11-281所示。

06 倾斜完成后，调整其在画框中的位置；使用【矩形工具】 ▣，在画板中根据参考线绘制矩形，并为其添加纹理效果，如图11-282所示。

07 选择该矩形，使用【添加锚点工具】，在路径上添加锚点，然后使用【删除锚点工具】，将不需要的锚点删除，如图11-283所示。

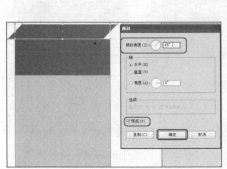

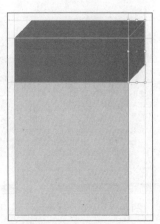

图11-281 【倾斜】对话框　　图11-282 绘制矩形　　图11-283 调整图形

08 使用【矩形工具】，在场景中绘制两个矩形，设置其颜色为场景中的红色，并为其添加纹理效果，如图11-284所示。

09 继续绘制矩形，使用前面相同的方法调整矩形，删除参考线，效果如图11-285所示。

10 在展开的香烟盒中，对相应位置上的图案进行复制，并调整其位置和大小，为了其不被遮挡，在【图层】面板中，将该图层置于子图层顶端，效果如图11-286所示。

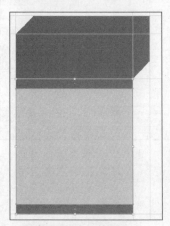
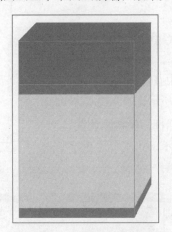

图11-284 绘制矩形　　图11-285 调整矩形后的效果　　图11-286 复制文本并调整

11 选择【利山】文本并复制，选择复制出的文本，单击鼠标右键，在弹出的快捷菜单中选择【变换】|【倾斜】命令，弹出【倾斜】对话框，将【倾斜角度】设置为48°，单击【确定】按钮，然后调整文本至合适的位置和大小，如图11-287所示。

12 在展开的香烟包装盒上，选择相应的图案，并对其进行复制，调整该图层位置和大小，单击鼠标右键，在弹出的快捷菜单中选择【变换】|【倾斜】命令，弹出【倾斜】对话框，将【倾斜角度】设置为37°，单击【确定】按钮，然后调整其大小，如图11-288所示。

STEP
13 使用相同的方法，制作右侧立面的图形，如图11-289所示。

STEP
14 在展开的香烟包装盒上，选择相应的图案，并对其进行复制，调整该图层位置和大小，最终效果如图11-290所示。

图11-287　文本效果

图11-288　图形效果

图11-289　图形效果

图11-290　最终效果

6. 保存场景，导出图片

STEP
01 场景制作完成后，在菜单栏中选择【文件】|【存储为】命令，打开【存储为】对话框，将其【文件名】设置为【香烟包装盒设计】，【保存类型】设置为【Adobe Illustrator (*.AI) 】格式，单击【保存】按钮，如图11-291所示。

STEP
02 弹出【Illustrator 选项】对话框，取消选中【创建PDF兼容文件】复选框，单击【确定】按钮，如图11-292所示。

STEP
03 保存场景后，在菜单栏中选择【文件】|【导出】命令，弹出【导出】对话框，将【保存类型】设置为【TIFF（*.TIF）】格式，选中【使用画板】复选框，单击【保存】按钮，如图11-293所示。

STEP
04 弹出【TIFF 选项】对话框，保持默认设置，单击【确定】按钮，如图11-294所示，完成图片的导出。

图11-291　保存场景

图11-292 【Illustrator 选项】对话框

图11-293　导出图片

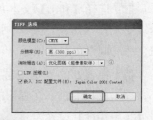

图11-294 【TIFF 选项】对话框

习题答案

第1章

一、填空题

（1）栅格化图像、像素

（2）记录、处理、存储、位图、矢量

二、简答题

（1）分辨率是度量位图图像内数据量多少的一个参数，如每英寸像素数（ppi）或每英寸点数（dpi），也可以表示图形的长度和宽度；分辨率越高，图像越清晰，表现细节越丰富，但包含的数据越多，文件也就越大。

（2）在Illustrator CS6中可以将设计的图稿存储为4种基本文件格式：AI、PDF、EPS和SVG。

第2章

一、填空题

（1）过滤器、带有样式的、文字丢失、带警告字体

（2）剪切、复制、编辑、粘贴

二、简答题

（1）对象变换包括对象移动、缩放、旋转、镜像、倾斜、变形等。可以使用变换工具、变换面板、变换命令等来完成对象的多种变换操作。

（2）可以将多个对象编组，编组对象可以作为一个单元被处理。可以对其移动或变换，这些将影响对象各自的位置或属性。

第3章

一、填空题

（1）直线段工具、弧线工具、螺旋线工具、矩形网格工具、极坐标网格工具、矩形工具、圆角矩形工具、椭圆工具、多边形工具、星形工具、光晕工具

（2）书法画笔、散布画笔、图案画笔和艺术画笔

（3）宽度工具、变形工具、旋转扭曲工具、收缩工具、膨胀工具、扇贝工具、晶格化工具、褶皱工具

二、简答题

书法画笔将创建类似于使用钢笔带拐角的尖绘制的描边或沿路径中心绘制的描边；散布画笔可以将一个对象，如一片树叶的许多副本沿其路径分布各处；艺术画笔可以沿路径长度均匀地拉伸画笔的形状或对象形状；图案画笔可以绘制一种图案，该图案由沿路径排列的各个拼贴组成。

第4章

一、填空题

（1）Shift+Ctrl+】、Ctrl+】、Ctrl+【、Shift+Ctrl+【

（2）简单路径、复合路径、文本框架、文本轮廓

二、简答题

（1）封套扭曲是Illustrator中最灵活、最具可控性的变形功能，封套扭曲可以将所选对象按照封套的形状变形。

（2）复合形状是由两个或更多对象组成的，每个对象部分配有一种形状模式。

第5章

一、填空题

（1）Shift+Ctrl+F11

（2）Alt

二、简答题

（1）在工具箱中选择【雷达图工具】，在画板中按住鼠标左键进行拖动，在弹出的对话框中输入相应的数据，输入完成后，在该对话框中单击【应用】按钮，即可完成雷达图的创建。

（2）在画板中选择要进行修改的图表，在菜单栏中选择【对象】|【图表】|【类型】命令，在弹出的对话框中进行相应的设置即可。

第6章

一、填空题

（1）文字工具、区域文字工具、路径文字工具、直排文字工具、直排区域文字工具、直排路径文字工具

（2）文字、路径文字、路径文字选项

二、简答题

（1）第一种：使用【选择工具】或【直接选择工具】在文字上单击鼠标，即可选中文字对象。按住Shift键并单击可选择多个文字对象。

第二种：在【图层】面板中，单击图层旁的三角形图标可显示隐藏内容，在显示的内容中单击文字图层右侧的图标，即可选中文字对象。在按住Shift键的同时单击【图层】面板中文字图层右侧的图标，可选中多个文字对象。

第三种：在菜单栏中选择【选择】|【对象】|【文本对象】命令，可以选择文档中所有的文字对象。

（2）使用【选择工具】选中文字，或使用【文字工具】在要更改的段落中单击鼠标左键插入光标，然后在【段落】面板中设置适当的缩进值。

第7章

一、填空题

（1）填色、描边、透明度、效果

（2）窗口、图层

二、简答题

单击【图层】面板右上角的按钮，在弹出的下拉菜单中选择【轮廓化所有图层】命令。

第8章

一、填空题

（1）扭拧

（2）彩色铅笔

（3）涂抹棒

二、简答题

（1）包括【凸出和斜角】、【绕转】和【旋转】3种效果。3D效果可以从二维图稿中创建三维对象；可以通过高光、阴影、旋转及其他属性来控制3D对象的外观；还可以将图稿贴到3D对象中的每一个表面上。

（2）【像素化】滤镜组中的滤镜是通过使用单元格中颜色值相近的像素结成块来应用变化的，它们可以将图像分块或平面化，然后重新组合，创建类似像素艺术的效果。

第9章

一、填空题

（1）文件

（2）抓手工具

二、简答题

（1）在菜单栏中选择【对象】|【切片】|【切片选项】命令，在弹出【切片选项】对话框中进行相应的设置即可。

（2）在菜单栏中选择【文件】|【导出】命令，在弹出的对话框中为文件指定存储路径，输入相应的文件名，将【保存类型】设置为【Photoshop（*.PSD）】，设置完成后，单击【保存】按钮，再在弹出的对话框中进行相应的设置，设置完成后，单击【确定】按钮即可。

第10章

一、填空题

（1）黑色底、浅色底

（2）单色、双色

二、简答题

（1）按住Alt键+菜单快捷键，在弹出的下拉菜单中，再按住需要执行命令的快捷键。

（2）成品尺寸是指印刷品裁切后的实际尺寸；印刷尺寸是指印刷品裁切前包含出血的尺寸。